Daß jene Denkbewegungen, die über alte Grenzen hinausgehen, gerade dadurch erst ein verbindendes, integratives und ganzheitliches Verständnis möglich machen, ist Leitmotiv dieses Bandes – ein erweitertes Verständnis der inneren und äußeren Ordnung, in der wir leben und die wir sind.

Der Insel Verlag hat einige namhafte Wissenschaftler um einen Beitrag zu diesem Band gebeten. Dabei waren drei Fragen bestimmend:

Gibt es aus der jeweiligen Sicht, in den einzelnen Arbeitsbereichen solche öffnenden Bewegungen? Und können dadurch neue Verbindungslinien gezogen werden, und welche Konsequenzen haben sie für den Zusammenhang des Wissens?

Die Beiträge zeichnen aus je unterschiedlicher Perspektive ein neues Bild. Das Spektrum wird ergänzt durch philosophische und literarische Texte der Vergangenheit.

Der Band versucht den neuen kosmologischen Denkbewegungen nachzugehen: den Paradoxien der Physik oder der Entstehung der Zeit, den Theorien der Selbstorganisation oder der Verbindung von Bewußtsein und Materie. Erst in einer breit angelegten Suche läßt sich ein vertieftes Verständnis der Natur gewinnen.

Am Fluß des Heraklit

Neue kosmologische Perspektiven

Herausgegeben
von Eberhard Sens

Insel Verlag

Erste Auflage 1993

Hinweise zu dieser Ausgabe am Schluß des Bandes
Druck: Wagner GmbH, Nördlingen
Printed in Germany

Inhalt

Eberhard Sens

Am Fluß des Heraklit

Zur Kosmologie des Innen und Außen

> Zusammen gehört Ganzes und Nichtganzes, Übereinstimmendes und Verschiedenes, Einklang und Dissonanzen, und aus Allem wird Eines und aus Einem Alles.
>
> *Heraklit. Über die Natur*

I

Die Naturzerstörungen, die die Menschen anrichten, sind Anschläge auf einen Zusammenhang: sie sind wie Schnitte in ein vielfältig verflochtenes, feinstes Netz aus lebendig fließender Energie. Die Gründe für diese Zerstörung des Zusammenhangs sind tief und komplex. Gerade das macht die Gefährlichkeit des Geschehens aus und seine Gewalt. Unverkennbar ist es auch wissenschaftliches Denken, das beigetragen hat zur Zerstörung. Aber, wenn es sich wandelt, kann es helfen, den so gefährdeten Zusammenhang zu verstehen und zu bewahren. Und das wissenschaftliche Denken wandelt sich.

Um 1800 durchschlug ein Stein das Dach eines Hauses in Frankreich. Der Nachbar – ein Bauer, der als Täter verdächtigt wurde – behauptete, der Stein sei vom Himmel gefallen. Das aber wäre ganz unwissenschaftlich gewesen. Denn 1772 hatte die Pariser Akademie der Wissenschaften eine Denkschrift herausgegeben, unterzeichnet auch vom Chemiker Antoine Laurent Lavoisier, die den Gesetzen der Physik gemäß erklärte, daß Steine nicht vom Himmel fallen können. Der Bauer wurde verurteilt. Meteoriten wurden erst Jahrzehnte später für wahr genommen. Um überhaupt zu akzeptieren, etwas der Wahrnehmung so Flüchtiges und etwas so Unverstandenes könne möglich sein, bedurfte es der Öffnung des Denkens zu einem offeneren Geschehen.

Bis in die achtziger Jahre des 20. Jahrhunderts hinein dominierte zum Beispiel die Vorstellung, das Leben auf der Erde habe sich im wesentlichen ruhig und ungestört entwikkelt, in phlegmatischer Evolution. Erst die interdisziplinäre Arbeit von Geologen, Astronomen und Biologen, Paläontologen und Meteorologen änderte das Bild: Heute sehen wir das Leben auf der Erde in rhythmischem Wandel. Phasen langer, ruhiger Entwicklung wurden wieder und wieder katastrophisch unterbrochen und in neue Bahnen geworfen. Um das offenere Bild einer kataklystischen Evolution zu gewinnen, mußten in neuen interdisziplinären Impulsen die alten Grenzen überschritten werden. Viele solcher Neukombinationen zeigen sich heute: Stephen Weinberg, Experte des Allerkleinsten – 1979 erhielt er den Nobelpreis für Arbeiten zur Theorie der Elementarteilchen –, schrieb ein Standardwerk über den Ursprung des Universums. Makrotheorien können nicht mehr ohne Mikrotheorien entworfen werden. Und wer von Ordnung spricht, kann vom Chaos nicht schweigen. Sehr ferne Entwicklungslinien berühren sich, Abgespaltenes wird integriert.

II

Der Blick auf eine veränderte Welt führt zu einem veränderten Blick auf die Welt.

Der Königsweg der neuzeitlichen Wissenschaft ist die regelgebundene Konzentration des Wissenschaftlers auf sein Gegenstandsgebiet. Die Beschränkung auf das Eine und die Nichtthematisierung des Anderen ist das ökonomische Prinzip seines Fortschritts. Die Grenzen sind scharf gezogen, Grenzübertritte sind gegen die Grundregel und werden überwacht. Dennoch finden sie immer häufiger statt; nicht nur zwischen den wissenschaftlichen Disziplinen, sondern auch hinüber zu ganz anderen Erfahrungen und ganz anderem Denken.

Alte, vergessen geglaubte Kosmologien und Lehren der Großen Ordnung werden wieder sichtbar und erscheinen in neuem Licht; plötzlich, nach so vielen Jahrhunderten, steht Heisenberg nicht neben Kant, sondern neben Platon. – Ein vielschichtiges Wiedererkennen relativiert auch gründlich jene rigorosen Entwertungen, mit denen die Wissenschaften am Beginn ihres Siegeszuges ihre Gegner aus dem Felde schlugen; heute werden Entsprechungen entdeckt zwischen den Naturwissenschaften und den Religionen, und Verbindungswege sind schon gefunden. – Sogar die konventionelle Grenze zwischen objektiv Nachvollziehbarem und subjektiver Empfindungswelt beginnt wieder als durchlässig erkannt zu werden. In einem ›beobachtergeschaffenen Universum‹, von dem die Physik spricht, wären Außen und Innen miteinander verschränkt, die Tiefen der Physik berührten die Tiefen der Psychologie. Das Verhältnis von Leib und Seele wäre neu zu beschreiben, nicht ohne ein Erinnern an altes Wissen. Und auf der Suche nach einem Verständnis der Einheit zeigen die neuen wie die ganz alten Antworten auf den Fragenden zurück.

»Wer das All erkennt«, heißt es bei Thomas in den gnostischen Texten aus Nag Hammadi, »sich selbst aber verkennt, der verfehlt das Ganze.«

III

Das Miteinander des bisher Getrennten, des Dissonanten und Verschiedenen, die Öffnung des Denkens und das Sichtbarwerden eines neuen Zusammenhangs läßt sich an einem graphischen Beispiel erläutern:

Neun Punkte. Die Aufgabe sei, in einer einzigen Bewegung alle Punkte miteinander zu verbinden. In einem einzigen, polygonalen Zug; derart, daß in nur vier Strichen – ohne abzusetzen – die Verbindung aller Punkte gelingt:

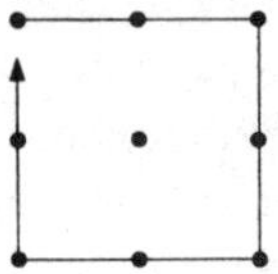

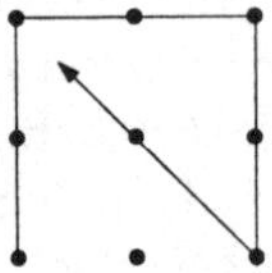

In den ersten Varianten zeigen sich die Schwierigkeiten. – Die Denkbewegung stößt an eine Grenze. Es ist eine Grenze, die zugleich aus dem Innen und Außen erwächst; den Mustern des Denkens und den Mustern der Welt.

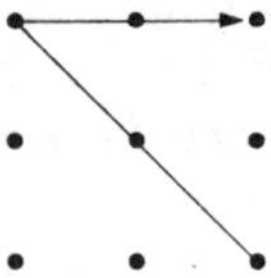

IV

»Die Entdeckung, daß sich das Universum ausdehnt, war eine der großen geistigen Revolutionen des 20. Jahrhunderts«, hat Stephen Hawking in seinem Buch *Eine kurze Geschichte der Zeit* bemerkt. Die Entdeckung ist stufenweise gemacht worden, die Namen Einstein, Friedmann,

Hubble und die vieler anderer sind mit ihr verbunden; es war eine Öffnung in neue Denkräume und die Verbindung unterschiedlichsten Wissens, und in der Sprache der kosmologischen Modelle entfalteten sich die Geschichte des Universums und die Zeitlichkeit der Zeit, ein Drama mit überraschenden Wendungen. Die fünfziger und sechziger Jahre sahen noch den Konflikt zwischen der Steady-State- und der Big-Bang-Theory, bis 1964/65 Penzias und Wilson die Urknalltheorie empirisch untermauerten durch den Nachweis einer kosmischen Hintergrundstrahlung – physisches Echo eines unbeschreiblichen Anfangs, ein Klang, der überall anwesend ist, zwischen den Seiten jedes Buches und jenseits davon, und der immer in der Mitte des Ereignis-Flusses ist.

Nach dem Szenario der Urknall-Theorie expandiert das Universum seit 15 bis 18 Milliarden Jahren. Diese Theorie – das Standardmodell – prägte in den siebziger und achtziger Jahren das kosmologische Denken, und auch in ein allgemeines Bewußtsein diffundierte das Bild einer großen Zeit, in die sich eine Vielheit organischer, persönlicher, geschichtlicher und evolutionärer Zeiten einfügt. Aber das Sichere ist nicht sicher, und neue Daten warfen neue Fragen auf. Ab Mitte der achtziger Jahre wurden die Rotverschiebungen weit entfernter Galaxien genauer analysiert, und mehr und mehr großräumige Strukturen wurden ausgemacht; Haufen von Galaxien und Superhaufen, eine ›Große Mauer‹ und eine Metastruktur, die Schaumblasen ähnelt; die Symmetrie der Hintergrundstrahlung gibt Rätsel auf, und die Annahme einer »dunklen«, nicht sichtbaren Materie, die das ganze Gefüge zusammenhält, hat Fragezeichen. Das alles kann das Standardmodell nicht erklären. Der Text des großen Dramas muß umgeschrieben werden. Ihre Zeitlichkeit zwingt Standardmodelle, sich zu öffnen und ihre Grenzen zu überschreiten. Die Verbindungen müssen immer neu gesucht werden.

V

Bräuchte man einen Vergleich, um die Zerstörung des Lebens zu ermessen, die sich gegenwärtig auf der Erde vollzieht, und konzentrierte man sich dabei etwa auf die Aussterbensrate der Arten, so müßte man auf der Suche nach einem entsprechenden Ereignis tief zurückgehen in die Evolution – bis zur Saurierkatastrophe vor 65 Millionen Jahren. Die geschichtemachenden Kräfte haben es noch kaum bemerkt, daß ihr Gewicht groß genug geworden ist, die Bühne, auf der ihr Stück gespielt wird, zu erschüttern. Gegenwartsfähigkeit hieße, die zeitgemäßen Maßstäbe und Denkbewegungen zu integrieren, die offenen Horizonte zu bemerken, von denen die Paradoxien der Physik oder die Theorien der Selbstorganisation sprechen, oder die Hypothesen zum Verhältnis von Bewußtsein und Materie. Oder eben jenes offenere Bild der kataklystischen Evolution zu realisieren, das überraschenderweise die Geschichte selbstmächtig erreicht hat. Neben jenen Suchbewegungen, das äußere Geschehen so zu erforschen, daß seine inneren Gesetzmäßigkeiten erkennbar werden, hat es immer schon die Suchbewegungen nach innen gegeben, die ihrerseits für sich beanspruchen, ein Verständnis aller äußeren Entfaltung erreichen zu können. Beide Richtungen scheinen einander ganz entgegengesetzt, obwohl es immer wieder geistige Zentren gab, in denen ihre Verbindung gedacht wurde. In Ascona zum Beispiel, dem Ausgangsort einer anders gemeinten Moderne des 20. Jahrhunderts, fanden sich seit den dreißiger Jahren bei Eranos-Tagungen jahrzehntelang Wissenschaftler ganz unterschiedlicher Richtungen, um diese Verbindung zu erörtern: der Psychologe C. G. Jung und der Physiker Erwin Schrödinger, der Biologe Adolf Portmann und der Religionswissenschaftler Mircea Eliade, um nur ganz wenige zu nennen.

Die zwei Wege, dem Ganzen zu begegnen, die Grundhaltungen zur Kosmologie und zwei Quellen des Wissens vom

Kosmos, ließen sich – idealtypisch und pointiert – als »Innerer Weg« und als »Äußerer Weg« beschreiben.

Die Grunderfahrung des ›Inneren Weges‹ ist persönlich. Ihre Praxis ist die Einsicht, die Versenkung, die Meditation. Der Weg wird einzeln beschritten.

Die Erfahrungen werden nicht in Protokollsätzen formuliert, sondern dichterisch ausgedrückt, metasprachlich oder gar nicht. »Wer es sagt«, sagt Laotse, »weiß es nicht. Wer es weiß, sagt es nicht.«

Das Beschreiten des Inneren Weges kennt Hilfsmittel und Übungsformen, benötigt aber keine Instrumente; es verlangt im Gegenteil das Abstreifen des Instrumentellen; Meister Eckhart hat es in seinen *Reden der Unterweisung* so formuliert: »So weit du ausgehst aus allen Dingen, so weit, nicht weniger und nicht mehr, geht Gott ein mit all dem Seinen.«

Der Weg ins Innere, wenn er weit und tief genug beschritten wird, führt ins größte Äußere und eröffnet ein kosmisches Ganzes. Das Resultat der Erfahrung ist Wissen. Ihr Inhalt ist kosmisches Bewußtsein.

Das kosmische Bewußtsein sieht die Welt lebendig: Pflanzen fühlen; die Erde ist ein Lebewesen, in das der Mensch ganz eingebunden ist; das Universum ist allumfassendes Bewußtsein. – Mind over matter.

Die Erfahrung des Inneren Weges ist wissenschaftlich nicht meßbar und instrumentell nicht wiederholbar. Sie erklärt dagegen die äußere, meßbare Erfahrung für beschränkt. Für die innere Erfahrung ist die äußere Erfahrung unfähig, einen Zugang zu finden zu einer anderen Dimension, zur Sphäre des beyond. Die innere Erfahrung bezeugt die Existenz einer Seele und einer Welt hinter der Welt. Eine Erkenntnis dieser Dimension kann erreicht werden, Gnosis ist möglich. Diese Grundhaltung wurzelt jenseits der Moderne und ist insofern auch antimodern. Die Lichtmetapher der inneren Eröffnung ist ›Erleuchtung‹.

Es gibt unmittelbare Rückwirkungen auf den so Erkennenden, und diese Wirkungen sind existentiell; R. M. Rilke in *Archaischer Torso Apollos:* »... denn da ist keine Stelle, die dich nicht sieht. Du mußt dein Leben ändern.«

Die Grunderfahrung des ›Äußeren Weges‹ ist gesellschaftlich. Ihre Praxis sind das Experiment und der Diskurs; der regelhafte Umgang mit Sätzen und Schlüssen. Der Weg wird kollektiv beschritten. Die Erfahrungen werden fixiert, kontrolliert und ausgetauscht. Verhandelt wird nur, worüber auch – abgelöst von der Person – gesprochen werden kann und was intersubjektiv überprüfbar ist. Worüber man nicht in Basissätzen sprechen kann, darüber wird geschwiegen.

Das Beschreiten des Äußeren Weges benötigt Instrumente, der Tendenz nach immer größere; in der Kosmologie bei der Erforschung der weitesten Räume und der kleinsten Teilchen besonders große Instrumente; deshalb ist die Organisationsform dieser Erkenntnis die Big Science, mit allen Konsequenzen, die große Systeme haben: Subsystembildung und Hierarchisierung.

Der Weg ins Äußere, wenn er weit und tief genug beschritten wird, führt ins Innerste der Dinge und eröffnet ein kosmisches Ganzes. Das Resultat der Erfahrung ist Wissenschaft. Ihr Inhalt ist Theorie; das gesuchte kosmische Verständnis ist eine Große Vereinheitlichte Theorie.

Die Theorie des Kosmos sieht die Welt als Gegenstand: Welt besteht vor allem aus unbelebter Materie und fastleerem Raum. Nur unter exzeptionellen Bedingungen ist leblose Materie so komplex organisiert, daß Leben entsteht. Leben ist Eigenschaft von Materie. Nur als emergentes Resultat einer langen Entwicklung bildet komplexe Materie Bewußtsein aus. Es ist menschliches Bewußtsein und glaubt sich den Objekten seiner Erkenntnis gegenüber frei. – Matter over mind.

Die Erfahrung des Äußeren Weges ist meßbar und wiederholbar. Die äußere, gemessene Erfahrung ist zwar noch begrenzt, aber im Prinzip unbeschränkt. (»Gott« ist – für Stephen Hawking z. B. – eine physikalische Kategorie wie der Elektromagnetismus.) Sphären, die der äußeren Erfahrung meßtechnisch, rechnerisch oder modelltheoretisch nicht zugänglich wären, gibt es nicht. Die Behauptung einer ›Hinterwelt‹ (belebt und jenseits der Erfahrungswelt) ist ohne Grundlage und unwissenschaftlich. Die Erkenntnis einer solchen Dimension kann also auch nicht erreicht werden. Diese Grundhaltung ist eine der Moderne. Die Lichtmetapher der äußeren Erschließung ist ›Aufklärung‹.

Der Erkennende des Äußeren Weges steht den Objekten seiner Erkenntnis gegenüber in Distanz. Objekte und Erkenntnis betreffen ihn nicht persönlich; oder – wie es in K. R. Poppers *Logik der Forschung* heißt: »Die Theorie ist das Netz, das wir auswerfen, um ›die Welt‹ einzufangen, – sie zu rationalisieren, zu erklären und zu beherrschen.«

VI

»Die Früchte der Religion sind wie alle menschlichen Produkte dafür anfällig, durch das Übermaß verdorben zu werden«, notiert der pragmatische Psychologe William James in seinem Buch *The Varieties of Religious Experience* im Abschnitt über ›saintliness‹: »Im Bereich menschlicher Fähigkeiten bedeutet Übermaß gewöhnlich Einseitigkeit oder Mangel an Balance; denn daß eine wesentliche Fähigkeit zu stark ausgebildet ist, kann man sich schwer vorstellen, wenn nur andere Fähigkeiten ebenso stark ausgebildet sind, um mit ihr in Vollzug zusammenzuarbeiten. Starke Affektionen erfordern einen starken Willen; starke Kräfte zum Handeln gebrauchen einen starken Intellekt; ein starker Intellekt benötigt starke Sympathien, um das Leben stabil zu erhalten. Wenn die Balance vorhanden ist, ist es kaum möglich, daß eine Fähigkeit zu stark ist – wir bekommen dann nur einen in jeder Hinsicht stärkeren Charakter.«

Die Überschreitungserfahrung des Inneren Weges braucht so sehr die Balance durch Intellekt und Persönlichkeit wie die Entdeckungen des Äußeren Weges Verantwortung und Liebe verlangen. So gesehen, beruht die Rede von zwei Wegen auf einer Illusion. Nur Verbundenes kann in Balance sein. Kosmisches Bewußtsein hat immer versucht, zur Welt zu kommen. Und zur Sprache. Große Naturwissenschaft hat immer gewußt, daß man mit Netzen Fische fängt und nicht den Fluß, hat die Fische gezählt und studiert und doch auch vom Fluß gesprochen. Die Verbindung wurde immer gesucht; oder, wie es der Zen-Meister Dōgen sagt:

»Da ist keine Kluft.
Zwischen dem Spirituellen und dem Weltlichen.«

VII

Erst die Überschreitung der Grenze öffnet den Raum für die Lösung.

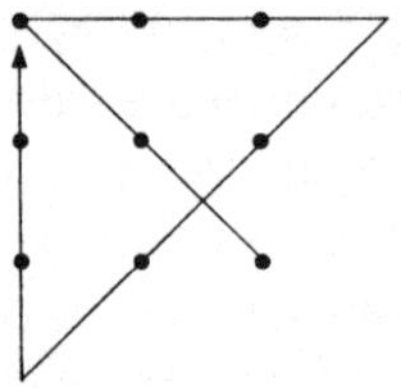

VIII

Ende der fünfziger Jahre hielt der Physiker und Schriftsteller C.P. Snow in Cambridge einen Vortrag, in dem er die Spannung beschrieb zwischen der naturwissenschaftlich-technischen Intelligenz einerseits und der literarisch-geisteswissenschaftlichen andererseits. Snow sprach von den ›zwei Kulturen‹. Die alte Spannung zwischen den beiden Kulturen existiert fort. Aber auch neue Gegensätze haben sich herausgebildet.

Es gilt, sich ein Bild dieser Gegensätze heute zu machen, sie zu verstehen und, wo möglich, zur Vermittlung beizutragen. Zwischen der Erkundung der äußeren und der inneren Räume, so ist die Vermutung, gibt es wichtige Verbindungen; Linien und Bahnen, die im Denken der Gegenwart neue Perspektiven weisen, die Komplexität und die Vielfalt des Denkens steigern und die dennoch ein Verständnis der umschließenden Einheit gewinnen. Die Suchbewegungen zur Erforschung der Außenwelt und zur Erkundung der Innenwelt – aufgebrochen in entgegengesetzte Richtungen – könnten sich in einem verbindenden Verständnis des Ganzen wieder treffen.

Der Versuch der Rückbindung und der thematischen Öffnung, der Überschreitung und der Integration ist nicht ohne Risiko. Interdisziplinarität setzt Disziplinen voraus und Disziplin. Das Übersetzen zu anderen geistigen Kulturen braucht Raum, Zeit und Kraft, und gegen Irrtümer gibt es keine Garantie. Neues ist zudem keineswegs nur verlockend, sondern oft sehr befremdlich. In seiner zusammen mit Gopi Krishna verfaßten Studie über *Die biologische Basis der religiösen Erfahrung* schreibt Carl Friedrich von Weizsäcker im Abschnitt über Krishnas Erfahrung: »Wer die westliche Wissenschaft kennt, weiß, daß sie fast nur dasjenige empirisch zu Gesicht zu bekommen vermag, worauf sie theoretisch – wenigstens in der Begrifflichkeit der Fragestellung – vorbereitet ist.«

Vorbereitungen und Verbindungen brauchen viele Impulse, und dies vielerorts. Im Insel Verlag kann die Verbindung von Außen und Innen an eine literarische und philosophische Tradition dieses Denkens anknüpfen. Denn der Insel

Verlag ist auch der Verlag Goethes und Rilkes, der von E. T. A. Hoffmann und Friedrich Hölderlin, von Mircea Eliade und Heinrich Zimmer, von Edward Conze und Hans Jonas, von Schopenhauer und Platon.

IX

Wenn – nach Geländekunde und Wegefinden, nach Überschreitungen und den Mühen der Ebene – die Erkenntnis angekommen ist am Ufer des Flusses, an den die Wege führen und von dem es heißt, er wandele sich beständig, wird die Erkenntnis innehalten und hinabsteigen und wissen.

KOSMOS I

Johann Wolfgang von Goethe

Die Natur. Fragment

Natur! Wir sind von ihr umgeben und umschlungen – unvermögend aus ihr herauszutreten, und unvermögend tiefer in sie hinein zu kommen. Ungebeten und ungewarnt nimmt sie uns in den Kreislauf ihres Tanzes auf und treibt sich mit uns fort, bis wir ermüdet sind und ihrem Arme entfallen.

Sie schafft ewig neue Gestalten; was da ist war noch nie, was war kommt nicht wieder. – Alles ist neu und doch immer das Alte.

Wir leben mitten in ihr und sind ihr fremde. Sie spricht unaufhörlich mit uns und verrät uns ihr Geheimnis nicht. Wir wirken beständig auf sie und haben doch keine Gewalt über sie.

Sie scheint alles auf Individualität angelegt zu haben und macht sich nichts aus den Individuen. Sie baut immer und zerstört immer und ihre Werkstätte ist unzugänglich.

Sie lebt in lauter Kindern, und die Mutter, wo ist sie? – Sie ist die einzige Künstlerin: aus dem simpelsten Stoffe zu den größten Kontrasten: ohne Schein der Anstrengung zu der größten Vollendung – zur genausten Bestimmtheit immer mit etwas Weichem überzogen. Jedes ihrer Werke hat ein eigenes Wesen, jede ihrer Erscheinungen den isoliertesten Begriff und doch macht alles eins aus.

Sie spielt ein Schauspiel: ob sie es selbst sieht wissen wir nicht, und doch spielt sies für uns die wir in der Ecke stehen.

Es ist ein ewiges Leben Werden und Bewegen in ihr und doch rückt sie nicht weiter. Sie verwandelt sich ewig und ist kein Moment Stillestehen in ihr. Fürs Bleiben hat sie keinen Begriff und ihren Fluch hat sie ans Stillestehen gehängt. Sie ist fest. Ihr Tritt ist gemessen, ihre Ausnahmen selten, ihre Gesetze unwandelbar.

Gedacht hat sie und sinnt beständig; aber nicht als ein Mensch sondern als Natur. Sie hat sich einen eigenen allumfassenden Sinn vorbehalten, den ihr niemand abmerken kann.

Die Menschen sind all in ihr und sie in allen. Mit allen treibt sie ein freundliches Spiel, und freut sich je mehr man ihr abgewinnt. Sie treibts mit vielen so im verborgenen daß sies zu Ende spielt ehe sies merken.

Auch das Unnatürlichste ist Natur. Wer sie nicht allenthalben sieht, sieht sie nirgendwo recht.

Sie liebet sich selber und haftet ewig mit Augen und Herzen ohne Zahl an sich selbst. Sie hat sich auseinander gesetzt um sich selbst zu genießen. Immer läßt sie neue Genießer erwachsen unersättlich sich mit zu teilen.

Sie freut sich an der Illusion. Wer diese in sich und andern zerstört, den straft sie als der strengste Tyrann. Wer ihr zutraulich folgt, den drückt sie wie ein Kind an ihr Herz.

Ihre Kinder sind ohne Zahl. Keinem ist sie überall karg, aber sie hat Lieblinge an die sie viel verschwendet und denen sie viel aufopfert. Ans Große hat sie ihren Schutz geknüpft.

Sie spritzt ihre Geschöpfe aus dem Nichts hervor, und sagt ihnen nicht woher sie kommen und wohin sie gehen. Sie sollen nur laufen. Die Bahn kennt sie.

Sie hat wenige Triebfedern aber nie abgenutzte, immer wirksam immer mannigfaltig.

Ihr Schauspiel ist immer neu weil sie immer neue Zuschauer schafft. Leben ist ihre schönste Erfindung, und der Tod ist ihr Kunstgriff viel Leben zu haben.

Sie hüllt den Menschen in Dumpfheit ein und spornt ihn ewig zum Lichte. Sie macht ihn abhängig zur Erde, träg und schwer und schüttelt ihn immer wieder auf.

Sie gibt Bedürfnisse weil sie Bewegung liebt. Wunder, daß sie alle diese Bewegung mit so wenigem erreichte. Jedes Bedürfnis ist Wohltat. Schnell befriedigt, schnell wieder erwachsend. Gibt sie eins mehr so ists ein neuer Quell der Lust. Aber sie kommt bald ins Gleichgewicht.

Sie setzt alle Augenblicke zum längesten Lauf an und ist alle Augenblicke am Ziele.

Sie ist die Eitelkeit selbst; aber nicht für uns denen sie sich zur größten Wichtigkeit gemacht hat.

Sie läßt jedes Kind an sich künsteln, jeden Toren über sie richten, tausend stumpf über sie hingehen, und nichts sehen und hat an allen ihre Freude und findet bei allen ihre Rechnung.

Man gehorcht ihren Gesetzen, auch wenn man ihnen widerstrebt, man wirkt mit ihr auch wenn man gegen sie wirken will.

Sie macht alles was sie gibt zur Wohltat, denn sie macht es erst unentbehrlich. Sie säumet daß man sie verlange, sie eilet, daß man sie nicht satt werde.

Sie hat keine Sprache noch Rede, aber sie schafft Zungen und Herzen durch die sie fühlt und spricht.

Ihre Krone ist die Liebe. Nur durch sie kommt man ihr nahe. Sie macht Klüfte zwischen allen Wesen und alles will sich verschlingen. Sie hat alles isolieret um alles zusammen zu ziehen. Durch ein paar Züge aus dem Becher der Liebe hält sie für ein Leben voll Mühe schadlos.

Sie ist alles. Sie belohnt sich selbst und bestraft sich selbst, erfreut und quält sich selbst. Sie ist rauh und gelinde, lieblich und schröcklich, kraftlos und allgewaltig. Alles ist immer da in ihr. Vergangenheit und Zukunft kennt sie nicht. Gegenwart ist ihr Ewigkeit. Sie ist gütig. Ich preise sie mit allen ihren Werken. Sie ist weise und still. Man reißt ihr keine Erklärung vom Leibe, trutzt ihr kein Geschenk ab, das sie nicht freiwillig gibt. Sie ist listig aber zu gutem Ziele und am besten ists ihre List nicht zu merken.

Sie ist ganz und doch immer unvollendet. So wie sies treibt, kann sies immer treiben.

Jedem erscheint sie in einer eigenen Gestalt. Sie verbirgt sich in tausend Namen und Termen und ist immer dieselbe.

Sie hat mich herein gestellt sie wird mich auch heraus

führen. Ich vertraue mich ihr. Sie mag mit mir schalten. Sie wird ihr Werk nicht hassen. Ich sprach nicht von ihr. Nein was wahr ist und was falsch ist alles hat sie gesprochen. Alles ist ihre Schuld, alles ist ihr Verdienst.

Ervin Laszlo

Kosmos: Geburt und Wiedergeburt einer Vision

Komm und fahr mit mir auf einem ruhigen Meer. Wir sind winzige Schiffchen, die über die stillen Wasser gleiten. Die Küsten im Nebel verhüllt, glatt liegt die Wasserfläche. Wir sind Schiffe auf dem Meer, mit dem wir eins sind.

Die Wasser des Meeres zeichnen unseren Weg auf. Ein feiner Kielwasserstreifen wandert, immer breiter werdend, hinter uns her durch das Meer, verliert sich in den dunstigen Horizonten. Durchtrennt die Wellen, wenn du, der du auch ich bist, über das Meer fährt, das eins ist mit uns. Dein Kielwasser und meines vereinen sich, bilden ein Muster, das unsere Bewegung spiegelt, meine wie deine. Sobald andere Schiffe, die gleichfalls eins sind mit uns, über das Meer fahren, überschneiden sich auch ihre Wellen, Leben kommt in die glatte Fläche, mit jeder Welle, jedem Kräuseln. Wellen und Gekräusel sind die Erinnerung unserer Bewegung – die Spuren unseres Seins.

Die Spuren, die wir auf dem Wasser hinterlassen, erzeugen eine feine Wirkung, die sich fortpflanzt von dir zu mir, und von mir zu dir, und von uns beiden zu all den anderen auf dem Meer. Wir, die wir du und ich gleichzeitig sind, haben eine Wirkung aufeinander und auf all die Schiffe, die in diesem Meer sind.

Unsere Getrenntheit ist eine Täuschung. Wir sind miteinander verbundene Teile eines Ganzen: Wir sind ein Meer, voller Bewegung und Erinnerung. Unsere Wirklichkeit ist größer als du und ich, und all die Schiffe, die auf den Wassern fahren, und all die Wasser, auf denen sie fahren.

Der wiederkehrende Traum

> Es gibt ein gemeinsames Brennen, ein gemeinsames Atmen, alles steht miteinander im Einklang. *Hippokrates*

Es war schon seit jeher ein großer Traum, die Welt um uns herum und uns selbst als Teil der Welt zu verstehen. Er wurde in allen Kulturen und allen Zivilisationen geträumt: Er war die Inspiration prähistorischer Mythen und früher Magie, die Eingebung der Mystiker und die Vision der Propheten. In den letzten zweieinhalbtausend Jahren, seit die Denker des alten Griechenland die mythischen Anschauungen und die magischen Formeln durch rationale Erklärungen ersetzten, war der Traum eines allumfassenden Verständnisses auch eine Triebfeder der systematischen Philosophie.

In der heutigen Zeit ist der Traum indes schon fast in Vergessenheit geraten. Die hektische Jagd nach dem materiellen Fortschritt überdeckte die Sehnsucht, einen Sinn im Leben und eine Schlüssigkeit im Dasein zu finden; verächtlich blickte man auf die existenzumfassenden Glaubenssysteme früherer Zivilisationen. Der aufgeklärte Geist wollte nicht wahrhaben, daß die vielen Ebenen des Kosmos – der irdische Bereich unten und der himmlische Bereich oben – durch einen alles erfüllenden Gleichklang miteinander verbunden sind; daß der Mikrokosmos ein Abbild des Makrokosmos ist und sich in einem Sandkorn das Universum widerspiegelt.

Für die klassischen Zivilisationen behielten die Erkenntnis des Hippokrates und das Prinzip von Hermes Trismegistos ihre unumstrittene Gültigkeit: Es gibt eine gemeinsame Strömung – wie es oben ist, so muß es auch unten sein. Doch mit der Morgendämmerung der modernen Zeit emanzipierte sich das Denken auf der Grundlage von Beobachtung und Experiment von der auf dem Glauben beruhenden Lehre.

Damit stand dem Bündnis von theoretischer Wissenschaft und traditionellem Handwerk nichts mehr im Wege, und diesem Bündnis entsprang die moderne Technologie. Im Verein mit der Massenproduktion eröffnete die Technologie neue Perspektiven des Denkens und Handelns, in ihrem Licht erschienen vormalige Welt-Anschauungen als simpler Aberglaube. Anstelle der Orientierung anhand einer umfassenden Sinngebung trat beim modernen Menschen die Idee des Fortschritts: ein geradliniges und überzeugtes Denken, ausgerichtet auf die Befriedigung materieller Bedürfnisse und Wünsche. Das Leben wurde länger und bequemer, dafür aber leerer und bedeutungsloser.

Aber der große Traum, doch noch ein einheitliches Muster zu entdecken, das allen Dingen und Geschehnissen, die wir beobachten und erfahren, zugrunde liegt und sie miteinander verbindet, wurde nie ganz aufgegeben. In der zweiten Hälfte des 20. Jahrhunderts beflügelte das spirituelle Vakuum, das die bruchstückhaften Wissens- und Glaubenssysteme hinterließen, eine erneute Suche. Diese Suche hat sich heute verstärkt; sie erstreckt sich auf verschiedene Gebiete in Wissenschaft, Philosophie und Theologie. Ihre treibende Kraft ist der Wunsch, Natur, Menschheit und Universum in einer integrierten Gesamtschau zu begreifen, die dem menschlichen Leben und Streben eine Bedeutung gibt.

Die Rolle der Wissenschaft darf bei der Wiederbelebung des alten Traums nicht unterschätzt werden. Die theoretische Wissenschaft ist kein Ersatz für Kunst, Religion und mystische Daseinserkenntnisse, doch die Forschungen der neuen Wissenschaften gehen viel tiefer, als es die meisten Theologen und Mystiker für gewöhnlich annehmen. Die heutige Physik und Kosmologie sind nicht bloß Mittel zur Beobachtung und Katologisierung all der Dinge, die man in den Weiten des Universums antrifft. Eine vereinfachende Bestandsaufnahme von all dem, was Wissenschaftler durch ihre Instrumente beobachten, würde nur eine verwirrende

Menge von Objekten und Ereignissen anhäufen, die kaum einen Zusammenhang untereinander erkennen ließen. Auf der Suche nach einer sinnvollen gedanklichen Erfassung der Welt vervollständigt die zeitgenössische Wissenschaft, insbesondere die neue Kosmologie, Beobachtung durch Theorie, Analyse durch Synthese und versucht die Vielfalt des beobachteten Universums in den Rahmen einer umfassenden und kohärenten Einheit zu stellen.

Der neue Begriff des Kosmos

Die neue Auffassung von wahrnehmbarer Realität, die in den Avantgarde-Wissenschaften unserer Zeit auftaucht, versteht den Kosmos als integriertes, sich selbst energetisierendes System – als ein Gesamtgebilde, das sich selbst erzeugt. Die einzelnen Teile dieses Gebildes existieren nicht vollständig losgelöst voneinander, sondern sind integrale Elemente des Ganzen. Jedes »Ding« im Kosmos ist ein kohärentes »Ereignis«, und jedes Ereignis ist das summarische Ergebnis aller anderen Ereignisse. In der Sprache der Mathematiker gleicht sich der Kosmos an – und ist daher im Prinzip beschreibbar – durch die Formalismen, die als erste William Hamilton und Karl Gustav Jacobi Ende des 19. Jahrhunderts aufgestellt haben.

Hamilton und Jacobi zeigten auf, daß man alle lokalen Ereignisse als Funktion eines gesamten Feldes behandeln kann. Jede einzelne Bewegung ist nicht das Ergebnis voneinander unabhängiger, mechanischer Kräfte, sondern vielmehr eine Funktion aller früheren Bewegungen. Dinge und Ereignisse sind in einem Hamilton-Jacobi-Universum keine getrennten Wirklichkeiten, sondern die Produkte von aufeinander einwirkenden Wellen innerhalb eines in sich verbundenen Ganzen. Einzelne Ereignisse sind infolgedessen wie kleine Schiffe in einem weiten Meer. Ihre Bewegungen werden durch die gemeinsame Strömungskraft aller Wellen in dem Meer bestimmt. Ein Kosmos, in dem die Dinge und Ereignisse auf diese Weise erzeugt werden, unterscheidet sich grundsätzlich von jenem, in dem die Dinge und Ereignisse das Ergebnis unabhängiger Kräfte sind, die an bestimmten Punkten entlang einzelner Trajektorien wirken.

Die Vorstellung von einem Kosmos von aufeinander einwirkenden Wellen ist den Wissenschaftlern seit über einem Jahrhundert bekannt, wurde jedoch bis vor kurzem nicht ernst genommen. Zum einen war die Wissenschaft von dem Newtonschen Gedanken eines mechanischen Universums beherrscht, in dem Bewegung unter dem Gesichtspunkt unabhängiger Kräfte berechnet wurde, die auf die Verlaufskurve einzelner Teilchen – ihre Trajektorie – einwirkten. Anderseits kann man die Ereignisse und Bewegungen im System von Hamilton-Jacobi nur berechnen, wenn die Ereignisse und Interaktionen zahlenmäßig gering sind. Die praktischen Anwendungen der Hamilton-Jacobi-Theorie stellten folglich deren Grundgedanken auf den Kopf: Die Wissenschaftler benutzten die Theorie, um kleine Gruppen von Ereignissen zu berechnen, als ob diese Gruppen unabhängig und getrennt von der übrigen Welt existierten. Sie ließen völlig außer acht, daß, falls wir tatsächlich in einem Hamilton-Jacobi-Universum leben, alle Ereigniseinheiten das Ergebnis von Interaktionen in der größeren Einheit sind, die der Kosmos in seiner Gesamtheit darstellt.

Heute wird die Einheitlichkeit des Kosmos wiederentdeckt. Der Primat der Gesamtheit ist ein fundamentaler Aspekt in der neuen Kosmologie. Der Status des Universums zu irgendeinem Zeitpunkt sowie die Entwicklung seines Status im Lauf der Zeit werden als Funktionen allgemeiner Konstanten angesehen, welche die Parameter von Raum, Zeit und Materie als Ganzes festlegen. Gesamtfeld-Betrachtungen haben auch in der neuen Physik eine wesentliche Bedeutung gewonnen. Die spezifischen Werte des Zustandes eines Teilchens werden als das Produkt der Einheit betrachtet, in die das Teilchen eingebettet ist – und diese Einheit schließt logischerweise alle Teilchen im Universum mit ein. Die Physik ist laut Ilya Prigogine dabei, sich zur globalen Wissenschaft zu entwickeln.[1] Die Biologie und die Ökologie stehen ihr, soweit sie nach dem forschen, was Gregory Bateson das »verbindende Muster« oder »Megamuster« nannte, nicht sehr nach.[2] Wie ein roter Faden zieht sich durch die neuen Naturwissenschaften das Verständnis des Ganzen als Voraussetzung für das Verständnis eines einzelnen Teils.

Da sich alle Ereignisse in einem Hamilton-Jacobi-Universum gegenseitig hervorrufen und bestimmen, gibt es keine einfachen Ursachen oder isolierten Wirkungen. Alles, was geschieht – egal wie unbedeutend und lokal es sein mag –, ergibt sich aus all dem, was vorher geschehen ist, und es ist ein Teil des Beweggrundes von all dem, was danach geschehen wird. Der Kosmos ist ein System von sich einander beeinflussenden Wellen; er ist ein Meer, in dem sich die kleinste Störung in seinem gesamten Wirkungsfeld fortpflanzt. Die Dinge als separate Teilchen mit unabhängigen Trajektorien zu betrachten, mag für die praktische Aufgabe notwendig sein, bestimmte Wirkungen an spezifischen Punkten in Raum und Zeit zu berechnen. Doch diese pragmatischen Belange dürfen nicht die Tatsache verschleiern, daß die neue Physik und Kosmologie im Endeffekt getrennte Dinge und unabhängige Ereignisse im Universum nicht erkennen, sondern nur die Folge von Kräuseln und Wellen, die sich gegenseitig durchdringen und sich fortpflanzen in einem uferlosen Meer.

Doch was ist das kosmische Meer, in das alle wahrnehmbaren und erkennbaren Ereignisse eingebettet sind? Die klassischen Denker diskutierten diese Frage auf der Ebene von Materie oder Bewußtsein beziehungsweise einer Kombina-

1 Anmerkungen siehe Seite 42.

tion von beiden: Die großen Metaphysiker waren Materialisten oder Idealisten, darüber hinaus Dualisten. Aber für die neuen physikalischen Wissenschaften kann das Gefüge des Universums nicht in einzelne unabhängige Wirklichkeiten aufgespalten werden, zum Beispiel in *Physis* oder *Psyche*, Materie oder Geist. Eine realistische Interpretation der neuen Kosmologien kann nur eine Art Meer präsentieren, auf das das Universum aufbaut – und das ist die Energie. Diese Energie ist jedoch kein so einfacher Begriff wie die Energie, die den Kolben einer Dampfmaschine bewegt. In den neuen Denkkonzepten ist die Energie eine weitreichende und fundamentale Kategorie, ein Aspekt der Wirklichkeit, der viele Formen annehmen kann.

In einer dieser Formen ist Energie gleichbedeutend mit Materie, wie in Einsteins berühmter Gleichung $E = mc^2$ gezeigt wird. In einer anderen Form kann Energie als Licht oder Wärme auftreten, mit all den dynamischen Wirkungen, die wir aus der Thermodynamik kennen. Und in einer weiteren Form ist die Energie nicht wirklich, sondern nur potentiell vorhanden. Dabei handelt es sich um das »Quantenvakuum«, in dem die beobachteten Materie- und Wärmestrahlungsenergien zutage treten. Nicht die eine oder andere Energieform, sondern Energie als die zugrunde liegende Realität, die verschiedene Formen annehmen kann, ist die tiefgreifendste Kategorie in den neuen Kosmologien.

Die wahrnehmbare Welt tauchte offenbar aus dem Quantenvakuum auf, das den grundsätzlichen Energiezustand des Universums bildet. Die Hauptrichtungen in der Kosmologie sprechen dabei von zwei grundlegenden Phasenwechseln, die den Zustand des sehr frühen Universums bestimmten. Der erste Phasenwechsel führte zu der Aufblähung einer Quanteninstabilität im sogenannten Quantenvakuum, der zweite verwandelte die explosive Instabilität in die geordneter ablaufende Ausdehnung des Robertson-Walker-Universums. Der größte Teil der Baryonen (materieähnliche schwere Teilchen), die heute in dem beobachteten Universum herumschwirren, wurden während der ersten paar Sekunden, die auf die »Planck-Zeit« der explosiven Aufblähung folgten, synthetisiert. Zwischen fünfzigtausend und einer Million Jahre nach der Entstehung des Universums ereignete sich ein weiterer Phasenwechsel: In dem sich ausdehnenden und abkühlenden Universum entkoppelten sich die übriggebliebenen Teilchen von der Strahlung. Der Raum wurde transparent, und die Materie etablierte sich als die abgelöste, diskrete Wirklichkeit, die wir heute wahrnehmen.

Die Zeit, die seit dem Beginn des Universums (oder eines Zyklus des Universums) verstrichen ist	Durchschnittstemperatur (in Grad Kelvin)	Durchschnittsdichte ($g\ cm^{-3}$)	Dominante Entstehungsprodukte
$< 10^{-24}$	$> 10^{20}$	$> 10^{50}$	–
$10^{-24} - 10^{-3}$	10^{15}	10^{30}	Hadronen
10^{-3} – 100 Sek.	10^{10}	10^{10}	Leptonen
100 Sek – 10^{6} Jahre	10^{4}	10^{-10}	neutrale Atome
10^{6} Jahre – 10^{9} Jahre	300	10^{-20}	Galaxien
$> 10^{9}$	≈ 2.7	$\approx 10^{-29}$	Sterne – Planeten

Der fortschreitende Aufbau der Mikro- und Makrostrukturen des Universums vom Zeitraum der Aufblähung bis zur Gegenwart in Bezug zu Zeit, Temperatur und Strahlungs- beziehungsweise Materiedichte.

In den fünfzehn oder zwanzig Milliarden Jahren, die seit dem Urknall verstrichen sind, bestand die Geschichte der Materie im Universum aus dem Aufbau von Galaxien aus Teilchen, die sich durch die Schwerkraft verdichteten; aus den Galaxien bildeten sich dann Sterne und stellare Systeme. Doch die Zeit der konstruktiven Entwicklung wird zuende gehen. Die Evolution von Baryonen wird früher oder später in eine Devolution umschlagen. Der Umschwung wird sich schrittweise vollziehen, und er wird zu unterschiedlichen Zeiten an verschiedenen Orten stattfinden. Die richtungweisenden kosmologischen Theorien stimmen indes darin überein, daß dieser Umschwung, wann und wo er auch geschieht, endgültig sein wird. Der Prozeß, der die konstruktive Phase der Evolution umkehrt, wird selbst irreversibel sein.

Derzeit wissen wir nicht mit hinlänglicher Sicherheit, ob das Universum offen ist und sich unendlich in Zeit und Raum ausdehnen wird, oder ob es geschlossen ist und, endlich in Zeit und Raum, in sich implodieren wird. Doch das letztendliche Schicksal der Materie wird nicht wesentlich anders aussehen, ob das Universum nun offen oder geschlossen ist. Die Materie wird in jedem Fall samt und sonders verschwinden – entweder in der gigantischen Implosion des »Big Crunch«, wenn das Universum geschlossen ist, oder, sollte es offen sein, im letzten Aufleuchten von Schwarzen Löchern, die die Größe von galaktischen Sternhaufen haben.

Der genaue zeitliche Ablauf der Materieauflösung im offenen Universum wird davon abhängen, ob Protonen zerfallen oder nicht. Wenn man von einer Halbwertzeit der Protonen von 10^{31} Jahren ausgeht, werden nach etwa 10^{32} Jahren praktisch alle Baryonen zerfallen sein. Obwohl Protonen und die restlichen Bestandteile aus dem Zerfall der anderen Baryonen länger bestehen bleiben, werden sie doch auch in einem Zeitraum von 10^{117} Jahren verschwinden. Wenn Protonen *nicht* zerfallen, wird sich dieser Zeitrahmen auf 10^{122} Jahre erweitern. Zu diesem Zeitpunkt müssen sich auch nichtzerfallende Protonen in den Schwarzen Löchern, die sich durch den Kollaps von Galaxien und galaktischen Sternhaufen bilden, verflüchtigen.

In den gegenwärtig bestimmenden Kosmologietheorien taucht die Materie aus dem Quantenvakuum während der Urknallexplosion auf, und sie verschwindet wieder in diesem Vakuum durch Schwarze Löcher oder eine finale Implosion.

Erscheinen und Vergehen sind irreversibel; der Kosmos ist eine einmalige Angelegenheit. Doch diese Vorstellung vom Kosmos ist nicht das letzte Wort. Man hat heute andere Kosmologietheorien entwickelt, darunter auch einige, die die Irreversibilität der endgültigen Materieauflösung innerhalb eines einzyklischen Universums in Frage stellen.

Die Physiker suchen eifrig nach Alternativen zur Mainstream-Kosmologie; denn, ganz abgesehen von dem düsteren Ende, das sie für die Materie (und damit für das Leben) heraufbeschwört, hat die Urknallkonzeption auch theoretische und durch Beobachtung gestützte Probleme aufgeworfen. Ein schwieriges theoretisches Problem ergibt sich dadurch, daß die Theorie die Existenz einer Singularität bei der Entstehung des Universums voraussetzt. Eine Singularität ist jedoch ein Raumzeitbereich, in dem die physikalischen Gesetze außer Kraft gesetzt sind. Solche Bedingungen läßt die Einsteinsche Gravitationstheorie nicht zu – die Gesetze der Schwerkraft gelten nicht, wenn die Zeit gleich Null und das Universum unendlich klein ist. Der Urknall indes verlangt diesen außergewöhnlichen Umstand. Und sollte sich das Universum als geschlossen herausstellen, würde ihn die letztendliche Implosion, der »Big Crunch«, ebenso erfordern.

Ein weiteres Problem liefert die beobachtete großräumige Struktur des Universums. Man glaubt, daß die Aufblähungsphase im Urknallmodell für die Verteilung von Materie im kosmischen Raum verantwortlich ist. Doch nicht nur, daß diese anfängliche Ausdehnung eine ganz erstaunliche Feinabstimmung erfordern würde – sie müßte bis auf ein Milliardstel genau sein –, mit dem Prozeß, den sie in Gang setzt, ließen sich auch schwerlich die großdimensionierten Strukturen des Universums erklären. Tatsache ist jedenfalls, daß bei einer umfassenden Erforschung des Universums durch den Infrared Astronomical Satellite ein Gürtel von Galaxien entdeckt wurde, der sich über fünfhundert Millionen Lichtjahre hinweg quer über den Himmel erstreckt, die sogenannte Große Mauer. Sie ist fünfmal größer als die höchste Ausdehnung, die Galaxien aufweisen dürften, wenn sie durch Dichteschwankungen während der anfänglichen Expansion entstanden sein sollten. Die fünfzehn oder zwanzig Milliarden Jahre, die seit dem Urknall vergangen sind, hätten nicht ausgereicht, galaktische Strukturen von mehr als hundert Millionen Lichtjahren im Durchmesser hervorzubringen.

Wenn sich riesige Strukturen wie die Große Mauer nicht bei der dem Urknall folgenden Expansion gebildet haben, dann ist es nicht undenkbar, daß sie früher entstanden sind, möglicherweise bei anderen »Big Bangs« (die übrigens, weil sie nicht an der einzigartigen Universumsgründung beteiligt waren, im allgemeinen zu schlichten »Bangs« degradiert werden). Es stehen heute Kosmostheorien zur Verfügung, die mehr als einen Urknall in Betracht ziehen, und sie sind als ernste Konkurrenz für die kosmologische Hauptrichtung anzusehen.

Die neuesten Theorien gehen davon aus, daß das Universum niemals aus einem Zustand der Singularität entstanden ist und ihn auch niemals erreichen wird. Der Anfangszustand eines »Quantenuniversums« hat einen kleinen Radius, der aber größer als Null ist. Anhand weiterer Annahmen, die zugegebenermaßen etwas spekulativ sind, läßt sich nachweisen, daß ein Quantenuniversum nicht in einem Big Crunch endet, sondern nur einen kompakteren Zustand erreicht, aus dem es durch einen erneuten »Bang« befreit werden könnte.

Ein geschlossenes Quantenuniversum ginge den Weg von einer explosiven Instabilität durch einen ganzen Expansionszyklus zurück zu einer implodierenden Instabilität – und weiter zur nächsten Instabilität. Bei jedem Zyklus würde Materie aus dem Quantenvakuum synthetisiert und die Materieteilchen würden die Phasen von Evolution und Devolution durchlaufen, um den Zustand maximaler Quantenverdichtung zu erreichen. Das bedeutet, daß, selbst wenn Materie im Universum in sich selbst implodiert, nur einzelne Evolutions- oder Devolutionszyklen zu ihrem Ende kommen. Der Kosmos selbst hätte weder einen Anfang noch ein Ende: Er wäre ein pulsierender Strom.

Eine noch junge Theorie besagt, daß es das offene Universum ist, das eine Reihe von aufeinanderfolgenden Pulsschlägen vorweist. Prigogine, Geheniau und Gunzig haben die Wechselwirkung zwischen dem Quantenvakuum und dem Materiegehalt des Kosmos als Grundfaktor genommen und mathematisch nachgewiesen, daß dieser Wechselwirkung eine möglicherweise unendliche Reihe von universellen Zyklen entspringen könnte. In ihrer kosmologischen Konzeption läuft die Entstehung eines kosmischen Zyklus in drei Stadien ab, die durch zwei Phasenübergänge unterbrochen sind. Das erste Stadium ist die Destabilisierung des Quantenvakuums durch die Rückkoppelung negativer Energie aufgrund der Raumzeitkrümmung, die sich aus den großräumigen Strukturen des Universums ergibt. Diese Instabilität erzeugt den Phasenübergang zum De-Sitter-Universum. Während der Aufblähungsphase verdampfen die Schwarzen Minilöcher, die im vorhergehenden Phasenübergang entstanden sind. Das verursacht einen Superabkühlungseffekt, der im zweiten Phasenübergang das De-Sitter-Universum in das räumlich homogene, isotrope und nur geometrisch expandierende »Robertson-Walker-Universum« treibt. Dieses Universum – es ist das, welches wir beobachten – bildet das dritte Stadium.[3]

Die Prigogine-Geheniau-Gunzig-Kosmologie ersetzt die Urknallkonzeption der Mainstream-Lehre durch den Vielfachknall eines pulsierenden, offenen Universums. Sie geht nicht von einem einzigen Universum, sondern von vielleicht unendlich vielen aus. Jedes Universum entstand – in engem Zusammenhang mit seinem Vorgänger – aus dem andauernden, aber periodisch destabilisierten Quantenvakuum; und so wie jedes Universum in diesem Vakuum eine Instabilität erzeugt, gibt es auch den Anstoß für seinen Nachfolger.

Diese Theorien zeichnen das Bild eines Kosmos, der ein sich zyklisch selbsterneuerndes und selbstorganisierendes Ganzes darstellt. In diesem Ganzen bekommt das Quantenvakuum eine dominierende Rolle. Es ist dieses »Vakuum« (das ja in Wirklichkeit ein mit potentieller Energie erfüllter Raum ist), das beim kosmischen Geburtsvorgang in Materie und Gravitation zerfällt, und es ist dasselbe Vakuum, das im ganz frühen Stadium des Universums dessen Materiegehalt synthetisiert. Und es geschieht ebenfalls in diesem Vakuum, daß degenerierte Materie in der Verdampfung Schwarzer Löcher verschwindet. (Stephen Hawkings berühmte Theorie von den Schwarzen Löchern setzte unaufhörliche Quantenschwankungen im Vakuum voraus; sie erzeugen virtuelle Teilchenpaare, die sich im Einflußbereich eines Schwarzen Loches aufspalten in ein negatives Energieteilchen, das in das Schwarze Loch gesogen wird, und sein Gegenstück positiver Energie, das in den umliegenden Raum entweicht. Das ist der Grund, warum von Schwarzen Löchern scheinbar eine Strahlung ausgeht.)

Wenn man den Erklärungen der neuesten Kosmologietheorien über die Natur des Kosmos Glauben schenkt, dann taucht die beobachtete und wahrnehmbare Welt in periodischen Abständen aus einem fortwährend bestehenden Meer potentieller Energien auf. Die Wechselwirkung zwischen der sich entwickelnden Wirklichkeit und der bewahrten, verborgenen Struktur läßt verschiedene Interpretationen zu. Sie bestätigt die Glaubwürdigkeit der Unterscheidung von David Bohm zwischen »impliziter« und »expliziter« Ordnung. Danach ist die implizite Ordnung die tiefe Struktur, in der die Gesamtheit aller Dinge raum- und zeitlos »eingefaltet« ist, während die explizite Ordnung die wahrnehmbare Oberfläche darstellt, auf der sich Dinge und Ereignisse in Raum und Zeit entwickeln.[4] Wenn man die Anschauung ablehnt, das

Quantenvakuum als ein platonisches Reich ewig vorgegebener höherer Realitäten zu betrachten, wie es offenbar die meisten Physiker tun, könnte man die realisierten Materieenergien und die potentiellen Vakuumenergien des Universums als einen Teil derselben kosmischen Wirklichkeit ansehen. In diesem Fall würde man zu der vom Verfasser entwickelten Subquanten-Feldtheorie gelangen. Sie erklärt den beobachteten Verlauf der kosmischen und biosphärischen Evolution als das Ergebnis einer ständigen Wechselwirkung zwischen dem durch das Quantenvakuum gebildeten Energiefeld und den in Zeit und Raum realisierten Materieenergien.[5]

Die Visionen der ewigen Philosophie und ihre Wiederkehr in den neuen Kosmologien

Die Vorstellung von einer verborgenen Schicht im Kosmos, die all das, was wir beobachten konnten, in periodischen Abständen hervorbringt, ist nur in Detail und Evidenz neu. Ihre wesentlichen Aussagen sind schon jahrtausendelang bekannt. Wir finden sie im chinesischen *Ch'i*, der Ur-Einheit, aus der die universellen Gegensätze Yin und Yang hervorgegangen sind, die in ihrem unaufhörlichen Wechselspiel den Grundstein für die Vielfältigkeit der sichtbaren Welt legen. Die gleichen Kerngedanken wiederholen sich in dem Sanskritbegriff *Mulaprakriti*, der undifferenzierten Urquelle, aus der durch Involution und anschließender Evolution alle Dinge entspringen. Im chinesischen Tao hat sich diese Anschauung in symbolischer Sprache manifestiert. Lao-Tse beschreibt sie folgendermaßen: »Bevor Himmel und Erde entstanden, war da ein unbestimmbares Etwas – ganz ruhig und ganz leer. Es steht allein für sich – unveränderlich; und unermüdlich wirkt es überall. Man mag es für die Mutter von allem halten, was unter dem Himmel ist. Ich kenne seinen Namen nicht, aber man soll es *Tao* nennen«.[6] Für die hinduistischen Upanishaden wiederum ist diese »Mutter aller Dinge« Brahman, der einheitliche und einzige Urgrund des Universums. Die wahrgenommene Welt ist eine natürliche und spontane Emanation aus dieser unveränderlichen und unvergänglichen Sphäre: »... Brahman dehnt sich aus; aus ihm ist die Materie hervorgegangen, und aus der Materie das Leben, der Geist, die Wahrheit und die Unsterblichkeit ...« (Mundaka Upanishaden, Vers 8).

Die Vision, die in den neuesten Kosmologietheorien wieder auftaucht, drückt sich vielleicht am deutlichsten im Raja-Yoga aus; der »königliche Weg« wird in Patanjalis Yoga-Sutras dargestellt, und östliche Gelehrte halten ihn für die wirkungsvollste Möglichkeit, die Einheit zwischen dem Menschlichen und dem Göttlichen zu erlangen. Yogi Swami Vivekananda beschreibt die Kosmologie des Raja-Yoga anhand zweier Grundelemente: Akasha und Prana. Akasha ist die Substanz, die allem, was existiert, zugrunde liegt, während Prana die Urenergie ist, die auf alles einwirkt und alles formt. Am Anfang gab es nur Akasha, und am Ende wird es wiederum nur Akasha geben. Akasha wird zur Sonne, zur Erde, zum Mond, zu Sternen und zu Kometen; aus ihm wird der tierische und der menschliche Körper, die Pflanzen und alles, was existiert. Prana hingegen ist die unendliche und allgegenwärtige Kraft, die auf Akasha einwirkt. Prana ist Bewegung, Gravitation und Magnetismus; es ist gegenwärtig in den Handlungen der Menschen, in den Nervenströmen des Körpers und sogar in der Kraft der Gedanken. Am Ende einer kosmischen Phase lösen sich alle Kräfte wieder in Prana auf, so wie alle Dinge in Akasha vergehen. Und Akasha ist nicht passiv: Als legendäre »Akasha-Chronik« bewahrt es die Spuren von allem auf, das im Kosmos stattfindet.[7]

Bis auf den heutigen Tag vertreten die indischen Philosophen entsprechende Ansichten. Gopi Krishna zum Beispiel, der Gründer des Kundalini Movement, spricht vom Kosmos als einem grenzenlosen Ozean, in dem Eisberge schwimmen. Der Ozean bleibt unseren Sinnen verschlossen, aber die gigantischen Eisgebilde, transformierte Erscheinungsformen aus dem gleichen Wasser, können wir wahrnehmen. Wenn wir die Welt mit unseren Sinnen aufnehmen, erkennen wir nur die Eisberge, aber wenn wir sie von innen anschauen – im *Samadhi* – verschwinden die Eisberge und wir nehmen überall das Wasser wahr. Der Ozean erfüllt Zeit und Raum. Er ist die Basis der Wirklichkeit: Die Energien der sichtbaren Welt entspringen der Urenergie, die seinem kreativen Potential innewohnt.[8]

Wenn wir die oberflächlichen Näherungsformeln und die kulturgebundenen Symbolismen weglassen, erkennen wir eine signifikante Übereinstimmung zwischen den kosmologischen Betrachtungsweisen der »ewigen Philosophie« und den jüngsten Interpretationen der physikalischen Kosmologie. Ein bloßer Zufall? Wohl kaum. Ein wirklich solides Gedankengebäude ist selten etwas gänzlich Neues. Die tiefsten Einsichten kommen im menschlichen Bewußtsein immer wieder nach oben. Die besten unter den Avantgarde-Wissenschaften drücken das erneut in expliziter und detaillierter Form aus, was wir – und vor uns unsere Ahnen und Urahnen – schon immer intuitiv erkannt haben.

Anmerkungen

1 Ilya Prigogine, persönliche Mitteilung, 4. September 1990.

2 Gregory Bateson, *Geist und Natur: Eine notwendige Einheit*, Frankfurt 1982.

3 E. Gunzig, J. Geheniau and I. Prigogine, *Entropy and Cosmology*, in: Nature 330, Nr. 6149 (Dezember 1987); I. Prigogine, J. Geheniau, E. Gunzig, P. Nardone, *Thermodynamics of Cosmological Matter Creation*, in: ›Proceedings of the National Academy of Sciences, USA‹ 85 (1988).

4 David Bohm, *Die implizite Ordnung*, München 1987.
5 Ervin Laszlo, *Aux Racines de l'Univers: Vers une theorie unifiée du l'esprit et du matière*, Paris 1992. Deutsche Übersetzung erscheint im Insel Verlag, Herbst 1993.
6 Zitiert bei Alan Watts, *The Way of Zen*, New York 1957.
7 Swami Vivekananda, *Raja-Yoga*, Advaita Ashrama 1937.
8 Gopi Krishna, *Kundalini for the New Age*, in: *The Odyssey of Science, Culture and Consciousness*, hg. v. Kishore Gandhi, Neu Delhi 1990.

John D. Barrow

Die Entwicklung des Universums

Die moderne Theorie des expandierenden Weltalls und die ihr zugrunde liegenden Tatsachen werden geschildert, und der Begriff der Evolution des Universums mit den daraus folgenden Konsequenzen für die Entwicklung komplexer biochemischer Strukturen wird geklärt. Aus der Vorstellung einer frühen Periode beschleunigter Expansion, der »Inflation«, ergeben sich Folgerungen für die Entwicklung des Weltalls und seine Struktur. Andere ergeben sich aus der Annahme eines mehrfach zusammenhängenden Raums, der durch »Henkel« mit sich selbst und über »Wurmlöcher« mit anderen »Babyuniversen« verbunden ist. Wenn solche Theorien im Zusammenhang mit den Beobachtungstatsachen gesehen werden, ergeben sich spezielle Probleme, die hier ebenso behandelt werden wie die Frage, welche der möglichen Vorhersagen für das Vorhandensein von Beobachtern notwendig sind.

Wie, wann und warum ist das Weltall entstanden? Die moderne Kosmologie hat viele dieser alten Fragen aus dem Bereich der Metaphysik in den der Naturwissenschaften geholt. Die Fortschritte der Technik ermöglichen uns, weiter denn je hinaus in den Raum und zurück in die Zeit zu sehen. Durch diese Erweiterung des Weltbildes hat die Menschheit nach und nach alle großartigen Illusionen, die sie je in bezug auf ihre Sonderstellung im Kosmos gehegt haben könnte, verloren. Im Lauf der Zeit hat sich unsere Stellung im Gesamtgebäude der Sterne und Galaxien als immer weniger zentral und bedeutend herausgestellt. Unser Sonnensystem umrundet, wie wir heute wissen, eines von etwa hundert Milliarden ähnlichen Sternen unseres Milchstraßensystems. Jenseits seiner Grenzen gibt es allein im sichtbaren Teil des

Weltalls weitere hundert Milliarden ähnlicher Galaxien. Doch trotz unserer so unbedeutenden räumlichen Stellung ist unsere Existenz unausweichlich mit der Struktur des ganzen Weltalls verknüpft; das sind überraschende Tatsachen, die wir erst seit kurzem erfassen. In meiner Einführung in diesen Fragenkreis möchte ich zunächst die Beobachtungstatsachen, die auf ein mit einem Urknall beginnendes expandierendes Universum hinweisen, kurz zusammenfassen und ihre Bedeutung erörtern, um mich dann der Frage zuzuwenden, warum die Existenz komplexer Gebilde – wie es beispielhaft wir selbst als lebende Beobachter sind – bestimmte kosmische Bedingungen und Zahlenwerte der Naturkonstanten voraussetzt. Das wird uns zu den neuesten Gedankengängen der modernen Kosmologie führen – zum »inflationären Universum« und zur Möglichkeit von »Wurmlöchern«, die Teile eines seltsam blasen- oder schwammartigen Universums mit sich selbst und anderen »Babyuniversen« verbinden.

Bis ins zwanzigste Jahrhundert war das menschliche Denken über den Kosmos von der Vorstellung beherrscht, es gäbe einen unveränderlichen Raum, in dem sich alle Bewegungen der Himmelskörper abspielen. Einsteins große Entdeckung der allgemeinen Relativitätstheorie und mit ihr die Möglichkeit, das Universum mathematisch zu beschreiben, zeigten, daß es einen solchen absoluten Hintergrund nicht gibt: Das Weltall – alles, was es gibt – ist in einem Zustand dynamischer Veränderung.

Gegen Ende der zwanziger Jahre entdeckte der amerikanische Astronom Edwin Hubble, daß die für die Gesamtentwicklung des Weltalls ausschlaggebende dynamische Veränderung seine *Ausdehnung* ist: Wie Punkte auf einem Ballon sich alle voneinander entfernen, wenn der Ballon aufgeblasen wird, entfernen sich ferne Galaxienhaufen um so rascher voneinander, je weiter sie entfernt sind. Hubble, vormals Boxer und Rechtsanwalt, hatte die Wellenlängen von Ato-

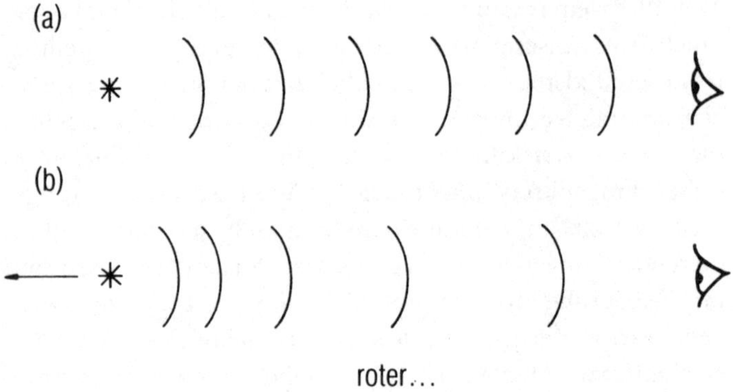

Abbildung 1: (a) Ein Beobachter empfängt die Lichtwellen eines relativ zu ihm ruhenden Sterns mit derselben Frequenz, mit der sie von der Quelle ausgesandt werden. (b) Lichtwellen, die von einer Quelle ausgehen, die sich vom Beobachter entfernt, kommen mit kleinerer Frequenz an, als sie ausgesandt werden. Das Licht ist dann langwelliger – im sichtbaren Bereich also roter – als das ausgesandte Licht.

men im Licht ferner Galaxien gemessen und sie mit den Wellenlängen derselben Atome auf der Erde verglichen. Dabei ergab sich, daß die ersteren gegenüber den letzteren um so stärker rotverschoben sind, je lichtschwächer die Galaxien sind. Das Umwälzende dieser Entdeckung liegt in der Deutung des von Hubble beobachteten systematischen Unterschieds zwischen den irdischen und himmlischen Wellenlängen als Dopplerverschiebung. Er nimmt also an, die Verschiebungen entstünden dadurch, daß sich die Lichtquellen von uns entfernen. Der Dopplereffekt ist eine uns vertraute physikalische Erscheinung. Er wirkt sich auf den Empfang aller Wellen aus, ganz gleich, ob sie Licht-, Schall- oder Wasserwellen sind. Wir hören ja, wie ein Signalhorn etwa eines Krankenwagens die Tonhöhe verändert, wenn das Fahrzeug an uns vorbeifährt. Zunächst erreichen uns die Wellen mit einer Frequenz, deren Emissionsrate um die Geschwindigkeit vergrößert ist, mit der sie sich nähern; diese Geschwindigkeit müssen sie jedoch einholen, wenn die Quelle an uns vorbeigefahren ist. Wie Abbildung 1 zeigt, ist die Frequenz von Lichtwellen einer sich entfernenden Quelle kleiner als die von Wellen einer gleichen ruhenden Quelle. Eine Lichtwelle mit niedrigerer Frequenz hat weniger Energie und ist »roter« (wenn sie in dem Teil des Spektrums liegt, den das bloße Auge sehen kann); deshalb heißt dieser Effekt kosmologische »Rotverschiebung«. Wir verstehen ihn als Hinweis auf die Fluchtbewegung ferner Galaxien und damit auf die Ausdehnung des Weltalls.

Abbildung 2 ist eine moderne Fassung des berühmten Hubble-Diagramms; es zeigt die lineare Beziehung zwischen der Fluchtgeschwindigkeit ferner Galaxien (die aus der Rotverschiebung ihres Lichts berechnet wird) und ihrer (aus der Helligkeit) hergeleiteten Entfernung. Diese lineare Beziehung ist als das sogenannte »Hubble-Gesetz« bekannt; es gilt allerdings in der Praxis nicht genau, denn die Geschwindigkeit ferner Galaxien ist nicht nur durch die Expansion des Weltalls, sondern auch durch rein örtliche Bewegungen bestimmt, die von der Gravitationsanziehung ihrer Nachbarn bewirkt werden.

Die universelle Expansion kann langfristig zwei Auswirkungen haben, die sich beide aus Einsteins Allgemeiner Relativitätstheorie herleiten lassen, aber auch völlig mit unserem naiven Gefühl für das Verhalten von Materie unter dem Einfluß der Schwerkraft übereinstimmen. Wir wissen, daß es eine kritische »Fluchtgeschwindigkeit« gibt, die eine Rakete erreichen muß, wenn sie der Schwerkraft der Erde entkommen soll (etwa elf Kilometer pro Sekunde). Wenn die Anfangsgeschwindigkeit kleiner ist als die Fluchtgeschwindigkeit, fällt das Geschoß wie ein in die Luft geworfener Stein auf die Erde zurück; wenn die Anfangsgeschwindigkeit die Fluchtgeschwindigkeit übertrifft, ist die kinetische Energie beim Start größer als die Energie, die zur Verlangsamung gehört, die die Schwerkraft bewirkt. Das Geschoß kann dann dem Schwerefeld der Erde entkommen und sich (falls

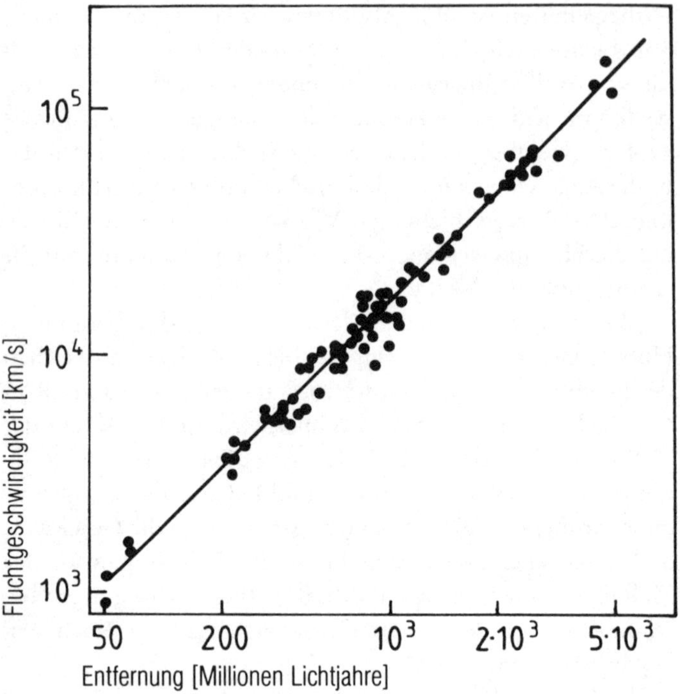

Abbildung 2: Hubbles Gesetz: Die Fluchtgeschwindigkeit einer fernen Galaxie läßt sich aus der Größe der Rotverschiebung herleiten, die die von ihr ausgeschickte Strahlung erleidet. Sie stellt sich als direkt proportional zur Entfernung der Galaxie heraus.

es im Universum nicht von anderen Körpern eingefangen wird) beliebig weit von der Erde entfernen. Auch expandierende Universen haben, wie Abbildung 3 zeigt, diese beiden Möglichkeiten. Ein »offenes« Universum beginnt die Expansion mit einer Geschwindigkeit, die die »Flucht«geschwindigkeit des Universums als Ganzes übertrifft und dehnt sich immer weiter aus. Die Anfangsgeschwindigkeit des »geschlossenen« Universums ist kleiner als die Fluchtgeschwindigkeit; deshalb kommt die Expansion schließlich zum Stillstand und kehrt sich unter dem Einfluß der Schwerkraft, mit

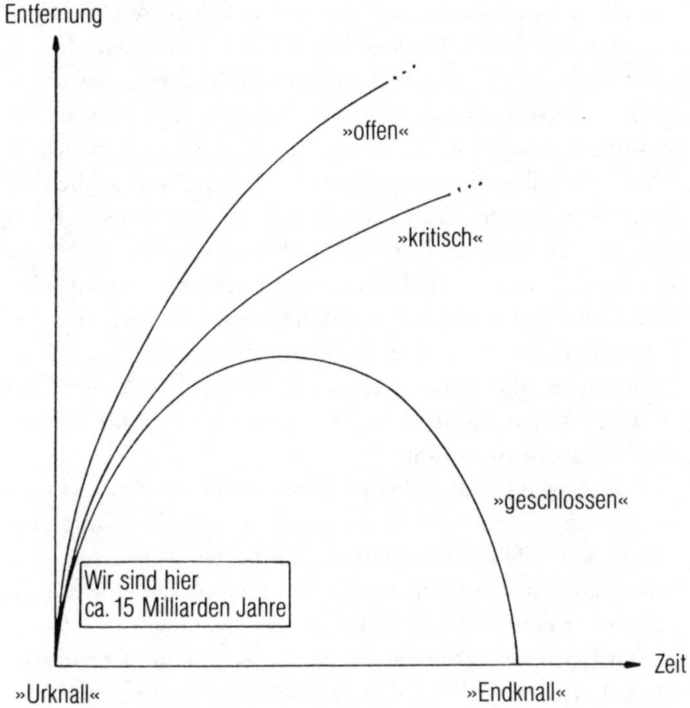

Abbildung 3: Die mögliche Entwicklung eines im Urknall entstandenen Universums. Ein »geschlossenes« Universum hat eine endliche Größe und Lebensdauer: Es wird zur Zeit Null mit der Größe Null geboren – im »Urknall« – und dehnt sich zu maximaler Größe aus, bevor es in einem Endknall auf die Größe Null zusammenfällt, weil der Schwung der anfänglichen Ausdehnungsgeschwindigkeit schwächer ist als die von der Materie im Weltall ausgeübte Schwerkraft. Ein »offenes« Universum dagegen dehnt sich immer weiter aus und ist unendlich groß. Die Anfangsgeschwindigkeit reicht aus, die durch den Sog der Schwerkraft bedingte Verlangsamung der Materie zu überwinden. Das »kritische« Universum liegt zwischen den offenen und geschlossenen Universen. Es ist unendlich groß und dehnt sich immer aus. Seine anfängliche Ausdehnungsgeschwindigkeit ist die kleinste, die nötig ist, um die Ausdehnung immer weiter fortzusetzen. Das Alter des beobachteten Universums beträgt etwa 15 Milliarden Jahre.

der alle Massen im Weltall einander anziehen, zu einer Kontraktion um. Beide Modelle beschreiben Universen, die vor einer endlichen Zeit im Urknall entstanden; dem »geschlossenen« Universum ist anscheinend nach einer endlichen zukünftigen Zeit ein Endknall bestimmt. Wir wissen nicht, ob unser Weltall wirklich im Urknall entstand und schließlich im Endknall enden wird oder ob sich diese Vorhersagen nur deshalb ergeben, weil unsere mathematische Beschreibung des Universums bei diesen Extrembedingungen von Dichte und Temperatur versagt. Zwischen den Modellen für das offene und das geschlossene Universum liegt ein »kritisches« Weltmodell, das anfangs genau Fluchtgeschwindigkeit hat und sich mit dem kleinsten Arbeitsaufwand in alle Unendlichkeit ausdehnen kann.

Unser Weltall, und das ist eines seiner großen Geheimnisse, liegt geradezu quälend nahe an der Trennlinie zwischen den offenen und den geschlossenen Universen – so nahe, daß wir nicht sicher sagen können, ob wir eine unendliche oder eine endliche Zukunft vor uns haben.

Wir leben insofern relativ nahe am Beginn der Expansion, als sich aus Mangel an Zeit zwischen der langfristigen Entwicklung der offenen und geschlossenen Universen noch keine großen Unterschiede bemerkbar machen konnten. Die Expansions- und die Verzögerungsrate des Universums weisen auf einen Beginn der Expansion vor etwa 13 bis 15 Milliarden Jahren hin. Die ältesten irdischen Mikrofossilien sind etwa 2,1 Milliarden Jahre alt, das älteste irdische Gestein unter dem Eis Grönlands etwa 3,9 Milliarden Jahre. Die älteste Materie, die wir im Sonnensystem gefunden haben, stammt vom Mond und von Meteoren und ist etwa 4,6 Milliarden Jahre alt; für die ältesten Sterne unseres Milchstraßensystems berechnen wir ein Alter zwischen acht und fünfzehn Milliarden Jahren. Diese Daten sind nach dem Urknallmodell zu erwarten, denn nach dieser Theorie führt das expandierende Universum zunächst zur Bildung von

Galaxien; in ihnen entstehen dann Sterne und die sie umgebenden Planeten und auf diesen schließlich Lebewesen.

Welche Belege lassen sich für dieses Bild eines Universums anführen, das sich aus einem Inferno hoher Temperatur und Dichte zu dem kalten und dünnen Stadium abgekühlt hat, das wir heute sehen? Wie von jeder Explosion sollte auch vom Urknall ein Niederschlag übriggeblieben sein, der das Ereignis bezeugt. Als erste überlegten 1948 die beiden amerikanischen Physiker Ralph Alpher und Robert Herman, daß es überall im Weltall einen Rest Wärmestrahlung geben sollte, die vom Urknall stammt und sich durch die fortwährende Expansion auf eine Temperatur von etwa fünf Kelvin (ein Kelvin entspricht – 273 Grad Celsius) abgekühlt hat. Wissenschaftler der Bell-Laboratorien in den USA entdeckten 1965 bei der Beobachtung eines Echosatelliten im Mikrowellenbereich ein solches Strahlungsfeld mit einer Temperatur von etwa 2,7 Kelvin. Vom Satelliten COBE, der die kosmische Hintergrundstrahlung erforscht, erhielten wir die neuesten aufsehenerregenden Daten von diesem kosmischen Strahlungsfeld. Da der Satellit oberhalb der Erdatmosphäre beobachtet, wird das Strahlungsfeld nicht durch Wechselwirkungen mit den Atomen und Molekülen der Erdatmosphäre geschwächt und verzerrt; die Intensitätsschwankung der Strahlungsfrequenz läßt sich im gesamten Mikrowellenbereich mit nie dagewesener Genauigkeit messen. Abbildung 4 zeigt die Ergebnisse von nur 15 Beobachtungsminuten. Der genaueste Wert für die Temperatur dieser Strahlung ist heute 2,735 +/– 0,006 Kelvin. Als Bestätigung der Urknalltheorie ist besonders wichtig, daß die Intensität der Strahlung nahezu vollkommen (bis auf ein Hundertstel genau) die der »Planck«-Verteilung aufweist, die reine Wärmestrahlung kennzeichnet. Genau das erwartet man von Strahlung, die ihren Ursprung in der heißen dichten Vergangenheit des Urknalls hat. Die Strahlung kann nicht von nahen Sternen oder anderen Quellen stammen, denn deren Strah-

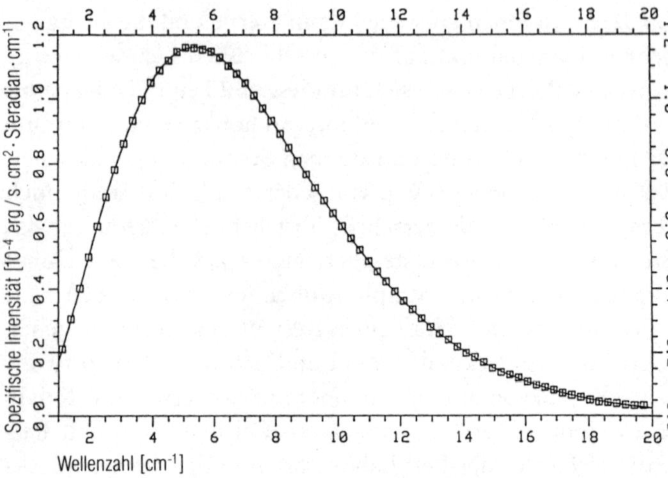

Abbildung 4: Das Spektrum der Mikrowellenreststrahlung vom Urknall, wie es kürzlich vom Satelliten COBE (Cosmic Background Explorer) beobachtet wurde. Der stetige Verlauf der Intensität gegenüber der Frequenz entspricht dem einer Quelle vollkommener Wärmestrahlung von 2,73 Kelvin. Das beobachtete Signal stimmt bis auf ein Hundertstel damit überein. (1 Steradian ist die Dimension des Raumwinkels.)

lung hätte sich zu einem komplizierten Spektrum kombiniert, bei dem viele Anzeichen für eine Abweichung von reiner Wärmestrahlung sprächen.

Diese Hintergrundstrahlung läßt uns Bedingungen im Weltall bis zu einer Zeit von nur einer Million Jahren nach dem Zeitpunkt sehen, an dem das Weltall im Urknall mit der Expansion begann. Damals hatte das Weltall nur etwa ein Tausendstel seiner heutigen Größe, und es gab noch keine Sterne oder Galaxien. Vor der Zeit, zu der die Wechselwirkung zwischen Strahlung und Materie aufhörte, war das Universum viel zu heiß, als daß es Atome oder Moleküle hätte geben können; es war damals ein Plasma von Photonen, Elektronen und den Kernen solch leichter Elemente wie Wasserstoff, Helium, Deuterium und Lithium (Abbildung 5).

Die Existenz dieser leichten Kerne hat große Bedeutung.

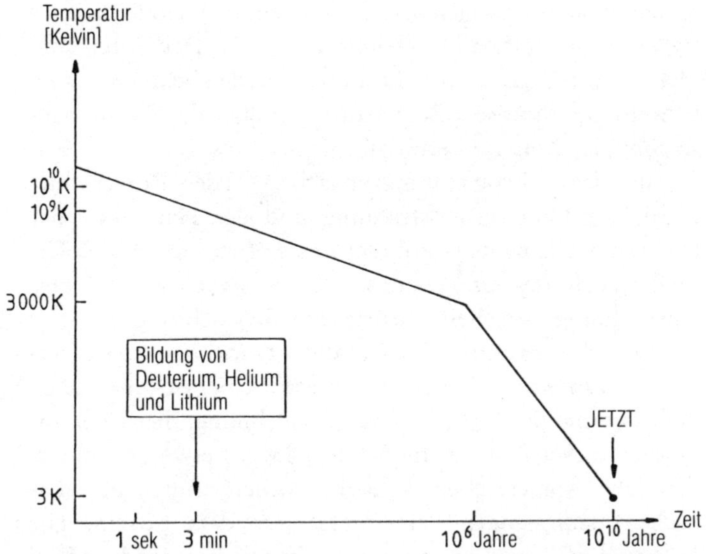

Abbildung 5: Die Temperaturgeschichte des expandierenden Universums. Heute beträgt die Temperatur 2,7 Kelvin. Als das Universum etwa eine Million Jahre alt war, betrug seine Temperatur etwa 3000 Grad; davor war Strahlung die vorherrschende Form der Materie. Als das Universum älter war als eine Sekunde und jünger als drei Minuten, lief eine Reihe von Ereignissen ab, die zur Erzeugung der Kerne der leichten Elemente Helium, Deuterium (schwerem Wasserstoff) und Lithium führte. Die Übereinstimmung zwischen der beobachteten Häufigkeit dieser Elemente und den Vorhersagen dieses kosmologischen Modells erlaubt es uns also, die Geschichte des Weltalls bis zu einer Sekunde nach dem Beginn der Expansion zurückzuverfolgen.

Alle schwereren Elemente entstanden im heißen Sterninneren; die Urknalltheorie jedoch sagt vorher, daß die Bedingungen im Kosmos damals, als das Weltall zwischen einer Sekunde und drei Minuten alt war, denen in einem Kernreaktor ähnelten. Damals verschmolzen im Urknall entstandene Protonen und Neutronen zu Kernen von Deuterium, Lithium und den Isotopen Helium-3 und Helium-4. Die Vorhersagen der Urknalltheorie, die auf der Grundlage unserer genauen Kenntnis der Kernreaktionsgeschwindigkeiten gemacht werden – danach besteht das heutige Weltall aus etwa 77% Wasserstoff, 23% Helium-4, $^1/_{1000}$% Deuterium und Helium-3 und $^1/_{100\,000\,000}$% Lithium – werden bemerkenswerterweise durch unsere Beobachtungen über die Zusammensetzung der Materie bestätigt.

Auf diesen Beobachtungstatsachen – der Rotverschiebung, der Hintergrundstrahlung und der Häufigkeit der leichtesten Elemente – gründet unser Vertrauen in das Urknallmodell des Universums. Die bemerkenswerte Übereinstimmung zwischen Theorie und Beobachtung bestätigt unsere Rekonstruktion der Gesamtentwicklung des Universums bis in einen Zeitraum von etwa einer Sekunde nach dem mutmaßlichen Beginn der Ausdehnung. Trotz der Bizarrheit dieser Zeitbegriffe für uns, die wir etwa 15 Milliarden Jahre später leben, sind die vorhergesagten physikalischen Bedingungen keineswegs besonders extrem. Die Dichten und Temperaturen übertreffen nicht jene, die wir in irdischen Experimenten im Einzelnen untersuchen können. Darin zeigt sich die sehr niedrige mittlere Materiedichte des heutigen Weltalls, die im Mittel nur ein Atom pro Kubikmeter beträgt – also viel geringer ist als jedes künstlich in irdischen Laboratorien hergestellte Vakuum.

Wenn wir die Geschichte des Universums bis in die erste Mikrosekunde seiner Ausdehnung zurückzuverfolgen versuchen, gelangen wir in die hochenergetische Welt des Teilchenphysikers. Seit 1980 erlebt die Kosmologie eine Revolution, denn damals begannen Teilchenphysiker, die frühen Momente des Universums als eine Art theoretisches Laboratorium zu sehen, in dem sie ihre Theorien der Materie unter hoher Dichte überprüfen können. Umgekehrt haben Kosmologen die Gedanken der Teilchenphysiker aufgegriffen, um einige der alten kosmologischen Probleme in bezug auf die Struktur des Weltalls zu lösen.

Bevor wir uns mit den ersten Augenblicken des Urknalls beschäftigen, ziehen wir aus dem bisher Gesagten eine wichtige Lehre. Durch die Expansion des Universums verändern sich die Bedingungen in ihm immerzu. Temperatur und Dichte von Materie und Strahlung nehmen fortwährend ab. Es gab also eine Zeit, vor der es keine Atome gegeben haben kann, eine Zeit, vor der keine Sterne existierten, eine Zeit, vor der es solch komplexe biochemische Gebilde wie Lebewesen nicht gab. Entsprechend werden die Sterne schließlich einmal all ihre Reserven an Kernbrennstoff verbraucht haben; die für die Entstehung und Entwicklung einer komplexen Biochemie günstigen Bedingungen werden nicht mehr gegeben sein. Abbildung 6 veranschaulicht dieses Fenster in der Geschichte des Weltalls, in dem sich nach der Bildung der ersten und vor dem Tod der letzten Sterne Leben entwickeln kann.

Die Existenz dieser bewohnbaren Zeitzone in der Geschichte des Universums gibt einen ersten Hinweis auf einen möglichen Zusammenhang zwischen den lokalen Bedingungen, die für die Entwicklung des Lebens nötig sind, und der Struktur des Universums. Diese Bedingungen lassen sich gut erfassen, wenn wir nach einer Antwort auf die einfache Frage suchen: »Warum ist das Universum so groß?« Das beobachtbare Universum hat eine Ausdehnung von 15 Milliarden Lichtjahren (das ist die Entfernung, die Licht mit seiner Geschwindigkeit von etwa 300 000 km/s in den 15 Milliarden Jahren der Expansion des Universums zurückgelegt hat). Es enthält etwa 100 Milliarden Galaxien, von denen jede wieder 100 Milliarden Sterne enthält. Die Ausmaße sind zweifellos ungeheuer extravagant. Und doch scheint paradoxerweise ein so ungeheuer großes Universum nötig zu sein, damit das Leben auch nur einen einzigen Stützpunkt hat. Denn die Bausteine für Komplexität und Leben sind die Elemente Kohlenstoff, Stickstoff, Sauerstoff, Phosphor und Silizium, und diese Elemente gehören nicht zu denen, die in den allerersten Minuten nach dem Urknall entstanden. Das Universum dehnte sich zu schnell aus und kühlte sich zu

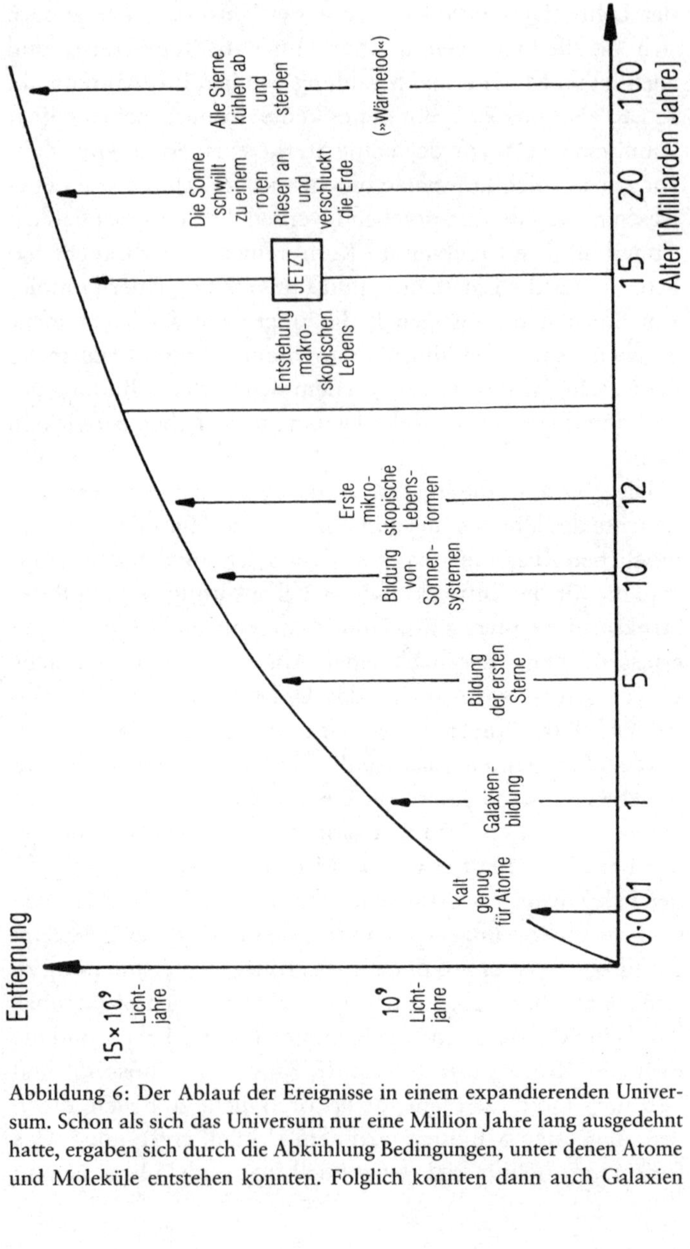

Abbildung 6: Der Ablauf der Ereignisse in einem expandierenden Universum. Schon als sich das Universum nur eine Million Jahre lang ausgedehnt hatte, ergaben sich durch die Abkühlung Bedingungen, unter denen Atome und Moleküle entstehen konnten. Folglich konnten dann auch Galaxien

rasch ab, als daß sich diese schwereren Elemente hätten bilden können. Vielmehr entstehen sie bei Kernreaktionen in Sternen, die ihren Brennstoff erschöpft haben, kollabieren und explodieren, also unter den Extrembedingungen eines zusammenfallenden Sterns, einer Supernova. Jedes Atom unseres Körpers besteht aus Elementen, die bei der Explosion eines Sternes entstanden und in den Raum geschleudert wurden. Wir sind Sternenstaub. Diese stellare Alchimie, die den im Urknall gebildeten Wasserstoff und Helium in Bausteine des Lebens verwandelt, braucht jedoch viel Zeit – über zehn Milliarden Jahre. Deswegen müssen Universen, in denen es Leben gibt, sehr groß sein, denn sie müssen über zehn Milliarden Jahre alt sein, wenn sie Kohlenstoff und seine biochemischen Verwandten enthalten sollen, und in dieser Zeit muß sich das expandierende Universum auf eine Größe von mindestens zehn Milliarden Lichtjahre ausgedehnt haben. Man sollte denken, das Universum böte auch dann genug Raum für eine Vielfalt von Lebensformen, wenn es nur die Größe unseres Milchstraßensystems mit seinen hundert Milliarden Sonnen hätte, aber eine solche Sparpackung eines Universums hätte sich nur wenig über einen Monat lang ausgedehnt – der Zeitraum, in dem die Rechnungen der Kreditkarte bezahlt werden müssen, reicht nicht aus zur Entwicklung komplexer biochemischer Bausteine.

Dieses Beispiel zeigt, wie die *kosmischen Bedingungen* – in diesem Fall Größe und Alter des Universums – stimmen müssen, wenn sich Leben entwickeln und andauern soll. Es gibt jedoch noch einen anderen, ebenso wichtigen Faktor –

und später Sterne und Planeten entstehen, und in den Sternen konnten sich die chemischen Elemente bilden, die, wie Kohlenstoff, für die spontane Entwicklung des Lebens notwendig sind. Schließlich einmal erschöpfen alle uns bekannten Sterne ihren Wasserstoffvorrat und sterben. Wenn nicht während dieser kosmischen Epoche Leben entsteht, kann es sich höchstwahrscheinlich niemals entwickeln. Es gibt deshalb nur einen kurzen Zeitraum der kosmischen Geschichte (der hier eingerahmt ist), in dem sich Leben entwickeln kann.

die Werte der *Naturkonstanten.* Sie bestimmen das Wesen der Wirklichkeit. Zu ihnen gehören etwa die Massen der Elementarteilchen oder die Stärken der Kräfte, die zwischen Materie wirken. Üblicherweise nahm man an, diese Größen seien zusammen mit den Naturgesetzen bei der Erschaffung des Universums festgelegt worden. Lassen wir es für den Augenblick dabei, obwohl wir später sehen werden, daß neue kosmologische Überlegungen diesen transzendentalen Status der Naturkonstanten in Frage stellen, und kehren wir zu unseren Überlegungen über die Entstehung der biologischen Elemente zurück. Wir finden den Ursprung des entscheidenden Bestandteils für die spontane Entwicklung von Leben – Kohlenstoff – in einer bemerkenswerten doppelten zufälligen Übereinstimmung der Zahlenwerte der Naturkonstanten begründet.

Kohlenstoff wird durch die folgenden Reihen von Kernreaktionen aus dem im Urknall entstandenen Helium gebildet:

Helium + Helium = Beryllium
Beryllium + Helium = Kohlenstoff

Unter normalen Bedingungen läuft diese Reaktion sehr langsam ab; so entsteht praktisch kein Kohlenstoff. Bemerkenswerterweise hat der Kohlenstoffkern jedoch einen natürlichen Energiezustand, der genau der kombinierten Energie der Beryllium- und Heliumkerne in einem heißen Stern entspricht. Unter diesen sehr ungewöhnlichen Bedingungen – der sogenannten »Resonanz« – verläuft die Kernreaktion äußerst rasch und erzeugt reichlich Kohlenstoff. Die Existenz einer Resonanz im Kohlenstoffkern ist ein erstaunlicher Glücksfall, was besonders deutlich wird, wenn man bedenkt, wie unwahrscheinlich sie ist. Das Energieniveau der Kohlenstoffresonanz liegt bei 7,656 Millionen Elektronenvolt (MeV), während die Gesamtenergien von Beryllium und Helium knapp darunter bei 7,370 MeV liegen. Läge die Resonanz höher, würde kein Kohlenstoff erzeugt. Aber das ist noch nicht alles. Kohlenstoff kann nämlich durch eine weitere Kernreaktion zu Sauerstoff verbrannt werden:

Helium + Kohlenstoff = Sauerstoff

Der Sauerstoffkern besitzt überraschenderweise eine jener seltenen Resonanzen, die die rasche Zerstörung all des von uns benötigten Sauerstoffs bedeuten könnte; sie liegt jedoch bei 7,1187 MeV, genau *unter* der kombinierten Energie der Kohlenstoff- und Heliumkerne von 7,1616 MeV. Deshalb wird der Kohlenstoff nicht vollständig zerstört, und deshalb kann es Beobachter wie uns selbst geben. Dieses außerordentlich glückliche, für unsere eigene Existenz nötige doppelte Zusammentreffen, läuft im wesentlichen auf eine zahlenmäßige Übereinstimmung zwischen den Werten jener Naturkonstanten hinaus, die die Lage der Energieniveaus und Resonanzen in den Kohlenstoff- und Sauerstoffkernen bestimmen.

Wir wenden unsere Aufmerksamkeit jetzt der Rolle zu, die die kosmischen Bedingungen und Naturkonstanten in zwei der aufregendsten Entwicklungen der modernen Kosmologie spielen. Die erste hat mit der Tatsache zu tun, daß unser Weltall sich so nahe an der kritischen Scheide entwickelt, die die Zukunft immerwährender Ausdehnung von jener trennt, die zu einem Endknall bestimmt ist. Im Sinne unserer obigen Überlegungen verstehen wir, warum unser Weltall sich so nahe an dieser »Scheide« ausdehnt (Abbildung 7), denn geschlossene Universen, die weit darunter liegen, fallen wieder zusammen, bevor sich je Sterne und Elemente bilden können, die schwerer sind als Helium, und wie sie für die Entwicklung der Komplexität nötig sind; jene aber, die weit darüber liegen und zu »offen« sind, dehnen sich so rasch aus, daß die Materie niemals die Ausdehnung einholen und zu Galaxien und Sternen kondensieren kann. Auch in solchen Universen müssen die Bausteine des Lebens fehlen. Es sollte uns nicht überraschen, wenn wir uns so nahe an dieser

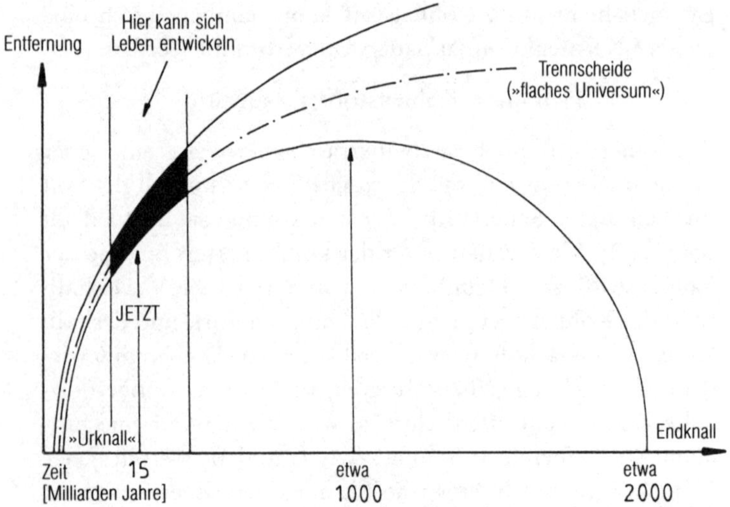

Abbildung 7: Nur in Universen, die zu Beginn hinreichend nahe an der Trennlinie zwischen offenen und geschlossenen Universen liegen, können sich Sterne bilden, die für auf Kohlenstoff basierendes Leben nötige Elemente und damit Leben erzeugen. Zu stark geschlossene Welten kollabieren im Endknall, bevor Sterne sich bilden und schwerere Elemente erzeugen können. Zu offene Welten dehnen sich zu rasch aus, als daß Materie sich zu Sternen und Galaxien verdichten könnte; auch ihnen fehlen die Bausteine des Lebens. Aus dieser und der in Abbildung 6 veranschaulichten Überlegung ergibt sich, daß nur Universen im dunklen Bereich Beobachter enthalten können.

Trennlinie befinden: Das ist eine notwendige Voraussetzung unserer Existenz.

Es gibt also, wie wir sehen, nur einen engen Bereich von Universen, in denen es lebende Beobachter geben kann, und die Periode der kosmischen Geschichte, in der das passieren kann, ist durch die Geburt und den Tod von Sternen bestimmt. Unser Weltall gehört natürlich zu dieser besonderen Untermenge möglicher Welten.

Ein Universum, das sich zehn Milliarden oder mehr Jahre lang ausdehnt, muß lange in der Nähe der Scheide bleiben, damit ein vorzeitiger Kollaps zum Endknall vermieden wird.

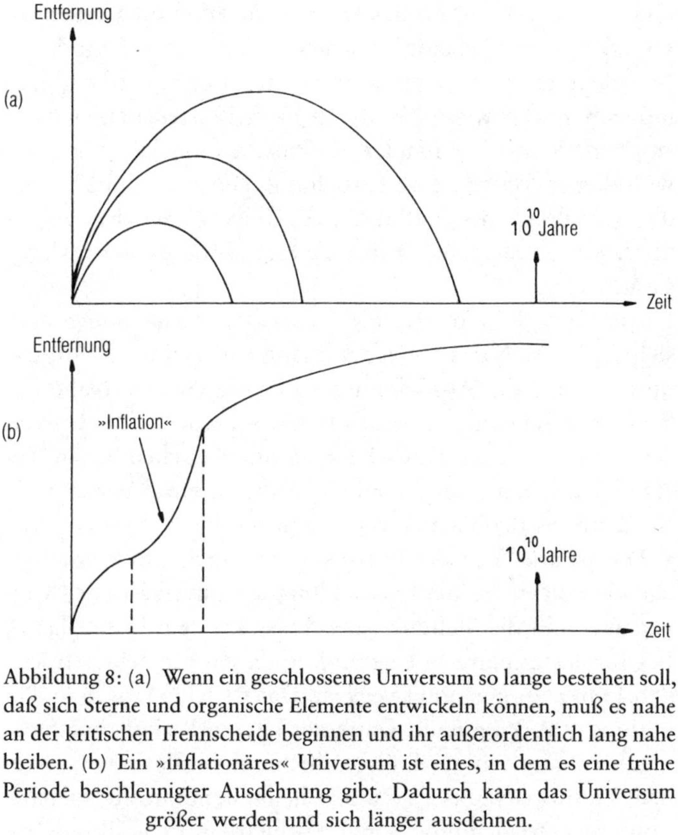

Abbildung 8: (a) Wenn ein geschlossenes Universum so lange bestehen soll, daß sich Sterne und organische Elemente entwickeln können, muß es nahe an der kritischen Trennscheide beginnen und ihr außerordentlich lang nahe bleiben. (b) Ein »inflationäres« Universum ist eines, in dem es eine frühe Periode beschleunigter Ausdehnung gibt. Dadurch kann das Universum größer werden und sich länger ausdehnen.

Es war immer etwas geheimnisumwittert, warum unser Weltall fünfzehn Milliarden Jahre nach seiner Entstehung noch in einem Zustand sein sollte, in dem sich nicht entscheiden läßt, ob es offen oder geschlossen ist. Der amerikanische Physiker Alan Guth schlug 1980 eine Erweiterung des Urknallbildes des expandierenden Universums vor. Unter Weglassung aller technischen Einzelheiten gab es nach seiner Vorstellung eine kurze Zeit in der Frühgeschichte des Universums, in der sich die Expansion *beschleunigte*. Im üblichen Bild dagegen verlangsamte sie sich nach dem Urknall unabhängig davon, ob das Universum offen oder geschlossen oder auf der Scheide zwischen beiden ist. Die Periode der Beschleunigung, der sogenannten »Inflation«, wird dadurch möglich, daß gewisse Arten von Elementarteilchen eine *abstoßende* Kraft aufeinander ausüben, also nicht wie bei gewöhnlicher Materie eine Anziehung. Die Abbildung 8 stellt das Verhalten eines »inflationären Universums« dem gegenüber, was passiert, wenn sich die Expansion immer verlangsamt.

Die kurze Periode der beschleunigten Ausdehnung stellt sicher, daß sich das Universum lange ausdehnen kann; dadurch bleibt die Ausdehnung sehr lange in der Nähe der kritischen Scheide, was einfach erklärt, warum das Universum so nahe an dem anscheinend unwahrscheinlichen Zustand in der Nähe der Trennlinie bleiben konnte, wie es nötig ist, damit es Beobachter wie uns geben kann.

Diese kurze Zeit der Expansion hat auch andere weitreichende Folgen für die Entwicklung des physikalischen Universums und die Stellung jenes Teils, aus dem Licht, das zu Beginn der Expansion entstand, in diesen fünfzehn Milliarden Jahren zu uns unterwegs ist. Das ist schematisch in Abbildung 9(a) dargestellt. Dank der kurzen Periode beschleunigter Inflation in der Frühgeschichte des inflationären Modells konnte sich unser gesamtes heute sichtbares Universum (mit einer Ausdehnung von 15 Milliarden Lichtjahren) aus einem ursprünglich viel kleineren Bereich entwickeln (Abbildung 9(b)). Damit können wir auch verstehen, warum der sichtbare Teil des Universums in seinem ganzen der Beobachtung zugänglichen Ausmaß so gleichförmig erscheint. Die Reststrahlung vom Urknall mit ihrer Temperatur von 2,7 Kelvin hat bis auf ein tausendstel Grad genau überall am Himmel dieselbe Temperatur. Das Modell des inflationären Universums erklärt das ganz natürlich: Das beobachtbare Universum entwickelte sich aus einem Bereich, der so klein war, daß physikalische Vorgänge ihn glätten konnten, die

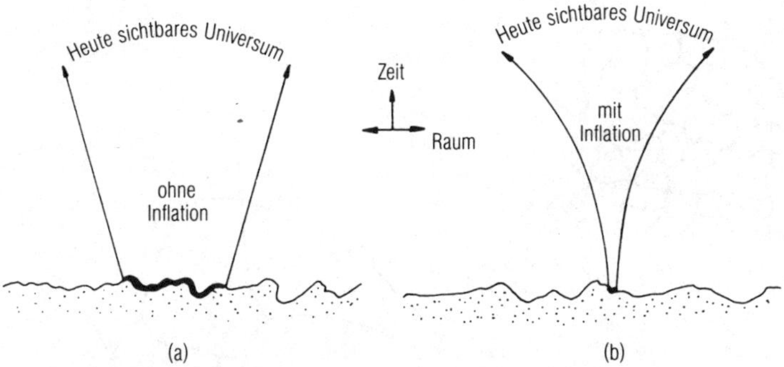

Abbildung 9: (a) In einem Universum ohne Inflation verlangsamt sich die Expansion immer; das heute beobachtete Universum (mit einer Ausdehnung von 15 Milliarden Lichtjahren) ist das Ergebnis der Expansion eines relativ großen (dicke Linie) Bereichs in der Frühzeit des Universums. (b) In einem inflationären Universum kann sich das Universum aufgrund der frühen schnellen Expansion aus einem viel kleineren Teil des Anfangszustands entwickeln.

sich zu Beginn des Universums mit höchstens Lichtgeschwindigkeit ausbreiteten.

Wenn wir die Entwicklung der Ereignisse in Raum und Zeit betrachten, wie sie Abbildung 9 zeigt, sehen wir, daß es Bereiche des Anfangsstadiums gibt, die außerhalb des kleinen Gebiets liegen, das sich später zu dem uns sichtbaren Teil des Universums ausweitete. Sie haben sich zu jenen Teilen des Universums ausgedehnt, die zu entfernt sind, als daß wir sie bis jetzt schon sehen können. Wenn das Universum (wie offene Universen) unendlich ausgedehnt ist, sehen wir nur einen unendlich kleinen endlichen Teil des unendlich großen Universums. Wenn das Universum (wie geschlossene Universen) endlich ist, können wir zumindest behaupten, wir könnten einen endlichen Teil des Ganzen sehen.

Stellen wir uns jetzt ein (möglicherweise unendliches) Universum vor, das vor Beginn der Inflation aus Bereichen bestand, die alle voneinander verschieden sind und in denen Licht seit Beginn der Ausdehnung von einer Seite zur anderen gelangen konnte. Jeder dieser Bereiche bläht sich dann

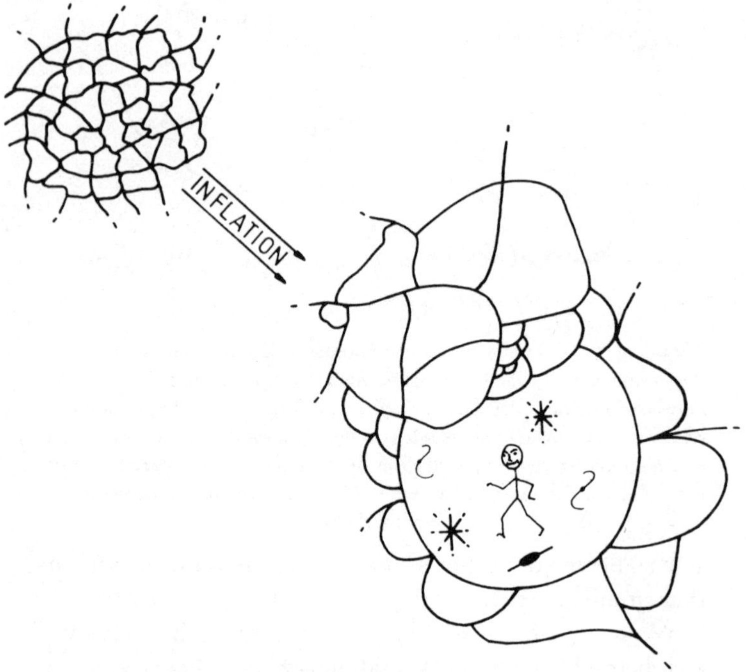

Abbildung 10: Ein »chaotisches inflationäres Universum«, in dem jeder ursächlich unabhängige Raumbereich des Universums anfänglich eine andere Struktur hatte. Falls es eine Inflation gibt, kann sie je nach den in einem Bereich herrschenden Bedingungen verschieden lang dauern. Zu einem späteren Zeitpunkt enthält das expandierte Bild der aufgeblähten Bereiche einige sehr große, stark ausgedehnte und abgekühlte Bereiche, in denen sich Sterne und damit Leben und Beobachter entwickeln können. In Bereichen, die für die Entwicklung von Sternen nicht groß genug sind, kann es auch keine Beobachter geben.

um einen Betrag auf, der durch die Zufälligkeiten der Bedingungen in seinem Inneren bestimmt ist, einige also stark und andere nur wenig. Das Ergebnis ist in Abbildung 10 zeichnerisch dargestellt. Wir können uns das Frühstadium als einen Schwamm oder als Seifenschaum vorstellen, in dem sich jede Blase verschieden stark ausdehnt; unter den vielen ganz verschieden großen Blasen sind dann auch einige sehr große.

Dem Gesagten entnehmen wir, daß nur jene Bereiche, die sich über ein kritisches Maß hinaus ausdehnen, groß und alt genug werden können, um Sterne und damit die für die Entwicklung der Komplexität und der lebensnotwendigen chemischen Elemente zu bilden. Wir leben natürlich in einem dieser großen glatten Bereiche; Abbildung 10 zeigt jedoch, daß jenseits des für uns sichtbaren Bereichs des Universums ganz andere Bedingungen herrschen könnten. Es erscheint nicht länger als zwingend, jenen Teil des ganzen (möglicherweise unendlichen) Universums so, wie Kosmologen es üblicherweise getan haben, als repräsentativ für das Ganze zu betrachten. Wenn wir fragen, wie zutreffend oder unzutreffend unsere Theorien sind, müssen wir uns die Tatsache zunutze machen, daß nur solche Bereiche des Universums zur Entwicklung von Beobachtern führen, die bestimmte Eigenschaften haben. Die Theorie braucht nicht allein deswegen verworfen zu werden, weil ein Modell eines inflationären Universums es als höchst unwahrscheinlich erscheinen läßt, daß sich ein großer Bereich bildet, in dem Leben möglich ist. Wir müssen ja einen solchen Bereich bewohnen, ganz unabhängig davon, wie wahrscheinlich er a priori ist. Es kommt nicht auf die unbedingte Wahrscheinlichkeit gewisser kosmologischer Annahmen eines Universums mit den von uns beobachteten Eigenschaften an, sondern vielmehr auf die durch die Existenz von Beobachtern bedingte Wahrscheinlichkeit. Die Tatsache, daß unser Weltall die Eigenschaften haben muß, die für die Entwicklung des Lebens notwendig sind, wird manchmal das Schwache Anthropische Prinzip genannt. Dieser wichtige Leitfaden kann uns, wenn wir ihn unberücksichtigt lassen, zu falschen und ungerechtfertigten Schlüssen über die Struktur des Weltalls führen. Das käme einem Kantschen synthetischen Urteil a priori verführerisch nahe.

Dieser Ausblick auf die Folgen der »Inflation« in der frühen Geschichte des Universums zeigt etwas von der Vielfalt möglicher kosmischer Bedingungen, wobei wir noch gar nicht von dem reden, was in »anderen« möglichen oder wirklichen Universen existieren könnte. Wir können uns das Universum in einer Weise vorstellen, die sonst eher dem Biologen vertraut ist, nämlich als eine ungeheuer große Umwelt, in denen die Bedingungen sich von einem Ort zum nächsten verändern, gelegentlich jedoch für die Entwicklung des Lebens geeignet sind. Nur in solchen Oasen kann sich Leben entwickeln und fortpflanzen. Wir müssen natürlich in einer solchen Oase leben und sollten Sorge tragen, das nicht zu vergessen, also nicht etwa anzunehmen, das Weltall müsse überall so aussehen wie der Teil, in dem wir uns selbst befinden, ganz gleich, wie groß der Teil sein mag.

Schließlich wenden wir uns einigen der allerneuesten kosmologischen Vorstellungen zu, die unser übliches Verständnis der Naturkonstanten beeinflussen und wieder in wesentlicher Weise auf das Schwache Anthropische Prinzip verweisen. Wenn wir die Struktur des Universums in die Zeit bis zu den ersten Augenblicken der Schöpfung zurückverfolgen, ergibt sich gegenwärtig ein Bild für den Einfluß der Quantenwirklichkeit, das die Möglichkeit eines radikalen Umdenkens unseres Begriffs von der Zeit selbst bietet. Wenn wir uns das Universum in einem Zustand vorstellen, in dem es heißer und dichter war als jetzt (wobei wir ebenso gut an frühere Zeiten denken könnten), scheint der Begriff der Zeit immer weniger gut begründet zu sein. Der Zeitbegriff könnte sogar selbst eine Näherung sein, die in einem stark ausgedehnten und relativ kalten Universum gilt. Unter den hochenergetischen Bedingungen in der Nähe des Urknalls lassen die Quanteneigenschaften der Wirklichkeit den Zeitbegriff immer vager erscheinen. Insgesamt scheint es, daß die Zeitdimension nur eine vierte Raumdimension wird. Wir können uns ein geschlossenes (endliches) Universum dann als eine vierdimensionale Kugel vorstellen, also als Verallgemeinerung der in Abbildung 11 in der zweidimensional veran-

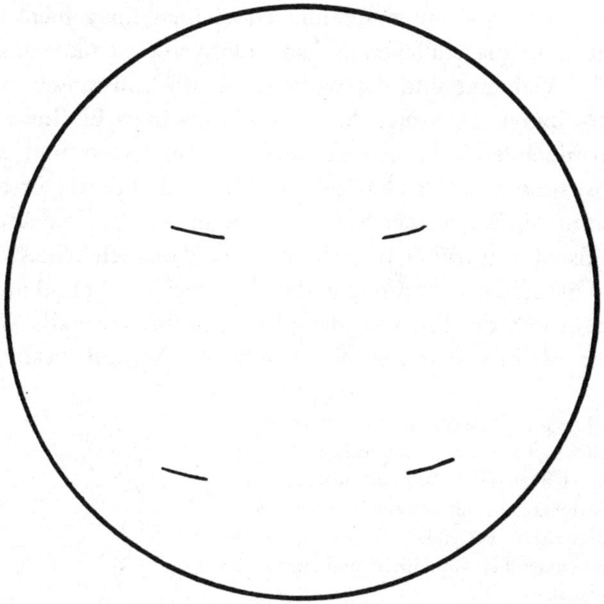

Abbildung 11:
Die ebene Darstellung eines glatten dreidimensionalen Balls.

schaulichten dreidimensionalen Kugel. Die Oberfläche dieser Kugel ist glatt und einfach; wenn man sich auf ihr eine kleine Strecke bewegt, gelangt man zu einem nahegelegenen Punkt. In den letzten Jahren haben viele Kosmologen gefragt, warum wir die Welt der Quanten als so einfach ansehen sollten. Allgemeiner ließe sich vermuten, vierdimensionale Gebilde könnten Henkel und Röhren haben, die das Universum mit sich selbst und anderen »Babyuniversen« verbindet. Diese Röhren, sogenannte Wurmlöcher, könnten im Raum ein ganzes Netzwerk beschreiben. Das so entstandene Gebilde, das wir in Abbildung 12 schematisch darstellen, deutet die Komplexität an, die die Struktur von Raum und Zeit haben könnte.

Kosmologen haben sich eine solche Erweiterung unserer

traditionellen Raumvorstellung jedoch nicht aus reinem Vergnügen an ausgefallenen und spekulativen Gedanken ausgedacht. Vielmehr sind die Werte der Naturkonstanten in jedem »Babyuniversum« durch den kollektiven Einfluß aller Wurmlochverbindungen zu anderen Universen und sich selbst bestimmt. Das hat zwei verblüffende Folgen: Erstens kommt den Werten der Naturkonstanten weniger Bedeutung zu, als wir uns früher vorstellten. Sie sind danach keineswegs der Urstoff der Schöpfung und nicht unbeeinflußt und unabhängig von der Struktur des physikalischen Weltalls. Vielmehr scheinen sie durch die Struktur des Weltalls bestimmt

Abbildung 12: Eine Verallgemeinerung des in Abbildung 11 gezeigten räumlichen Gebildes weist Henkel oder »Wurmlöcher« auf, die größere Bereiche mit sich selbst und anderen »Babywelten« verbinden. Dieses Netzwerk könnte unendlich kompliziert und unendlich groß sein.

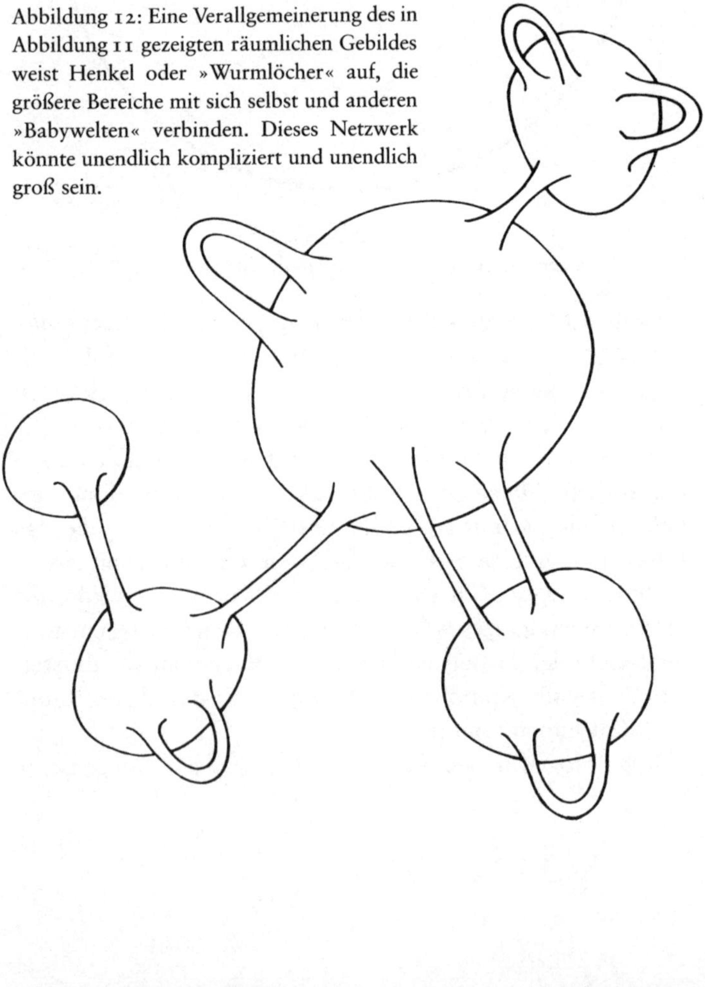

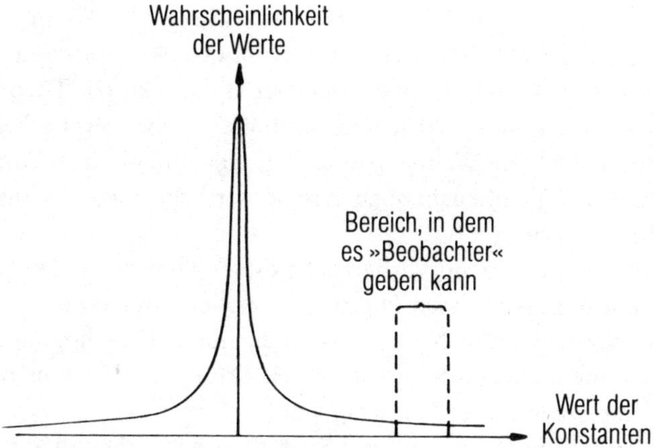

Abbildung 13: Die Wahrscheinlichkeit, daß eine Naturkonstante im beobachteten Teil des Universums aufgrund der Wurmlochverbindungen einen bestimmten Wert hat. Der wahrscheinlichste Wert (die Spitze des Graphen) muß nicht der wahrscheinlichste Wert sein, den wir beobachten, wenn nur in einem kleinen Bereich möglicher Werte überhaupt lebende Beobachter existieren können.

zu sein; in anderen Teilen des vielfach verbundenen Netzwerks der Babyuniversen könnten sie andere Werte haben. Zweitens führt das zu einer Vorhersage über die *Wahrscheinlichkeit* der Werte der Konstanten in den Teilen des Universums. Obwohl wir auf den ersten Blick hoffen könnten, diese Theorie könne sich schließlich überprüfen lassen – wir warten einfach, bis die wahrscheinlichsten Werte der beobachteten Naturkonstanten berechnet sind und vergleichen sie dann mit den gemessenen Werten –, könnten die Dinge auch weniger einfach liegen, weil wir ja wissen, daß unsere eigene Existenz nur in Universen möglich ist, in denen die Konstanten nur sehr wenige der möglichen Werte annehmen. Deshalb sind wir nicht unbedingt an dem wahrscheinlichsten Wert einer Konstante interessiert, sondern nur an dem für die spätere Entwicklung von Leben wahrscheinlichsten Wert – und der kann ein ganz anderer sein als der wahrscheinlichste unbedingte Wert (siehe Abbildung 13). Wenn die Wahrscheinlichkeiten sich stark auf einen Wert oder einen sehr engen Wertebereich konzentrieren, können wir Theorie und Beobachtung trotzdem ziemlich leicht vergleichen. Wenn jedoch die Wahrscheinlichkeit gleichmäßig über einen weiten Möglichkeitsbereich streut, wird die Lage unangenehm vieldeutig.

Wenn wir also die Vorhersagen dieser Theorie an den Beobachtungsergebnissen überprüfen wollen, müssen wir herausfinden, wie die Naturkonstanten mit den Bedingungen zusammenhängen, die für die Entwicklung intelligenter Beobachter wie uns selbst nötig sind.

Unsere Entdeckungen und Spekulationen haben, wie wir sahen, in den letzten Jahren das Bild des expandierenden im Urknall entstandenen Universums bestätigt. Die ständige Veränderung der kosmischen Umwelt bedeutet eine Einschränkung dafür, wann und wo sich Leben entwickeln kann. Darüber hinaus hängen die Bedingungen und Strukturen, die für die Existenz der Komplexität und Leben nötig sind, in empfindlicher Weise von physikalischen Konstanten ab, die in einen sehr engen Wertebereich fallen. In der »inflationären« Geschichte des sehr frühen Universums und bei einer Wurmlochstruktur des Raums hätte das Universum viel mehr Freiheit, sich anders zu entwickeln, als es das tat. Wir machen in unserem Verständnis für die enge Beziehung zwischen der Struktur des Universums und den physikalischen Gesetzen einen großen Schritt, wenn wir zu einem Universum gelangen, das seltsamer ist, als wir es uns vorgestellt haben. Nur die Zeit kann sagen, ob es auch seltsamer ist, als wir es uns vorstellen können.

Friedrich Cramer

Anthropisches und entropisches Prinzip – Reisen im Land des reinen Verstandes

Kant: Wie ist reine Naturwissenschaft möglich?

Die Frage nach dem Geltungsbereich der Wissenschaften versucht Immanuel Kant in der *Kritik der reinen Vernunft* zu beantworten, und sie steht in der obigen Formulierung in den Prolegomena.[1] Danach können wir zwar die Gesetzlichkeit der Natur, das sich in ihr immer Wiederholende, das Regelhafte erkennen, niemals aber das ›Dasein der Dinge an sich selbst‹:

> *Natur ist das Dasein* der Dinge, so fern es nach allgemeinen Gesetzen bestimmt ist. Sollte Natur das Dasein der Dinge an *sich selbst* bedeuten, so würden wir sie niemals, weder a priori noch a posteriori, erkennen können. Nicht a priori, denn wie wollen wir wissen, was den Dingen an sich selbst zukomme, da dieses niemals durch Zergliederung unserer Begriffe (analytische Sätze) geschehen kann, weil ich nicht wissen will, was in meinem Begriffe von einem Dinge enthalten sei (denn das gehört zu seinem logischen Wesen), sondern was in der Wirklichkeit des Dinges zu diesem Begriff hinzukomme, und wodurch das Ding selbst in seinem Dasein außer meinem Begriffe bestimmt sei. Mein Verstand, und die Bedingungen, unter denen er allein die Bestimmungen der Dinge in ihrem Dasein verknüpfen kann, schreibt den Dingen selbst keine Regel vor; diese richten sich nicht nach meinem Verstande, sondern mein Verstand müßte sich nach ihnen richten; sie müßten also mir vorher gegeben sein, um diese Bestimmungen von ihnen abzunehmen, alsdenn aber wären sie nicht a priori erkannt.
>
> Auch a posteriori wäre eine solche Erkenntnis der Natur der Dinge an sich selbst unmöglich. Denn wenn mich Erfah-

1 Anmerkungen siehe Seite 81.

> rung *Gesetze*, unter denen das Dasein der Dinge steht, lehren soll, so müßten diese, so fern sie Dinge an sich selbst betreffen, auch außer meiner Erfahrung ihnen *notwendig* zukommen. Nun lehrt mich die Erfahrung zwar, was dasei, und wie es sei, niemals aber, daß es notwendiger Weise so und nicht anders sein müsse. Also kann sie die Natur der Dinge an sich selbst niemals lehren.

Diese Feststellungen schränken den Geltungsbereich der Erfahrungswissenschaften erheblich ein und verbieten im Grunde ein für allemal jedes Denken in Finalitäten, jede teleologische Spekulation, denn wir können uns nicht darauf ausruhen, »daß es notwendiger Weise so und nicht anders sein müsse«. Gleichzeitig widerlegen diese Kantschen Sätze bereits im 18. Jahrhundert jegliche Form des Positivismus, lange bevor dieser im 19. und 20. Jahrhundert das wissenschaftliche Denken bestimmen konnte. Sie nehmen sich damit im Zeitalter einer sich wieder öffnenden Wissenschaft höchst modern aus.

Es gibt in den modernen Wissenschaften jedoch mindestens zwei Prinzipien, die teleologische Elemente aufweisen, das *entropische* und das *anthropische Prinzip*.

Das entropische Prinzip

Irreversibilität ist mit dem Entropiegesetz naturgesetzlich etabliert. Der zweite Hauptsatz der Thermodynamik begründet den *Zeitpfeil*, den Zeitmodus t_i. Man hat viel darüber spekuliert, woher diese Ausrichtung der Zeit kommt. Jedenfalls läßt sich das Entropiegesetz nicht auf die klassische Newtonsche Physik zurückführen.[2] Das bedeutet freilich nicht, daß es nicht doch »lokale Reversibilität« geben kann. Natürlich gibt es Uhren und newtonsche Systeme, die in erster Näherung als reversibel betrachtet werden können und dem Zeitmodus t_r gehorchen. Diese sind aber eingebettet in die allgemeinen irreversiblen Zeitereignisse, die letzten Endes eine kosmologische diskontinuierliche Zeitfolge sind und sich aus der Prozessualität des Kosmos ableiten. Wenn man annimmt, daß der Kosmos zum Zeitpunkt des Urknalls maximal geordnet war, und daß diese anfängliche Ordnung sich nach und nach in Unordnung verwandelte, eben nach dem Entropiesatz, ja verwandeln mußte, dann wären wir jetzt irgendwo zwischen Urknall und Wärmetod in einem Zustand des Kosmos, der zufällig gerade die Bedingungen unseres Lebens ermöglicht. Die Expansion des Universums wäre demnach die Begründung für die irreversible Zeit t_i.

Aber ganz so einfach scheinen die Dinge nicht zu liegen. Nach Harrison kann man die Relation der Photonen- zur Baryonenzahl im Kosmos als ein Maß für die Entropie der Welt verwenden.[3] Die Zahl der *Baryonen*, d.h. der Materie und ihrer Bausteine, also Protonen, Neutronen usw., ist ein Maß für die *Ordnung*, und die im Weltall strahlenden *Photonen* können als Repräsentanten der *Unordnung* gelten. Man kann nun abschätzen, daß auf jedes Baryon 10^8 bis 10^9 Photonen kommen. Der Kosmos besteht also zum weitaus überwiegenden Teil aus Licht (was in dem Falle mit Unordnung gleichzusetzen wäre) und nur zum geringen Teil aus Materie, die den Ordnungsparameter darstellt.

Durch Fusionsenergie in den Sternen wird Kernenergie freigesetzt und strahlt in den kalten Weltraum hinaus. Das Wesentliche ist nun, daß wegen der noch ständig anhaltenden Expansion des Universums dieses sich dauernd abkühlt (wie das Expansionsgefäß im Kühlschrank – im Augenblick hat es die Temperatur von 2.8 °K oder −270.4 °C), so daß das gewaltige Temperaturgefälle zwischen den Fusionsreaktoren der Gestirne und dem »leeren«, nur mit Hintergrundstrahlung erfüllten Weltraum ständig aufrechterhalten wird. Aus dem Verhältnis von 1 Baryon auf 10^8 bis 10^9 Photonen und der Tatsache, daß die wenigen Baryonen immer weiter zerstrahlen, ergibt sich, daß *der Kosmos eigentlich den Wär-*

metod schon fast erreicht hat, mit den oben angegebenen Zahlen ist es in bezug auf den Wärmetod $^1/_{1000}$ Sekunde vor Zwölf. Der größte Teil der Entropie ist schon erzeugt. Harrison schreibt: »Wenn vor einigen Jahrzehnten Wissenschaftler über das Universum diskutierten, sagten sie mit verhaltener Stimme den schließlichen Wärmetod des Universums voraus und malten sich aus, wie alles welken und sterben und die Entropie unerbittlich ansteigen und ihre endgültige Höhe erreichen würde. Wir erkennen heute, daß der Wärmetod bereits eingetreten ist; er ereignete sich vor langer Zeit, und wir leben in einem Universum, das seine maximale Entropie fast erreicht hat.«[4] Aber dennoch kann »Energie bergab fließen«, eben wegen der noch andauernden Expansion des Weltalls.

Fest steht, daß die irreversible Zeit t_i ihre physikalische Begründung im Zweiten Hauptsatz hat. Freilich können aufgrund der inhärenten Selbstorganisation, die an anderer Stelle ausführlicher diskutiert wird,[5] sich immer wieder stabile Systeme bilden, für die der reversible Zeitvektor t_r angewendet werden kann. Alle Strukturen sind vorübergehende Haltepunkte – gewissermaßen Warteschleifen – auf der prinzipiell irreversiblen entropischen Zeitskala. Wenn alle Sterne ausgebrannt, wenn alle Schwarzen Löcher doch noch – auf eine bis jetzt noch unbekannte Weise – zerstrahlt sind, wird es nichts mehr geben, keine Strukturen, nichts – außer dem grauen Gleichmaß der kosmischen Hintergrundstrahlung. Wahrscheinlich wäre es dann auch sinnlos, noch von der Expansion des Weltalls zu reden, zumindest gibt es dann keine Materie mehr, die expandieren könnte, nur vagabundierende Photonen im Mikrowellenspektrum.

Das entropische Prinzip führt also doch letzten Endes zum Wärmetod – wenn auch auf vielen, vielen Umwegen und mit zahlreichen eingebauten Warteschleifen, so daß uns diese ganze physikalische Theorie *nicht wirklich persönlich betrifft*, wenn man einmal die Endlichkeit des eigenen Seins begriffen hat, und wir können es mit dem Prediger Salomo halten:

> Ein jegliches hat seine Zeit, und alles Vorhaben unter dem Himmel hat seine Stunde.
>
> Geboren werden und sterben, pflanzen und ausrotten, was gepflanzt ist...
>
> Darum merkte ich, daß nichts besser darin ist, denn fröhlich sein und sich gütlich tun in seinem Leben...[6]

Das anthropische Prinzip

»Natur ist das Dasein der Dinge, so fern es nach allgemeinen Gesetzen bestimmt ist«, sagt Kant in den Prolegomena zur *Kritik der reinen Vernunft.* Was können wir als Menschen von der Natur erkennen? Davon handelt im wesentlichen die *Kritik der reinen Vernunft.* Diese Frage ist nicht nur von der Seite der Erkenntnistheorie gestellt worden, sie wird neuerdings auch von Seiten der Physik und Kosmologie gestellt: »Wie wichtig ist Bewußtsein für das Universum als Ganzes? Könnte das Universum existieren, wenn es darin überhaupt keine bewußten Wesen gäbe? Sind die Gesetze der Physik speziell so konstruiert, daß sie die Existenz bewußten Lebens zulassen? Zeichnet sich unser Ort im Universum entweder räumlich oder zeitlich besonders aus? Mit solchen Fragen befaßt sich das sogenannte *anthropische Prinzip.*«[7] Man kann sogar noch weiter fragen: Sind die Gesetze der Physik speziell so konstruiert, daß sie die Existenz bewußten Lebens hervorbringen *müssen*? Das anthropische Prinzip ist ein finalistisch-teleologisches Prinzip, oder es hat zumindest teleologische Elemente. In ihrer ausführlichen Monographie behandeln Barrow und Tipler die verschiedenen Aspekte dieses Prinzips.[8] Man könnte auch umgekehrt formulieren: Würde das Weltall existieren, wenn keinerlei menschliches Bewußtsein es je angeschaut und erfaßt hätte, jetzt und in Zukunft nicht?[9] Nach dem eingangs angeführten Kant-Zitat ist eine solche Frage im Grunde sinnlos; jedenfalls überschreitet sie die Grenzen der empirischen Wissenschaften.

Barrow und Tipler formulieren verschiedene anthropische Prinzipien; das *Schwache Anthropische Prinzip* (WAP = Weak Anthropic Principle) besagt, daß die beobachteten Werte aller physikalischen und kosmologischen Größen Werte angenommen haben, die gerade den Erfordernissen entsprechen, welche für eine Evolution des Lebens notwendig sind. Auf der Basis von Kohlenstoffverbindungen, in einem sehr engen Temperaturfenster, in dem gerade Wasser flüssig ist, in dem informationstragende Makromoleküle (DNS, Proteine) sich gerade noch nicht zersetzen, in einem Strahlungsbereich, in dem Photosynthese stattfinden kann, ist homo sapiens entstanden – ausgerechnet da! An sich könnten die Grundkonstanten doch beliebige Größen angenommen haben. »Der Schöpfer« war aber offenbar nicht völlig frei in seiner Auswahl, »Er« hat gerade die Größen »gewählt«, die zur Hervorbringung eines künftigen Menschen (= ανϑϱοποζ) paßten. Auch ist auffällig, daß das Universum gerade das für eine solche Entwicklung genügende Alter besitzt. Mit Hilfe des WAP kann man (freilich auf teleologische Weise) »erklären«, warum heutzutage gerade die richtigen Bedingungen dafür herrschen, daß intelligentes Leben auf der Erde existiert. Auf diese Weise konnten Brander und Carter einige recht auffällige Beziehungen zwischen verschiedenen Universalkonstanten erklären, etwa der Gravitationskonstante, der Protonenmasse und dem Alter des Universums.[10] Diese physikalischen Konstanten gelten gerade in der gegenwärtigen Epoche der Erdgeschichte – und das hängt mit kosmologischen Daten der Hauptreihensterne zusammen, zu denen auch die Sonne gehört.

Barrow und Tipler formulieren weiterhin das *Starke Anthropische Prinzip* (SAP = Strong Anthropic Principle): »Das Universum mußte zu einem bestimmten Zeitpunkt seiner Geschichte Bedingungen hervorbringen, die die Entwicklung von Leben gestatten.« Und schließlich das noch weitergehende *Finale Anthropische Prinzip* (FAP): »Intelligente Informationsverarbeitung *muß* irgendwann im Universum in Erscheinung treten, und nachdem sie in Erscheinung getreten ist, kann sie niemals wieder aussterben.«

Hier geraten wir in eine teleologische Weltdeutung – trotz Newton, trotz Kant –, die ihren vorläufigen Höhepunkt findet in dem sogenannten *Gaia-Prinzip*, das die Erde, ja den ganzen Kosmos als ein einziges unteilbares Lebewesen auffaßt.[11]

Die Gaia-Hypothese von Lovelock betrachtet die Erde und den ganzen Kosmos als ein einziges zusammenhängendes Lebewesen, auf dem alles so zusammenpaßt und miteinander in Beziehung steht wie die einzelnen Teile eines Organismus mit seinen vielfältigen arbeitsteiligen Organen. Da ist alles füreinander gemacht: Die Sonne, daß sie uns mit Energie versorgt, die Gravitation, daß sie die Atmosphäre zusammenhält, die Atmosphäre so, daß die Menschen darin atmen können, die Meere so, daß darin große und kleine Fische existieren und parasitär voneinander abhängen. Malaria-Mücke, Mensch, Wald, Grundwasserspiegel, Gezeiten, Klimawechsel, Ozonschicht, Vulkanismus, anaerobe-Bakterien in Schwefelquellen, Erdölquellen, rasende Rennmotoren, das unterirdische Kriechen eines Maulwurfs – alles hängt miteinander zusammen, ist Teil des lebendigen Organismus Gaia.

Platon hat 2400 Jahre zuvor im *Timaios* seinen kosmologischen Entwurf vorgelegt, dem das Gaia-Prinzip nahe kommt. Platon schreibt am Schluß seiner Kosmogonie:

> Und nunmehr möchten wir denn auch behaupten, daß unsere Erörterung über das All ihr Ziel erreicht habe; denn nachdem die Welt in der obigen Weise mit sterblichen und unsterblichen belebten Wesen ausgerüstet und erfüllt worden ist, *ist sie so selbst zu einem sichtbaren Wesen dieser Art geworden*, wel-

> ches alles Sichtbare umfaßt, zum Abbilde des Schöpfers und zum sinnlich wahrnehmbaren Gott, und zur größten und besten, zur schönsten und vollendetsten, die es geben konnte, geworden, diese eine und eingeborene Welt.[12]

In einer solchen Welt kann nichts unabhängig voneinander geschehen, die verschiedenen *Eigenzeiten* der Untersysteme, von der Sonne über Meer, Wald, Mensch bis zur Mücke, sind irgendwie miteinander gekoppelt, sind in Resonanz. Das Gaia-System ist vollständig vernetzt. Nun haben aber Netzwerke besondere Eigenschaften, die nicht nach einer einfachen Kausallogik verstanden werden können. In prozessualen Netzwerken – und das Gaia-System lebt ja – mit zahlreichen iterativen Untersystemen müssen die Prinzipien der Theorie des deterministischen Chaos angewendet werden;[13] d. h.: in einem Gaia-System kann ein raumzeitliches Ereignis, je nachdem, in welcher Situation das Netzwerk sich gerade befindet, eine gravierende Änderung und einen Zusammenbruch bewirken, oder der gleiche Eingriff kann vollkommen unbemerkt ausgeregelt werden. Das gilt für das Überleben eines Individuums bzw. für seinen Tod genauso wie für den Zusammenbruch eines Öko-Systems, eine Umweltkatastrophe oder einen globalen Klimakollaps.

Die Gaia-Hypothese ist eine sympathische, gewissermaßen *pantheistische Weltsicht*, sie steht dem anthropischen Prinzip nahe. Aber man wird die Gaia-Hypothese niemals »benützen« können, um mit ihrer Hilfe Öko-Katastrophen zu vermeiden, gerade weil sie nicht technisch manipulativ gemeint ist. »Brauchbare« wissenschaftliche Methoden sind notwendigerweise analytisch und nicht ganzheitlich; daran läßt sich nichts ändern.

Seit Descartes gilt die generelle Anweisung zu wissenschaftlichem Handeln: »... jedes Problem, das ich untersuchen würde, in so viele Teile zu teilen, wie es angeht und wie es nötig ist, um es leichter zu lösen.«[14] Dies ist für die Lösung komplexer Probleme gar nicht anders möglich, jeder Forscher geht so vor und wird das auch zukünftig tun müssen, denn es gibt keine andere Methode. Dabei geht man stillschweigend davon aus, daß man die erforschten Mosaiksteinchen hinterher zu einem Gesamtbild zusammensetzen kann. In komplex rückgekoppelten Systemen, bei der Erforschung des Lebendigen etwa, geht das aber nicht: Entweder hat man beim Teilen das Lebendige getötet, d.h. nur noch Anatomie betrieben, oder das zu untersuchende Lebewesen ist im wahrsten Sinne davongelaufen, weitergewachsen, es ist nicht dasselbe geblieben. Das gilt natürlich ganz besonders für die Anwendung auf den Menschen selbst, für alle Wissenschaften vom Menschen – von der Biologie über Medizin, Psychologie, Soziologie und Anthropologie bis hin zur Kunst.

Da der Mensch eben nicht nur ein analytisches Wesen, sondern auch ein ganzheitliches ist, benötigt er beides, das Analytische für das praktische Leben der Einzelsituation und das Ganzheitliche für das Überleben im »System Gesellschaft und Welt«. Anthropisches und entropisches Prinzip sind absolut und für sich genommen unvereinbar,[9] das anthropische steht für das synthetische Ganzheitliche, für die Erfahrung von *Gestalt*, für das *Systemdenken*, das entropische für das Analytische (und deshalb notwendigerweise destruktive), für das Detail, für das Isolierte. Aber beide Betrachtungsweisen sind notwendig, obwohl sie sich zu widersprechen scheinen. In *Systemen ist das Ganze mehr als die Summe der Teile.*[15] Nur wenn man das weiß, muß man nicht den vergeblichen Kampf gegen sich selbst führen, sondern kann die beiden Prinzipien nach Möglichkeit fruchtbar in Einklang bringen.

Was ist geistesgeschichtlich geschehen? Es sieht fast so aus, als hätte der Zweite Hauptsatz als erstes finalistisches Gesetz der modernen Naturwissenschaft einen Damm eingerissen, der das angestaute Bedürfnis nach teleologischen Welterklärungsmodellen, nach Beantwortung von Sinnfragen ermöglichen soll. Wir müssen hier sehr vorsichtig sein. Die Frage nach dem Sinn des Daseins kann und darf Naturwissenschaft niemals beantworten, aber sie darf immerhin bis an die Grenze vorstoßen, wo die Sinnfrage in Erscheinung tritt. Das ist beim Entropiegesetz der Fall; warum fließt Energie bergab und Ordnung wird zerstört? Warum bringt die Materie immer neue Formen hervor? Wie und warum ist Denken entstanden? Warum hat der Kosmos eine Gestalt und eine Physik, die auf uns Menschen paßt? *Wir werden solche Fragen nicht mit Hilfe der Physik beantworten können, aber die Physik hat uns geholfen, sie klar zu formulieren.*

Noch einmal Kant: Reisen im Land des Verstandes

Mitten in der doch recht trockenen, oft schwer zu lesenden *Kritik der reinen Vernunft* hat Kant eine höchst poetische Stelle eingestreut, die eigentlich die heutige Situation der Naturwissenschaft besser zusammenfaßt als manche moderne Darstellung:

> »Wir haben jetzt das Land des reinen Verstandes nicht allein durchreiset, und jeden Teil davon sorgfältig in Augenschein genommen, sondern es auch durchmessen, und jedem Dinge auf demselben seine Stelle bestimmt. Dieses Land aber ist eine Insel, und durch die Natur selbst in unveränderliche Grenzen eingeschlossen. Es ist das Land der Wahrheit (ein reizender Name), umgeben von einem weiten und stürmischen Ozeane, dem eigentlichen Sitze des Scheins, wo manche Nebelbank, und manches bald wegschmelzende Eis neue Länder lügt, und indem es den auf Entdeckungen herumschwärmenden Seefahrer unaufhörlich mit leeren Hoffnungen täuscht, ihn in Abenteuer verflechtet, von denen er niemals ablassen, und sie doch auch niemals zu Ende bringen kann. Ehe wir uns aber auf dieses Meer wagen, um es nach allen Breiten zu durchsuchen,

und gewiß zu werden, ob etwas in ihnen zu hoffen sei, so wird es nützlich sein, zuvor noch einen Blick auf die Karte des Landes zu werfen, das wir eben verlassen wollen, und erstlich zu fragen, ob wir mit dem, was es in sich enthält, nicht allenfalls zufrieden sein könnten, oder auch aus Not zufrieden sein müssen, wenn es sonst überall keinen Boden gibt, auf dem wir uns anbauen könnten; zweitens, unter welchem Titel wir denn selbst dieses Land besitzen, und uns wider alle feindselige Ansprüche gesichert halten können.«[16]

Anmerkungen

1 I. Kant, Prolegomena zur *Kritik der reinen Vernunft*, 2. Teil, A 72, 73 (Theorie-Werkausgabe Band V), Frankfurt/Main 1958, S. 159.

2 L. Boltzmann, *Über die Unentbehrlichkeit der Atomistik in der Naturwissenschaft*, in: Annalen der Physik und Chemie 396 (1897), S. 232-247.

3 E. R. Harrison, *Kosmologie, Die Wissenschaft vom Universum*, Darmstadt 1983.

4 E. R. Harrison, ebenda S. 249.

5 F. Cramer, W. Kaempfer, *Der Zeitbaum*, Frankfurt/Main 1993.

6 Prediger Salomo, Kap. 3, Vers 1, 2 u. 12.

7 R. Penrose, *Computerdenken*, Heidelberg 1991.

8 J. D. Barrow, F. J. Tipler, *The Anthropic Cosmological Principle*, Oxford 1988.

9 F. Cramer, *The Entropic versus the Anthropic Principle*, in: *The Anthropic Principle*, hg. v. F. Bertola u. U. Curi, Cambridge 1989, S. 221-240.

10 R. H. Dicke, *On Coincidences*, in: Nature 192 (1961), S. 440; R. H. Dicke, *The Theoretical Significance of Experimental Relativity*, New York 1964; B. Carter, *Large Number Coincidences and the Anthropic Principle in Cosmology*, in: *Confrontation of Cosmological Theories with Observation*, hg. v. M. Longair, Dordrecht 1974, S. 291.

11 So J. Lovelock, *Das Gaia-Prinzip*, Zürich/München 1991.

12 Platon, *Timaios* 92 B (in der Übersetzung v. F. Susemihl), Heidelberg: Lambert Schneider, ohne Jahresangabe, Bd. 3, S. 91.

13 F. Cramer, *Chaos und Ordnung – die komplexe Struktur des Lebendigen*, Stuttgart 1990, 4. Aufl.; Lizenzausgabe Frankfurt/Main: insel taschenbuch 1993.

14 R. Descartes, *Von der Methode*, 2. Teil, Abs. 7, Darmstadt 1960, S. 15.
15 Vgl. auch W. Heisenberg, *Der Teil und das Ganze*, München 1986.
16 I. Kant, *Kritik der reinen Vernunft, Transzendentale Analytik, Phänomena und Noumena*, B 295, A 236 (Theorie-Werkausgabe Bd. III, S. 267, 268) Frankfurt/Main 1956.

Friedrich Hölderlin

»Wie ein Meer, lag das Land«

Aus der Ebne von Sardes kam ich durch die Felsenwände des Tmolus herauf.

Ich hatt am Fuße des Bergs übernachtet in einer freundlichen Hütte, unter Myrten, unter den Düften des Ladanstrauchs, wo in der goldnen Flut des Paktolus die Schwäne mir zur Seite spielten, wo ein alter Tempel der Cybele aus den Ulmen hervor, wie ein schüchterner Geist, ins helle Mondlicht blickte. Fünf liebliche Säulen trauerten über dem Schutt, und ein königlich Portal lag niedergestürzt zu ihren Füßen.

Durch tausend blühende Gebüsche wuchs mein Pfad nun aufwärts. Vom schroffen Abhang neigten lispelnde Bäume sich, und übergossen mit ihren zarten Flocken mein Haupt. Ich war des Morgens ausgegangen. Um Mittag war ich auf der Höhe des Gebirgs. Ich stand, sah fröhlich vor mich hin, genoß der reineren Lüfte des Himmels. Es waren selige Stunden.

Wie ein Meer, lag das Land, wovon ich heraufkam, vor mir da, jugendlich, voll lebendiger Freude; es war ein himmlisch unendlich Farbenspiel, womit der Frühling mein Herz begrüßte, und wie die Sonne des Himmels sich wiederfand im tausendfachen Wechsel des Lichts, das ihr die Erde zurückgab, so erkannte mein Geist sich in der Fülle des Lebens, die ihn umfing, von allen Seiten ihn überfiel.

Zur Linken stürzt' und jauchzte, wie ein Riese, der Strom in die Wälder hinab, vom Marmorfelsen, der über mir hing, wo der Adler spielte mit seinen Jungen, wo die Schneegipfel hinauf in den blauen Aether glänzten; rechts wälzten Wetterwolken sich her über den Wäldern des Sipylus; ich fühlte nicht den Sturm, der sie trug, ich fühlte nur ein Lüftchen in den Locken, aber ihren Donner hört ich, wie man die Stimme der Zukunft hört, und ihre Flammen sah ich, wie das ferne Licht der geahneten Gottheit. Ich wandte mich südwärts und ging weiter. Da lag es offen vor mir, das ganze paradiesische Land, das der Kayster durchströmt, durch so manchen reizenden Umweg, als könnt er nicht lange genug verweilen in all dem Reichtum und der Lieblichkeit, die ihn umgibt. Wie die Zephyre, irrte mein Geist von Schönheit zu Schönheit selig umher, vom fremden friedlichen Dörfchen, das tief unten am Berge lag, bis hinein, wo die Gebirgkette des Messogis dämmert.

ZEIT

Nikolaus von Kues

»Außer wenn«

Der Begriff einer Uhr umfaßt jedes Nacheinander in der Zeit. In diesem Begriff ist die sechste Stunde nicht früher als die siebente oder achte, obschon die Uhr nie die Stunde schlägt, außer wenn der Begriff es ihr befiehlt.

Wolfgang Kaempfer

Die Welt aus dem Kopf
Zur Desynchronisation der Uhren von Körper und Kopf

Goethe

»Berlin, U-Bahnhof Potsdamer Platz: Niemand sonst auf den Bahnsteigen, kein Zug, und überhaupt wirkt das gesamte Ambiente sehr kahl, rechteckig und schematisiert. Kein Wunder – wir sind gar nicht in Berlin, sondern im Münchner BMW-Pavillon. Diesen U-Bahnhof konnten Besucher der Ausstellung »Erscheinungen aus dem Jetzt« (von BMW zusammen mit SiliconGraphics und Art + Com veranstaltet) per Computerhilfe besichtigen, und zwar nicht nur auf dem Bildschirm, sondern als ›Cybernaut‹. Ausgerüstet mit den entsprechenden Hilfsmitteln aus der Hightech-Trickkiste, nämlich Eyophone und Datenhandschuh, sollte man die Illusion bekommen, sich selber durch diese U-Bahnstation zu bewegen. Hierzu trägt der Reisende in jener virtuellen Wirklichkeit ein taucherbrillenähnliches Gerät (das Eyophone) mit einem kleinen Monitor vor jedem Auge. Seine rechte Hand steckt im Datenhandschuh, über dessen Finger Glasfaserkabel verlaufen. Die Kabel beider Cyberspace-Accessoires sind mit einem Computer verbunden. ... Je nachdem, wohin man den Kopf dreht, erscheint ein der Blickrichtung entsprechender dreidimensionaler Bildausschnitt. ... Statt auf den Beinen bewegt man sich mit Hilfe des Datenhandschuhs von der Stelle. Folglich wird der Streifzug durch Finger- und Kopfbewegungen gesteuert. So passiert es denn auch ziemlich oft, daß der Spaziergänger unversehens durch den Raum rast, ihn plötzlich schräg von oben sieht oder durch Wände hindurchsaust«.[1]

Ein Stück imaginärer Wirklichkeit, ein Stück »Welt aus dem Kopf«, die die Wirklichkeit vertritt, dieselben Sinnesreize anbietend wie diese, zu denselben Reaktionen auffordernd. Man fühlt sich an die Phantasien Stanislaw Lems erinnert, der die mit der perfekten Simulation sich bietenden Möglichkeiten allerdings sogleich an ihr absurdes Ende treibt. In den *Sterntagebüchern des Raumfahrers Ijon Tychy* erklärt ein Forscher seinem Besucher das Simulationssystem einer Reihe von Kisten, deren jede eine komplette simulierte Welt mit Frühlingslandschaften, zwitschernden Vögeln, schlendernden Liebespaaren einschließt, zentriert ums seinerseits imaginäre Ich einer »Erlebnisinstanz«. Aber schon die Nachbarkiste »weiß«, daß die Welt des Nachbarn simuliert und künstlich ist: nicht nur steht sie außerhalb von ihr, sie hat sie selbst veranstaltet und kann sie beobachten, sie ist in der Situation des »Forschers«. Was sie allerdings nicht weiß, ja gar nicht wissen könnte: auch ihre Welt ist simuliert, sie ist »veranstaltet« und wird von einem »Forscher« beobachtet, und so weiß natürlich auch der Veranstalter und Beobachter der gesamten Versuchsanordnung nicht, ob nicht auch seine Welt – also die Versuchsanordnung selbst – bloß simuliert, bloß veranstaltet, also seinerseits nur Forschungsgegenstand für einen weiteren Beobachter ist.

Der Begriff *Welt, world, monde,* »Welt des Menschen«, meint im Grunde je schon einen Plural. Er drückt eine Abstraktionsleistung aus, die voraussetzt, daß der »Mann von Welt«, der »Weltmann« bereits in mehreren Welten zu Hause ist und sich darüber hinaus nicht scheut, immer wieder neue Welten zu entdecken. Der Begriff setzt Aktivität, er setzt die Reise, und er setzt damit auch schon die Fremde, die terra incognita voraus. Der Mensch, das neugierigste der Tiere (auch die Tiere sind ja allermeist schon neugierig), bedarf der Fremde, des Unvertrauten offensichtlich ebenso wie

1 Anmerkungen siehe Seite 106.

des Heimatlich-Vertrauten. Von jeher hat er den Einschluß in die Enge der je eigenen Welt beantwortet mit Ausbruchsversuchen aller Art, darunter nicht zuletzt die »psychedelischen« der Droge. Baudelaires berühmt gewordene »paradis artificiels« – denen sich die »enfer artificiel« Rimbauds an die Seite stellen ließe – versetzten nur ein altes fernöstliches Paradies in die damalige Pariser Szene.

Aber die Pariser, die Londoner intellektuelle Drogenszene Mitte des vergangenen Jahrhunderts, die sich inzwischen zum Wandertheater ausgewachsen hat, ist noch verhältnismäßig harmlos gegenüber Unternehmungen, die die Simulationen des menschlichen Kopfes, des menschlichen »Nervensystems« von der alten imaginären auf die moderne materiale Szene zu verpflanzen wissen. Goethe, ein anderer früher Träumer, der auszuwandern wünschte aus der gegebenen »Enge« seiner Welt – »eng« wird sie »Euphorion« nennen – hat sich lange den Kopf darüber zerbrochen, wie er auf dem Theater, auf der traditionellen »Szene« – die ja selbst schon ein simulacre ist – die Traum-Figur der Schönen Helena unterbringen könne. Wie träumt man einen Traum im Rahmen – und in den Grenzen – eines anderen Traums? Goethe sah, es müßte sich zumindest ein dramaturgisches Problem ergeben, wenn er der antiken Mythenfigur in Gestalt seines alternden *Faust* leibhaftig zu begegnen wünschte –: der Wunsch nach *Leibhaftigkeit,* gewonnen auf dem Weg der Mimesis, ist ja eins der Hauptmotive für die poetische Imagination. »Nun soll sie ebenmäßig auf den Boden von Sparta zurückkehren, um, als wahrhaftig lebendig (!), dort in einem vorgebildeten Hause des Menelaos aufzutreten, wo denn dem neuen Werber (Faust) überlassen bleibe (!), inwiefern er auf ihren beweglichen Geist und empfänglichen Sinn einwirken und sich ihre Gunst erwerben könne« (*Zweiter Entwurf zu einer Ankündigung der »Helena«,* 1826).[2]

Etwas an diesem Wunsch war offenbar nicht ganz geheuer, gewissermaßen ging er zu weit, er war zu »leiblich«, zu »persönlich«, und so verlangte seine »Erfüllung«, ähnlich wie beim banalen Tagtraum, eine möglichst solide Wahrscheinlichkeitsstütze. Andererseits: war nicht schon die ganze weltbedeutende Maschinerie der Tragödie, deren Ausarbeitung Goethe fast sein ganzes Leben lang begleitet hatte, ein Gemenge aus Realität und Traum? Im zweiten Teil hat sich der Teufel endgültig in einen modernen Zauberer und Technologen verwandelt, der Geld aus Papier, einen Homunculus im Labor herstellen konnte, und sollte es ihm da nicht gelingen, die antike Helena von den Toten zu erwecken und in Lebensgröße dem deutsch-ritterlichen Helden Faust-Goethe zuzuführen? Eine Inszenierung aus den siebziger Jahren unseres Jahrhunderts (Klaus Peymann in Stuttgart) stellte eine Helena in Agfacolor-Farben auf die Bühne... und unterstrich damit: jawohl, wir können *zaubern,* auch wenn die Farben vorerst noch etwas grell (und der U-Bahnhof Potsdamer Platz noch etwas zu geometrisch) sind. Ob das Papiergeld, ob Homunculus, ob Helena: Zaubereien da wie dort. Ließ sich überhaupt noch eine feste Grenze ziehen zwischen Traum und Wirklichkeit? Drohte sie sich nicht rettungslos zu verwischen? Das Retortenmännchen *lebte,* und es war doch – wie die modernen Schimären – in der Retorte entstanden; das Papiergeld repräsentierte einen Wert, und es war doch, für sich betrachtet, völlig wertlos. Eine Kopfgeburt, ein Gedanke nur, ein Traum, stand es gleichwohl im Tauschverhältnis mit der Wirklichkeit, und es war demnach selbst halb Traum, halb Wirklichkeit.

Aber Faust ist nicht allein ein Träumer. Gemäß dem Konzept des ganzen Stücks ist er ein Grenzgänger zwischen Traum und Wirklichkeit, und so fürchtet er sogleich den »Sturz und Unfall«, als Euphorion, der Sohn, den er mit Helena gezeugt hat, gleich einer Rakete »zu allen Lüften« aufsteigt, um sich dort, kaum ist er zur Welt gekommen, wieder zu versprühen. Eine Art von Todesfahrer oder Todesflieger, angetrieben von »Überlebendigen, Heftigen Trieben«[3], legt Euphorion ein Tempo vor, das ihm gar keine irdische Existenz, gar keine »Entwicklung« mehr zu gestatten scheint. »Was soll die Enge mir!« ruft er aus[4], erklärt den »Krieg!« zum Losungswort, »der Tod« ist ihm »Gebot«, und endlich wirft er »sich in die Lüfte, die Gewande tragen ihn einen Augenblick, sein Haupt strahlt, ein Lichtschweif zieht nach«, und dann stürzt eine »schöne Jünglingsgestalt« auf die Bühne.[5]

Zwar ist der im Liebeswahn und -traum gezeugte Sohn offensichtlich selbst nur aus dem »Stoff der Träume«, gleichwohl ist sein Sturz, sein Todessturz ein »factum brutum« und damit in gewissem Sinn »real«. Denn nun hören wir ihn rufen aus dem Hades, aus dem Reich der Toten: »Laß mich im düstern Reich, Mutter mich nicht allein!«[6]

An dieser Stelle schreibt der Autor eine Pause vor, und es könnte sein, daß er damit den Hiatus markieren wollte, der aller Raserei ein Ende setzt, sobald sie nicht mehr gebremst, nicht mehr überführt werden kann in den realen »Gang der Zeit«. Selbst »irreal«, endet sie gleichwohl »real«, nämlich mit dem Tod des Rasenden. Der Todessturz, der konsequente virtuelle Endpunkt all der Rasereien, die uns die Moderne beschert hat von den politisch-militärischen Katastrophen bis zum privatissimum des »Autounfalls«, ist also keineswegs ein dramatisches Phantasma, er ist vielmehr Indiz für jene *Entfesselung* der Zeit, die nur noch durch den Tod beendet werden kann. Offensichtlich hat sich hier die Zeit entkoppelt von ihrem komplementären Vektor, den wir in der *Geschichtszeit* wiederzuerkennen hätten. Sie treibt das Opfer nur noch um in manisch-autistischer »Euphorie«, als stünde es unter der Wirkung einer Droge. Euphorion konnte sich nicht mehr *erfahren* auf einem *Wege,* der ihm eine *Geschichte* vergönnt hätte, vielmehr hat sich die Erfahrung auf den actus purus der Selbsterfahrung, die Geschichte auf den explosionsartigen actus des Selbstverzehrs verkürzt.

Wir haben unsere Deutung damit weitergetrieben, als es

hier schon angezeigt sein mag; aber nicht nur der Zweite Teil der Tragödie, auch der Erste Teil ist schon gezeichnet von der Grunderfahrung Goethes, daß sich die Zeit entfesselt hat, das Zeit-Getriebe in Gefahr ist zu zerbrechen. Wir erinnern uns: Faust wird als Melancholiker eingeführt, Goethe orientierte sich am Typus des Renaissance-Gelehrten, des Magiers und Arztes, der sich am Ende seines Lateins weiß, der ausgebrannt, des Lebens überdrüssig ist. Das »Dasein« ist ihm eine »Last«, »Der Tod erwünscht, das Leben mir verhaßt«.[7] Von einem Selbstmordversuch ist er nur zurückgehalten worden durchs rechtzeitige Geläut der Osterglocken, das einen »Rest von kindlichem Gefühle« in ihm wachrief.[8]

Die Symptome sind eindeutig. Wie die klinische Form der *Depression* läßt sich die Melancholie vor allem an einem tendenziellen *Geschichtsstillstand* erkennen. Faust erwartet nichts mehr. Er ist ohne Zukunft. Er flucht »allem, was die Seele mit Lock- und Gaukelwerk umspannt«, er flucht »der Hoffnung und dem Glauben« und: »Fluch vor allem der Geduld!«

Es ist insbesondere dieser Fluch, der uns zu denken geben sollte. Er steht am einen Ende einer Skala der Ungeduld, die mit der radikalisierten Ungeduld – sprich: mit dem Sturz und Tod Euphorions – enden wird. Die Ungeduld, die Hast, die Rastlosigkeit sind Faustens – und Goethes – prominentestes Verhängnis. »...hast du Speise, die nicht sättigt«, öragt er den Teufel in der Paktszene, »hast Du rotes Gold, das ohne Rast, Quecksilber gleich, dir in der Hand zerrinnt, Ein Mädchen, das an meiner Brust, Mit Äuglein schon dem Nachbar sich verbindet, Der Ehre schöne Götterlust, Die, wie ein Meteor, verschwindet? Zeig' mir die Frucht, die fault, eh' man sie bricht, Und Bäume, die sich täglich neu begrünen!«[9]

Schon in seinem Jugendroman, der die *Leiden des jungen Werthers* vortrug, hatte Goethe – gegen Ende des Romans – ein manifestes melancholisches Syndrom beschrieben mit der Präzision eines modernen Klinikers und es ausmünden lassen in die suzidale »Raserei«, in den »Taumel des Todes«.[10] Es ist unverkennbar: Er leidet am Verhängnis einer Zeit-Bewegung, die in zwei kontroverse »Richtungen« führen müßte, in die Richtung von »Entwicklung«, von *Geschichte,* die, vom melancholischen Syndrom bedroht, immer wieder abbricht, wie seine Liebesaffären abbrechen, und in die Richtung einer »Raserei«, die sich vom Block der Geschichtszeit abzukoppeln wünscht. Immer wieder probt er den manischen Ausbruch, immer wieder holt die Melancholie ihn ein.

Desynchronisation

Alle naturwüchsige Bewegung – alle »Geschichte« – müßte der Tendenz nach zurückgebunden bleiben an die Rhythmen, an die »Zeit« des Körpers. Als *sterblicher,* der eine *Geschichte* hat, der einer Parabel folgt zwischen Geburt und Tod, ist der Körper, wie es scheint, das unhintergehbare biologisch-anthropologische Substrat aller Prozesse, welche die beiden Bewegungsimpulse synchronisieren können. Jede Überschreitung der Geschwindigkeiten, die vom Körper vorgegeben sind, jeder »freie« Flug der Phantasie, des Gedankens, der spielerisch-abstrakten »Projektmacherei«, hat sich vom Körper tendenziell schon abgekoppelt und muß mit (körperlichen) Reaktionen rechnen, die bis zum manifesten Geschichtsstillstand, bis zu Melancholie und Depression reichen können. Die Uhren des Kopfes (des ZNS, des Cortex) und die Uhren des Leibes, die normalerweise synchronisiert (in einem Getriebe zusammengeschlossen) sind, haben sich desynchronisiert und werden gegebenenfalls die beiden kontroversen Symptome von »Manie« und »Depression« anzeigen.

Wie wir an anderem Ort aufzeigen konnten, gestützt u. a.

auf die Forschungen Reinhard Kosellecks, wird spätestens seit dem letzten Drittel des 18. Jahrhunderts allerorten in Europa eine Zeit-Beschleunigung registriert, die zunächst als Beschleunigung der *Geschichtszeit* imponieren mußte.[11] Sie erreichte schon im ersten Drittel des 19. Jahrhunderts Ausmaße, die zunehmend als bedrohlich, geschichtlich vergleichslos usf. beschrieben worden sind.[12] Schon im Verlauf der französischen Revolution hatte sie die Bildung von zwei »Flügeln« resp. Parteien provoziert, die einerseits den neuen »Fortschritt«, andererseits die alte »Tradition« zu propagieren trachteten. Die Fortschrittspartei, die sog. Linke, scheint dabei vorwiegend auf die sich ankündigende Stagnation der Geschichtszeit, die Partei der Traditionalisten, »Royalisten« usf., die sog. Rechte, vorwiegend auf die neue Raserei der Zeit reagiert zu haben, und so dürfte die neue politisch-gesellschaftliche Kontroverse, die sich ja bis weit in unser Jahrhundert hinein ausgewirkt hat, ihrerseits den Bruch, die Desynchronisation des Getriebes angekündigt haben, das zwischen Geschichtszeit und Verkehrszeit, Tradition und Fortschritt oder – wie wir nun ebensogut sagen könnten – zwischen den an der »Zeit des Körpers« orientierten Rhythmen und den Rhythmen der »Wünschbarkeiten«, des Denkens, der abstrakten »Kopfarbeit« vermittelt. Die »Maße« des Körpers, die »Gegenständlichkeit« der Welt und der Gesellschaft, manifest in der Person des Monarchen oder Fürsten, in der Gliederung der Stände, in der tradierten Pyramide der Hierarchie bildeten nicht zufällig das Herzstück in den nostalgischen Phantasien der »Royalisten«, der »Fortschritt«, die »Aufklärung«, die Reformation oder Revolution nicht zufällig die zentralen Drehmomente in den Argumentationsfiguren der progressiven Linken.

Aber die allmähliche Dissoziation (Desynchronisation) von »Gedankenschnelle« einerseits, naturwüchsiger Trägheit andererseits, von Akzeleration und Stagnation, »Geist und Natur«, Geist und Seele (*Der Geist als Widersacher der*

Seele), Kopf- und Handarbeit, sich exponentiell beschleunigendem Verkehr und Traditionalismus (t_r und t_i) hatte sich in Wahrheit noch viel früher angekündigt, so z. B. in der »Parole« des Descartes: »Cogito ergo sum«. Sie ließ das »Sein« des Menschen buchstäblich im »Denkakt« entspringen und nötigte daher zu der folgenreichen operativen Spaltung in eine *res cogitans* und eine *res extensa*. Der Beschleunigungsschub, der eintritt, sobald sich die Uhren des Kopfes (Denkens) abzukoppeln beginnen von der naturwüchsigen Trägheit der Physis, konnte allerdings noch lange relativ unauffällig bleiben, er ist ja beschränkt auf die immanenten Operationen des Denkens, auf das freie Spiel der Phantasie, auf die heimlich-autistischen Kalküle, Projekte, Möglichkeiten, die wir am Schreibtisch zu »erwägen« pflegen: die frühen Emigrationen ins Reich Utopia bei Rabelais, bei Cyrano de Bergerac: *Pantagruel* (1533), *L'Autre Monde ou Les Etats et Empires de la Lune* (1657). Zunehmend bildete der Körper und die ihm zugeordnete »Welt der Gegenstände« – kein Gegenstand, der ihn nicht reflektieren, der ihn nicht »wiedergeben« würde wie das Haus mit Fenstern (für die Augen) und mit der Tür (für den Mund) – nicht mehr das *Maß* für ein Weltverhältnis, das die Welt, wie in der Zentralperspektive der »klassischen« Malerei, noch in feste Grenzen eingeschlossen wußte. Das allgemeinste Merkmal für dies Verhältnis ist daher die »Maßlosigkeit«, die Tendenz zur Hypertrophie und Hypertelie. Theoretisch können nun alle Projekte in den Himmel wachsen, und in der Tat lassen sich bald genug die ersten krebsartigen Wucherungserscheinungen erkennen, z. B. in der allmählichen Aufweichung der Raumstrukturen im späten Barock, im Rokoko, in der Überdimensionierung der königlichen Residenzen. Schon um die Mitte des 19. Jahrhunderts beginnt die tradierte Stilgeschichte von der Romanik bis zum Rokoko in die vage Gleichzeitigkeit eines Eklektizismus auszumünden, der mit der viktorianisch-wilhelminischen Architektur seinen Höhepunkt erreichen sollte. Die ersten technischen »Wunderwerke« entstehen, die Eisenarchitektur der Brücken, Bahnhöfe und Passagen, das Eisenbahnnetz, das überdimensionierte Panzerschiff, die Explosionsgranate, die sog. *Dicke Berta,* eine Über-Kanone, die alle alten Festungsmauern spielend pulverisieren konnte. Mit den diversen Eiffeltürmen, »Wolkenkratzern« usw. werden die Projekte sogar recht buchstäblich in den Himmel wachsen und die – natürlich ihrerseits zunehmend amorphe – Physiognomie der modernen Megastädte prägen. Es fiel nicht einmal auf, daß der Körper gar keine Referenz mehr, gar kein »Maß« mehr bildete in den Kalkülen einer gigantomanen Rationalität, oder daß er höchstens als zerstückelter noch zugelassen war, als Bedienungsprothese für ein beliebiges Maschinenwesen. Auch die neuen Aktivitäten des Sports, die ihn »wiederzuentdecken« vorgaben – die erste Turnhalle entsteht 1811 auf der Berliner Hasenheide – nahmen ihn weniger zum Ausgangspunkt als vielmehr zum Zielpunkt einer Strategie, die seiner Disziplinierung, wo nicht seiner Zurichtung diente für den politisch-militärischen »Zweck« (wie im Programm des deutschen »Turnvaters« Friedrich Ludwig Jahn).

Die prinzipielle *Maßlosigkeit* einer nicht mehr vom Körper kontrollierten Denk- und Phantasietätigkeit kann sich äußerlich sogar der größten Bescheidenheit befleißigen als »wissenschaftlicher Skeptizismus«, radikale Einschränkung auf rationale Argumentationsfiguren, die sich damit jedoch nur um so radikaler werden abschneiden müssen von den Nebenwegen – von den »Feldwegen« –, die ihr die Sinne weisen könnten. Ein beliebiges bescheidenes Argument von Kant: »Sinnlichkeit gibt uns Formen (der Anschauung), der Verstand aber Regeln. Dieser ist jederzeit geschäftig, die Erscheinungen in der Absicht durchzuspähen, um an ihnen irgendeine Regel aufzufinden. Regeln, so fern sie objektiv sind, (mithin der Erkenntnis des Gegenstands notwendig anhängen), heißen Gesetze. Ob wir gleich durch Erfahrung viel

Gesetze lernen, so sind diese doch nur besondere Bestimmungen noch höherer Gesetze, unter denen die höchsten (unter welchen andere alle stehen) a priori aus dem Verstande selbst herkommen, und nicht von der Erfahrung entlehnt sind, sondern vielmehr den Erscheinungen ihre Gesetzmäßigkeit verschaffen, und eben dadurch Erfahrung möglich machen müssen. Es ist also der Verstand nicht bloß ein Vermögen, durch Vergleichung der Erscheinungen sich Regeln zu machen: er ist selbst die Gesetzgebung vor die Natur...«[13]

Zum »Prozeß der Zivilisation«

Der lange Weg, den der neuzeitliche »Prozeß der Zivilisation« seit den späten Renaissancejahrhunderten genommen hat, ließe sich in mancher Hinsicht als »Stationenweg«, als Dornen- und Passionenweg verstehen. Sukzessive disziplinierte und modellierte er den Körper zu einem »Instrument« der Ratio, zu einem wahren »Werkzeugkasten« ihrer intransigenten Überlebensstrategien. *Die Vernunft* übernahm die Funktion des »Ursprungs«. *Sie* war es nun, welche *die Welt* – der Körper und der Gegenstände – »setzte«. Die diversen Prozesse der Rationalisierung, der Reglementierung, ja der Strangulierung gründen natürlich in manifesten Veränderungen der Mikro- und Makrostrukturen in der europäisch-westlichen Gesellschaft: das exponentielle Wachstum der Städte seit dem 13. Jahrhundert, die Internationalisierung der lokalen Märkte, der allmählich zusammenwachsende Weltverkehr, die Entstehung der modernen »Massen« an den großen Handelsplätzen. Die mehr oder weniger »dysregulierte« Affektlage des mittelalterlichen Menschen, seine Neigung zu Ausbrüchen der ungehemmten Leidenschaft, des religiösen Fanatismus, der Wut und der Liebe, die beständige Aggressions- und Defensivbereitschaft mußten dem moderaten Durchschnittshabitus des modernen Marktverhaltens weichen. Die Welt wurde enger, die Verflechtungen vervielfachten sich, die Reibungswärme wuchs. Man mag die Prozesse, die zur allmählichen Anhebung der Schamschwellen, der Ekelschwellen führten, die Entwicklung der Hygiene, des modernen »Waschzwangs« schon zu den »unbewußten« Maßnahmen und Abwehrstrategien der »Körperseele« rechnen, die sich allmählich mit einem unsichtbaren Panzer zu umgeben suchte.

Was seit der Schrift des Erasmus von Rotterdam, *De civilitate morum puerilium* von 1530, wie eine einzige große Aufforderung zur Zügelung der »rohen Triebnatur« gelesen werden könnte – »Manche greifen, sowie sie sitzen, auf die Schüsseln, Wölfe tun das...«[14] –, das ist gleichwohl nicht in erster Linie Ausdruck jener »innerweltlichen Askese«, die speziell von den protestantischen Bewegungen, insbesondere vom Calvinismus, gefördert worden ist, sondern ihrerseits nur Gestus des Potenzgehabes einer hypertrophen Rationalität. Sie ist in den rigiden Regieanweisungen des Marquis de Sade für sein Theater der Lust und der Gewalt nicht minder am Werk als in den Katechismen der Tischsitten oder der Moral. Denn nicht irgendein »kategorischer Imperativ« bildet das Ziel – die causa finalis – eines Habitus, der sich als selbst-herrlicher und un-abhängiger entwirft, sondern die radikalisierte, sich selber transparente (die »rationale«) Souveränität des Subjekts selbst. In dem Schlüsselroman von Laclos, *Les liaisons dangereuses,* verfällt selbst die Liebe noch dem Verdikt dieser Souveränität. Weil das persönliche Engagement Abhängigkeit von der Geliebten nach sich ziehen müßte, ist nicht *Eros,* sondern ist der *Sex,* der autistische Selbstgenuß, Zentrum und Ziel des vorbildlichen *Libertin.* Wie in den dressurähnlichen Rigorosa des modernen Hochleistungssports ist auch im »sexuellen Training« des neuzeitlichen libertin nicht plötzlich wieder der Körper das »Subjekt«, das Zentrum des Interesses, sondern umgekehrt: Er ist

Sklave, er ist Objekt von Machinationen, die allein den Selbsterhaltungs-, Selbstbestätigungsstragemen dienen, die die abstrakte Ratio projektiert. Buchstäblich ist er »Diener«, Medium und Instrument der sich als omnipotent erfahrenden und »setzenden« Vernunft.

Hypertelie

Der Prozeß der Zivilisation – oder auch der Prozeß der Industrialisierung, der ihm folgte – ist also keineswegs der Urheber, die Entstehungsbasis für die moderne hybride Rationalität (und Irrationalität, die nur ihr natürliches »pendant« ist), er ist vielmehr schon die Folge eines Projekts, das man bereits beim Cusaner studieren kann. Die Herrschaft der Vernunft ist eine hypertrophe, eine »entartete« Stabilisierungsmaßnahme wider die Schwankungen, die sich von einem primär der »Triebnatur« verdankten Habitus erwarten lassen mußten. Die Katastrophen der späten Renaissancejahrhunderte, insbesondere die großen Religionskriege, hatten ihn in der Tat zunehmend obsolet gemacht. Aber der entrichtete Tribut war hoch und unerwartet. Virtuell führte er zur Preisgabe aller bis dato geltenden, am Körper orientierten »Maße«. Der »Verlauf der Veränderungen der Umwelt, die seit zwei Jahrhunderten unter dem Druck von Technik und Wissenschaft steht«, schreibt Michel Tibon-Cornillot, hat »in den letzten fünfzig Jahren weitreichendere Veränderungen erfahren ... als in 10 Millionen Jahren zuvor«.[15] Während sich die Anatomie des menschlichen Körpers »seit 50 000 Jahren praktisch nicht verändert hat«,[16] sondern die Anatomie des Großwildjägers aus dem Jungpaläolithikum geblieben ist, hat sich die technologische Dynamik in Richtung eines »Ziels« entwickelt, das ihn der Idee nach überflüssig machen müßte. Insofern ist er nur mehr ein »lebendes Fossil«.[17]

Aber nach Tibon-Cornillot ist es gerade nicht die »wissenschaftliche Rationalität«, welche als der Motor anzusehen wäre für die »technologische Dynamik«, sondern umgekehrt: die technologische Dynamik – in unserer Sprache: die ent-fesselte Aktivität des Werkzeugmachers homo faber, der seine Selbsterhaltung projektiert – ist die »heimliche Finalität der wissenschaftlichen Rationalität«,[18] die sich in den »Ergebnissen ihrer (scheinbar neutralen) Aktivität« daher häufig nicht wiedererkennt. Immer wieder zeitigen diese Ergebnisse »das Gegenteil des Erwarteten«, sie führen zu »Unkontrollierbarkeit« und eröffnen die Möglichkeit einer »endgültigen Auslöschung des Menschen und seiner Umwelt«.[19]

Das eigentliche Antriebspotential für die technologische Vernunft ist also in der »unterirdischen Arbeit der Finalität der technischen Tätigkeit« zu suchen. Nicht der »wissenschaftliche Prozeß« herrscht »über das technische Projekt in der Industriegesellschaft«, vielmehr muß der »fundamentale Sinn der technischen Tätigkeit« als »aktiver Trieb« verstanden werden, »der darauf hinausläuft, die traditionelle Gestalt des homo sapiens auszulöschen, ihre ... erworbene traditionelle Organisation zu überschreiten«.[20] Tibon-Cornillot sieht diese Entwicklung im Rahmen einer »Dynamik der Techniken, die, seit es Menschen gibt, versucht haben, durch Werkzeuge, später durch Maschinen, die anatomische und physiologische Organisation des menschlichen Körpers zu verlängern, zu verstärken, zu modifizieren«, und schlägt vor, sie der »ungeheuren zerebro-spinalen Entwicklung« zuzuschreiben, »die die menschliche Spezies auszeichnet« und die seit ihrem Beginn eine Tendenz zur »Überentwicklung«, zur »Hypertelie« erkennen ließ als Folge der spezifisch menschlichen »Unterentwicklung« gegenüber dem Tierreich.[21] Nicht zufällig entwickelte sich gleich-zeitig mit dem menschlichen Skelett die Fähigkeit zum *Werkzeuggebrauch*. Es war das menschliche Werkzeug, welches die Werkzeuge (und

Waffen) substituieren konnte, über die das Tier verfügt. Der Mensch, so formulierte es Leroi-Gourhan, »ist Schildkröte, wenn er sich unter ein Dach zurückzieht, Krabbe, wenn er seine Hand durch eine Schere verlängert, Pferd, wenn er zum Reiter wird«, und alles »bleibt für ihn disponibel, wenn er sein Gedächtnis in Büchern weitergibt, seine Kraft durch den Ochsen vervielfacht oder seine Faust durch den Hammer verbessert«.[22]

Kurz: Alle Techniken des Menschen bis hin zur zeitgenössischen Technologie, mit der er lediglich ein altes Ziel endlich erreichte – die vollständige Substitution seines Körpers durch Prothesen –, lassen sich auf das Basisstrategem seiner Erhaltung / Selbsterhaltung zurückführen. Allein dies Strategem initiiert und regelt den »wissenschaftlichen Fortschritt«, es bildet sein zentrales Potential, und so weit wir die Aktivitäten dieses Potentials den Kreisläufen des menschlichen Verkehrs (der menschlichen »Verkehrszeit«) zuzuschreiben haben, werden auch ihre »Fortschritte« nur andere, nur neue, engere und »rasendere« Zirkel um ein Zentrum beschreiben können, das mittlerweile mehr oder weniger abstrakt geworden ist, ein körperloser Fix- und Ich-Punkt unter unzähligen anderen Fix- und Ich-Punkten. Verkehrszeit ist, wo ihr keine frischen geschichtlichen Impulse – keine Veränderungsimpulse – mehr zuwachsen, immer auch *Verzehrszeit.* Sie kann ja nur kursieren. Kursierend zehrt sie an der vorhandenen Substanz, an den frei flottierenden Fragmenten dessen, was die Menschen einmal ihre Geschichte genannt haben mögen. Die Gewohnheiten, die Sitten, die Gesten, die Erinnerungen, die Phantasmen, das »ewig Gestrige« stehen ausnahmslos zur Disposition, sie sind »frei verfügbar«, wie die Bilderwelt der Filme, der Flugreisen, der Exotica, der diversen Tele-Visionen. In der Tat ist der *Kopf* nun völlig »frei«, in der Tat ist er nun völlig »souverän« geworden. Er hat den Körper unter sich gelassen, er darf ihn als »Resonanzboden« betrachten und benutzen, als Medium, Spiegel, Widerhall der Sensationen, die er selbst ins Werk setzt mit dem Ziel der Selbsterhaltung, Selbstbestätigung, Selbstbespiegelung, sei es unter der Form privatester, sei es unter der Form von Großprojekten wie dem televisierten Golf-Krieg mit Hunderttausenden von unsichtbar Gefallenen. Gelänge es eines Tages, auch diese Nabelschnur noch durchzuschneiden, so wäre die »Welt aus dem Kopf« vollkommen, sie bedürfte der physischen, der Resonanz-, der Ernährungsgrundlage nicht mehr. Aber wie wir alle wissen, wäre das nicht nur nicht möglich und würde unsere banalste, unsere alltäglichste Raum- und Zeit-Orientierung durcheinanderbringen, wir müssen vielmehr alle mehr oder weniger für unsere superschnelle Leichtigkeit bezahlen. Zwar ist die Raserei nun Trumpf, wir sind der Tendenz nach überall zugleich, unsere Blicke haften nicht mehr, sondern gleiten, streng genommen bedürfen wir nicht einmal mehr der Telekonferenzen oder gar der Reisen. Selbst die vom Futurismus am Anfang des Jahrhunderts projektierte »absolute Geschwindigkeit als solche« haben wir im Grunde überschritten durch virtuelle Ubiquität.

Aber unser Körper, den wir ja noch »brauchen«, auch wenn wir ihn mißbrauchen (und mißbrauchen müssen), reagiert seit langem durch Symptome, z. B. durch Phobien: die Klaustrophobie, die Agoraphobie, also die Einschlußangst und die Angst vor Ungeschütztheit auf öffentlichen Plätzen, die, getarnt als »Existentiale«, noch in der Heideggerschen »Existentialontologie« wiederzukehren scheinen. In der »melancholischen Verstimmung«, im Syndrom der klinischen oder auch nur häuslichen Depression macht sich der Körper sogar gewissermaßen unmittelbar bemerkbar durch Schwere, Trägheit, Immobilität, durch einen schier physischen Widerstand. Er ist ja der alte und fossile Träger der menschlichen und biologischen Geschichte, und wo der Kopf sie ihm unfreiwillig vorenthält durchs freie flottement im freien Raum und in der »freien Zeit«, da kann er sich mitunter energisch widersetzen und an einem letzten und kontingenten Rest seiner Geschichte festhalten, an einem fast beliebig herausgegriffenen lebensgeschichtlichen Fragment, an einer Schuldverstrickung, an einem lange zurückliegenden Patt, an einem Versagen, das er uns nun vorstellt als end-gültig, als unwiderruflich-unüberschreitbares Versagen. Irgendein Trauma hält den Kranken in seiner Vergangenheit fest, und sollte es seine traumatisierende Wirkung verlieren, weil z. B. ein Verlust, ein Versagen wieder wettgemacht werden konnten, so kommt es vor, daß ein anderes Trauma, eine andere einschneidende Erfahrung, die vielleicht lange zurückliegt, an seine Stelle tritt und die depressive Verstimmung mit unverminderter Stärke aufrechterhält. Primär ist offenbar nicht das manifeste, faßbare Ereignis – sozusagen der Inhalt der Verstimmung –, sondern die ihm zugrunde liegende, auch durch die Aufhebung seiner traumatisierenden Wirkung nicht aus der Welt zu schaffenden Erfahrung eines veritablen *Zeitstillstands,* einer Blockade der Geschichtszeit selber also.

Das von Bleuler, Binswanger, v. Gebsattel, Tellenbach und vielen anderen mit so großer Eindringlichkeit beschriebene melancholische Syndrom hat bekanntlich eine lange Vorgeschichte, die vielleicht sogar bis auf eine archaische Erfahrungsschicht zurückreicht. Könnte in ihr nicht nur alle Geschichte immer wieder geendet, sondern auch immer wieder angefangen haben? In der Depression meldet sich die Urangst der Sterblichkeit gleichsam wieder und zurück, sie ist, wie insbesondere Bleuler hervorgehoben hat, eine anthropologische Form des Totstellreflexes. Entgegen der manifesten Erfahrung der Kranken haben wir sie also möglicherweise gerade nicht als endgültig anzusehen. Ähnlich wie in den sogenannten Schwarzen Löchern des Weltraums bilden die in ihr zusammengeballten Energien etwas wie eine absolut verdichtete »Masse«, die nichts anderes bezweckt, als den Status einer perfekten Simulation des Todes aufrechtzuerhalten. Und ähnlich wie in diesen »Löchern« könnte sie einmal wieder »explodieren«, in den Raum und in die Zeit ausgreifen und einen neuen geschichtlichen Schub introduzieren. Zu solchen Schüben kommt es natürlich auch mit den – meist periodischen – manischen Entladungen, die aber lediglich die *Umkehrung* des depressiven Immobilismus darstellen und sich daher meist in einer leeren, euphorisch-autistischen Hypermobilität erschöpfen.

Ich habe das Paradigma der endogenen Depression nicht ganz zufällig an den Schluß gestellt. In ihm wird gleichsam *leibhaft,* was wir als psychologisch-psychopathologisch mißzuverstehen pflegen. Mit demselben Recht könnten wir den weiten Umkreis der paranoisch-paranoiden Symptome abschreiten, die sich auf ihre Weise wider die Geschichtszeit immunisieren: Einschluß in Zeitkreise. Von beiden Syndromen gilt natürlich, daß sie unter den sehr viel zivileren Formen unseres Alltags wiederkehren können. Vom virtuellen Geschichtsstillstand, so wie er sich in der westlichen Hemisphäre beobachten läßt, dürfte niemand ganz ausgenommen sein, ja wir könnten ohne gelegentlichen Rückgriff auf eine in die Vergangenheit (Geschichte) entrückte Tradition vermutlich gar nicht leben. Wir hören Mozart, wir hören Telemann, Vivaldi, Bach, Beethoven oder Mahler, wir schlendern durch unsere Museen, die unwiederbringlichen Landschaften durchwandernd, die uns Cézanne, Sisley, Ruisdael hinterlassen haben. Wir lassen das alte schöne bunte Karussell der europäischen und außereuropäischen Vergangenheiten immer wieder kreisen, teils im melancholisch-romantischen Bewußtsein, daß sie unwiderruflich dahin sind, teils in der uneingestandenen Hoffnung, wir möchten eines Tages wieder Anschluß an sie gewinnen in der bestimmten unverwechselbaren Richtung irgendeines neuen geschichtlichen Schubs.

Anmerkungen

1 Nina Winkler-De Lates, *Welt am Draht,* in: Intercity. Das Magazin der Bahn 7/92, S. 44 f.
2 Vgl. *Goethes Werke,* Hamburg 1949-1959 (Hamburger Ausgabe), Bd. 3, S. 444.
3 Goethe, a.a.O., 3, 298.
4 Goethe, ebd.
5 Goethe, a.a.O., 3, 297.
6 Goethe, a.a.O., 3, 299.
7 Goethe, a.a.O., 3, 54.
8 Goethe, ebd.
9 Goethe, ebd.
10 Vgl. Wolfgang Kaempfer, *Das Ich und der Tod in Goethes Werther.* In: Recherches Germaniques, Straßburg 1979, S. 55-79.
11 Vgl. Kaempfer, *Die Zeit und die Uhren*, Frankfurt/Main 1991, S. 128.
12 Vgl. Kaempfer, a.a.O., insbes. S. 131 f.
13 Immanuel Kant, *Kritik der reinen Vernunft,* Erster Teil, in: *Werke,* Darmstadt 1983, 3, 180.
14 Zit. n. Norbert Elias, *Über den Prozeß der Zivilisation,* Erster Band, Frankfurt/Main 1980, S. 117.
15 Michel Tibon-Cornillot, *Die Expansion des Körpers,* Zum Verhältnis von Technik und Sinnlichkeit, in: D. Kamper/Ch. Wulf, *Der andere Körper,* Edition Corpus, Bd. 1, Berlin 1984.
16 Ebd.
17 Ebd.
18 A.a.O., S. 233.
19 Ebd.
20 A.a.O., S. 234.
21 Ebd.
22 A.a.O., S. 232.

Wilfried Seifert

Das Gedächtnis der Gene – Die Gene des Gedächtnisses

Von der Hebb-Synapse zum Glutamat-Rezeptor und zur Gen-Expression. Gedanken zur Neurobiologie des Lernens

Ob der Mensch ein »*Homo Sapiens*« im Sinne der »Weisheit« ist, kann man aus vielen Gründen bezweifeln, aber er ist sicherlich ein »*Homo Informans*«, – ein Lebewesen, das in einzigartiger Weise Informationen sammelt, verarbeitet, speichert und neue Informationen erzeugt. Unsere Kultur ist das Ergebnis und der fortdauernde Prozeß dieser kollektiven und kreativen Informationsspeicherung und Informationserzeugung. Grundlage dafür ist das individuelle Gedächtnis, das im Lernprozeß Erfahrungen als Information speichert. Während das »*genetische Gedächtnis*«, niedergelegt in der DNS als Informationsträger unserer Zellkerne, den Menschen als Species definiert, bestimmt das »*kulturelle Gedächtnis*«, niedergelegt in den Erziehungssystemen, Bibliotheken und anderen Formen tradierter Wissensübertragung von Generation zu Generation, seine kulturelle Identität. Die Einzigartigkeit des Individuums aber wird zusätzlich auch von unserer einzigartigen Biographie und unseren individuellen Erlebnissen bestimmt, die im »*neuronalen Gedächtnis*« unseres Gehirns festgehalten werden. Wie können jene Informationen in diesem wunderbaren Organ unseres Kopfes gespeichert werden – in einem komplexen System von ca. 100 Milliarden vernetzter Nervenzellen? Gibt es einen Zusammenhang zwischen dem Gedächtnis der Gene, also der Informationsspeicherung im genetischen Code der DNS, und dieser erfahrungsabhängigen Speicherung von Informationen beim individuellen Lernprozeß? Wie sieht die »Gedächtnis-Spur« – das sogenannte Engramm unserer Erinnerung –

aus? In welchen Strukturen unseres Gehirns sind diese Engramme gespeichert – lassen sich »Gedächtnis-Spuren« auch auf der Ebene der Nervenzellen (Neuronen) und ihrer Kontakte (Synapsen), ja vielleicht gar auf molekularer Ebene in Veränderungen bestimmter Moleküle finden? Dies sind Fragen, mit denen sich die Neurobiologie des Lernens beschäftigt. In den folgenden Ausführungen wollen wir versuchen, in komprimierter Form die wesentlichen Aussagen dazu entsprechend dem heutigen Wissensstand der Neurowissenschaften kurz darzustellen.

Historischer Rückblick

Im Jahre 1881 veröffentlichte *Theodule Ribot* das Buch *»Les Maladies de la Memoire«*, in dem zum erstenmal die Gedächtnis-Krankheiten beim Menschen (die sogenannten »Amnesien«) systematisch beschrieben wurden und versucht wurde, aus diesen klinischen Fällen allgemeine Prinzipien zur Organisation des Gedächtnisses abzuleiten. Wenig später (1885) publizierte *Hermann Ebbinghaus* sein Werk *»Über das Gedächtnis«*, in dem erstmalig systematische Laborversuche zum Lernen, Erinnern und Vergessen durchgeführt wurden. Diese zwei Werke waren der Beginn der wissenschaftlichen Gedächtnis-Forschung, wie sie auch in dem wichtigen Werk von *William James »Principles of Psychology«* (1890) in erweiterter Form behandelt wurde.

Natürlich haben auch Philosophen und Gelehrte von Aristoteles und Platon bis zu Descartes interessante Ideen zum Phänomen von Lernen und Gedächtnis vorgeschlagen – aber die wissenschaftliche Forschung auf diesem so essentiellen Gebiet menschlicher Existenz begann erst in diesen letzten Jahrzehnten des 19. Jahrhunderts. Es ist vielleicht eine interessante Koinzidenz der Geistesgeschichte, daß in dieser Zeit auch *Sigmund Freud* seine Arbeiten zur Wirksamkeit des

Unbewußten begann, die ja ganz wesentlich auf der Erinnerung an frühkindliche Erlebnisse bzw. der Verdrängung dieser »Gedächtnis-Spur« beruhen.

Noch eine weitere historische Randnotiz verdient Erwähnung: Im Jahre *1893* veröffentlichte ein damals noch wenig bekannter spanischer Histologe und Anatom aus Madrid ein kleines Büchlein mit dem Titel *»Die Struktur des Ammon's Horns«*. Die Abhandlung von *Ramon y Cajal* über diesen Teil des Cortex, der heute besser unter dem Namen *»Hippocampus«* bekannt ist, wurde zum Klassiker der Hippocampus-Anatomie und zählt zu den Meisterleistungen des später weltberühmten Neuroanatomen. Kein Mensch – auch nicht Cajal – konnte damals ahnen, daß es sich hier um eine für das Gedächtnis äußerst wichtige Struktur unseres Gehirns handelte. Auch hier könnte man an eine geistesgeschichtliche Koinzidenz oder Synchronizität im Sinne von Arthur Koestler denken. In den folgenden hundert Jahren neurowissenschaftlicher Forschung ist das Wissen über den Hippocampus enorm gewachsen – im Hinblick auf Anatomie, Physiologie und Funktion, insbes. seitdem *T. Bliss* 1973 das Phänomen der *Langzeitpotentierung* (engl. *Long Term Potentiation, LTP)* im Hippocampus entdeckte. Eine Zusammenfassung des modernen Wissens – insbes. auch im Hinblick auf die synaptische Plastizität und die Beziehungen zu Gedächtnisprozessen bei Tier und Mensch – findet sich in dem *1983* herausgegebenen Buch *»Neurobiology of the Hippocampus«* (W. Seifert [Hg.], Academic Press 1983). Der bekannte Neurophysiologe und Nobelpreisträger John Eccles sagt in seinem Vorwort mit Recht: »It could be maintained that the hippocampal formation is the most intriguing part of the brain ...«.

Ein kurzer historischer Rückblick zur Geschichte der Gedächtnis-Forschung wäre unvollständig ohne ein weiteres Datum: die Publikation des Buches von *D. O. Hebb »The Organization of Behavior«* im Jahre *1949* (New York,

Wiley, 1949). Hier wurde zum erstenmal in klarer Form die *Idee der synaptischen Verstärkung als Grundlage des assoziativen Gedächtnisses* formuliert. Auch das Prinzip der *Synchronizität* ist hier bereits ausgesprochen worden: bei gleichzeitiger Aktivität von zwei miteinander durch eine Synapse verschalteten Neuronen soll diese Synapse so modifiziert werden, daß sie bei späterer Aktivierung leichter reagiert. Das Phänomen der synaptischen Plastizität wurde hier bereits formuliert, auch wenn Hebb damals keinerlei Vorstellung von den zugrunde liegenden molekularen Mechanismen haben konnte. Sein Buch war so einflußreich für die weitere Entwicklung der Neurowissenschaften, daß man auch heute noch vom Konzept der »*Hebb-Synapse*« im eben dargelegten Sinne spricht. Erst *1973* wurde durch die oben erwähnte Arbeit von T. Bliss und die Forschung der folgenden Jahre die Existenz »*synaptischer Plastizität*« an den Synapsen des Hippocampus und später auch des Cortex bewiesen. Die molekulare Neurobiologie der letzten 10 Jahre schließlich brachte den Nachweis, daß die Rezeptoren des Neurotransmitters Glutamat – insbes. der sogenannte NMDA-Rezeptor – am Phänomen der Langzeit-Potenzierung beteiligt sind. In den letzten Jahren wurden auch Hinweise für die Rolle der Gen-Expression bei diesem Phänomen gefunden, so daß eine Brücke von der Gedächtnis-Information zur genetischen Informations-Speicherung geschlagen wurde.

Ein wichtiges Datum war die Publikation einer Arbeit von *Scoville und Milner* im Jahre *1957* (»Loss of recent memory after bilateral hippocampal lesion«, Journal neurol. neurosurg. Psychiatry, 20, 11-21, 1957), die erstmalig nach beinahe 150 Jahren die Brücke schlug zwischen der Hippocampus-Forschung und der menschlichen Amnesie Bd. 20, 1957, S. 11-21; der berühmte Fall des *Patienten H. M.* zeigte, daß ein Verlust der Hippocampus-Struktur in unserem Gehirn zum Verlust der Fähigkeit zur Langzeit-Speicherung im Gedächtnis führt. Ein noch überzeugenderer Fall dieser Art wurde von dem amerikanischen Psychiater *L. Squire* im Jahre *1986* beschrieben (L. Squire »Mechanisms of Memory«, in Science, 27. Juni 1986, Bd. 232, S. 1612-1619). Dieser *Patient R. B.* zeigte in überzeugender Weise die essentielle Bedeutung des Hippocampus für die Informationsspeicherung im Langzeit-Gedächtnis. An dieser Stelle sei darauf hingewiesen, daß der Hippocampus eine Art von Relais-Funktion ausübt: er ist eine Durchgangsstation zum Langzeit-Gedächtnis, aber nicht der Ort dieser Informationsspeicherung, der sicherlich im Cortex (Großhirnrinde) zu suchen ist.

Gedächtnis-Arten und Gedächtnis-Modelle in der Neurobiologie

Wir sprechen üblicherweise von »dem Gedächtnis« und implizieren dabei, daß es nur ein Gedächtnis gibt. Bei näherer Untersuchung zeigte sich aber bald, daß es verschiedene Arten von »Gedächtnis« gibt. Ohne hier näher in die methodischen Details zu gehen, wollen wir nur zwei wichtige Kategorien herausstellen: das *motorische Gedächtnis* und *das kognitive Gedächtnis*. Diese begriffliche Einteilung stammt von *John Eccles* und entspricht ungefähr der in der englischsprachigen Literatur heute ebenfalls geläufigen Einteilung in *»prozedurales Gedächtnis« (procedural memory)* und *»deklaratives Gedächtnis« (declarative memory)*, die auf *Larry Squire* zurückgeht. Wichtig für unsere Diskussion ist die Tatsache, daß diese zwei Gedächtnis-Kategorien offenbar auch verschiedene Hirn-Strukturen betreffen: nur das »kognitive Gedächtnis« involviert den Hippocampus als Durchgangs-Station zum Langzeit-Gedächtnis. Für das »motorische Gedächtnis« ist der Hippocampus irrelevant, dagegen das Cerebellum und sicherlich auch der motorische Cortex wichtig. Der Patient H. M. und der Patient R. B. waren in ihren motorischen Funktionen (z. B. Fahrrad-Fahren, Laufen, Klavierspielen etc.) überhaupt nicht gestört – wohl aber wegen ihrer Hippocampus-Läsion im kognitiven Erinnerungsvermögen, d. h. sie konnten sich nach einiger Zeit nicht mehr an eine kurz vorher ausgeübte motorische oder andere Handlung erinnern.

Wie eingangs im historischen Rückblick erwähnt, begann die neuzeitliche Gedächtnisforschung mit der Untersuchung von *Amnesien (Gedächtnis-Verlust) beim Menschen.* Eine Forschungsrichtung, die auch in der jüngsten Zeit – z. B. durch die oben erwähnten Untersuchungen von L. Squire am Patienten R. B. – nichts an ihrer Aktualität verloren hat. Selbstverständlich hat auch die Psychologie unseres Jahrhunderts einen großen Schatz an Wissen und Erfahrung zum Thema Lernen und Gedächtnis angehäuft, der oft unmittelbar relevant sein könnte für Lernprozesse in unseren Erziehungsinstitutionen, d. h. insbesondere Kindergarten, Schule und Universität. Man darf allerdings vermuten, daß viel von diesem potentiellen Wissen aus der Lernpsychologie noch nicht angewendet wird, da eben diese Erziehungsinstitutionen als Traditionssysteme stark konservativ geprägt sind. Dabei ist wahrscheinlich der Kindergarten experimentierfreudiger als die deutsche Universität. Die didaktischen Leistungen mancher deutscher Professoren würden an vielen amerikanischen Universitäten zur Frühpensionierung führen.

Trotz dieser Ursprünge und Weiterentwicklungen der Psychologie des Gedächtnisses und Lernens hat in unserem Jahrhundert – insbesondere seit den 60er Jahren – die Entwicklung von geeigneten *Tiermodellen* zu einem enormen Erkenntnisgewinn in der Neurobiologie des Gedächtnisses geführt. Ein solches Modell bei den Invertebraten war und ist noch heute die Meeresschnecke *Aplysia* sowie ihr Analogon, die *Hermissenda.* An diesen Tieren wurden zum Beispiel die Mechanismen der Habituierung und klassischen Konditionierung als Prototypen von nicht-assoziativem bzw.

assoziativem Gedächtnis eingehend studiert – insbesondere durch die Labors von *Eric Kandel* und *David Alkon* in den USA. Ein weiteres wichtiges Tiermodell war die bekannte Fruchtfliege *Drosophila,* das klassische Modell der Genetik. Hier hat die Entdeckung der *Lernmutanten* – z. B. der sogenannten »Dunce-Mutante« – entscheidend dazu beigetragen, daß die Bedeutung genetischer Information für den Lernprozeß erkannt wurde. Normale Fliegen lernen die Assoziation zwischen einem bestimmten Geruch oder einer bestimmten Farbe und einem aversiven Reiz sehr gut (klassische Konditionierung), aber die »dumme« Dunce-Mutante ist dazu nicht fähig. Hier wird also ein Lernverhalten, das auf assoziativem Gedächtnis beruht, durch eine genetische Mutation bestimmt. Interessanterweise hat die Analyse der biochemischen Grundlagen dieser und ähnlicher Mutationen bei Drosophila gezeigt, daß der zugrunde liegende molekulare Defekt im Zellstoffwechsel in einem Enzym liegt, das mit dem Abbau von cyclischen AMP zu tun hat und jedem Biochemiker wohl vertraut ist. Dieses Molekül gehört zur großen Klasse der sogen. *»Second Messenger«* – dies sind Moleküle, die als *Botenstoffe* zwischen den Rezeptoren für Hormone und Neurotransmitter auf der Zellmembran und dem Zellstoffwechsel bzw. auch der Aktivierung der Gene im Zellkern dienen. Dies gilt für alle analysierten Lernmutanten – stets sind cAMP-abhängige Enzyme involviert. Diese Forschungsrichtung der *Drosophila-Mutanten* wird insbesondere von den Arbeitsgruppen um *Yadin Dudai* am Weizmann-Institut in Israel und in Deutschland im Labor von *H. Chr. Spatz* (Universität Freiburg) und *Martin Heisenberg* (Universität Würzburg) vertreten. Ein weiteres wichtiges Tiermodell ist die weiße Labor-Ratte, die im Gegensatz zur Fliege über einen wohl ausgebildeten Hippocampus verfügt und zumindest in dieser Hinsicht dem Menschen ähnlicher ist. Sie ist zugleich ein Labortier, dessen Verhalten – auch im Hinblick auf Lernen und Gedächtnis – besonders gut studiert wurde. Insbesondere das *räumliche Gedächtnis* ist bei der *Ratte* extrem gut ausgeprägt und wurde in Labyrinth-Versuchen ausführlich untersucht. Interessanterweise zeigte sich hierbei, daß *Läsionen im Hippocampus* zum Verlust des räumlichen Gedächtnisses (spatial memory) führen. Diese Erkenntnisse, die besonders von den Forschergruppen um *David Olton* in USA und um *John O'Keefe* in England gewonnen wurden, sind auch für die Gedächtnisforschung beim Menschen interessant. Nur ist hier beim *»Homo Sapiens«* an die Stelle des »spatial memory« das *»cognitive memory«* getreten. An die Adresse der Tierschützer sei die Bemerkung gerichtet, daß derartige Untersuchungen letztendlich neben dem reinen Erkenntnisgewinn auch und vor allem das Ziel verfolgen, jenen unglückseligen Menschen zu helfen, die an Gedächtnis-Verlust leiden – ein Phänomen, das uns von alten Menschen und natürlich insbesondere von Alzheimer-Patienten vertraut ist. Am Menschen aber kann man nicht experimentieren, – eine Tatsache, die die extremen Tierschützer gern vergessen oder verdrängen.

Es ist vielleicht nicht überraschend für den Neurobiologen, wohl aber für den gebildeten Laien, daß auch die *Hippocampus-Forschung an der Ratte* ein ähnliches Bild ergab wie die Forschung an den Lernmutanten der Fruchtfliege Drosophila: in beiden Fällen werden zur Informationsspeicherung im Zentralnervensystem biochemische Systeme der Botenstoffe (»Second Messenger«) verwendet. Die Aufgabe für die Nervenzellen ist in jedem Fall ähnlich: eine Erregung der Synapse durch heraneilende Impulse anderer Nervenzellen soll kurzfristig oder langfristig gespeichert werden, so daß die Synapse bei ähnlicher Konstellation an erregenden Impulsen sich später noch »erinnern« kann. Dazu sind diese Botenstoffe nötig, die die Nachricht von den durch Neurotransmitter (wie z. B. Glutamat im Cortex und Hippocampus der Säugetiere) aktivierten Rezeptoren an der synaptischen Membran ins Zellinnere bzw. zum Zellkern bringen.

Biochemisch sind diese Botenstoffe bzw. die durch sie aktivierten Enzyme *Proteinkinasen*, die Eiweißstoffe (Proteine) phosphorylieren können. Die Phosphorylierung kann die Aktivität eines synaptischen Proteins verändern (Kurzzeit-Gedächtnis) oder die gen-abhängige Synthese eines neuen Proteins induzieren (Langzeit-Gedächtnis). Bei der *Langzeit-Potenzierung* von Synapsen im Hippocampus weiß man, daß durch Glutamat ein spezifischer *Glutamat-Rezeptor aktiviert* wird, der sogen. *NMDA-Rezeptor*. Durch diese Aktivierung werden Botenstoffe ausgelöst, die durch eine Aktivierung von *regulatorischen Genen* (den sogenannten *»Immediate Early Genes«*) *im Zellkern* die Expression von bestimmten Genen und damit die Synthese gewisser Proteine auslösen, deren Funktion dann schließlich die Aktivität der Synapse verändert. Obgleich an den Details dieser molekularen Prozesse noch gearbeitet und geforscht wird, kann man sagen, daß die molekulare Neurobiologie der Engramm-Bildung – d. h. die Biochemie der Gedächtnisspuren unter Einbeziehung der Gen-Expression – zumindest in groben Zügen heute verstanden wird.

Allgemeine Prinzipien der Neurobiologie des Gedächtnisses

Was haben wir von der Gedächtnisforschung der letzten 20 Jahre gelernt? Gibt es allgemeine Prinzipien, die der wunderbaren Fähigkeit unseres Zentralnervensystems zugrunde liegen, erfahrungsabhängig Informationen dauerhaft zu speichern?

Zunächst sei noch einmal an die Beziehung zur genetischen Informationsspeicherung erinnert. In den 60er Jahren wurde von einigen Wissenschaftlern die naive Meinung vertreten, daß Gedächtnisinhalte in spezifischen Proteinen codiert werden, die die Nervenzellen unter Anleitung spezifischer Gene synthetisieren. Diese Meinung, die erstaunlicherweise noch in einigen Biologie-Lehrbüchern und als populäre Meinung vertreten wird, ist überholt und falsch. Jedoch ist der Grundgedanke einer Beteiligung genetischer Information an der Gedächtnisspeicherung richtig gewesen. Ein bestimmter Gedächtnis-Inhalt ist nicht in einer einzelnen Synapse und nicht in einem spezifischen Protein gespeichert. Wohl aber sind spezifische Proteine an der Plastizität – d. h. der langfristigen Veränderung vieler tausender Synapsen als Folge eines »Gedächtnisprozesses« – beteiligt. Durch den Nachweis der *Gen-Aktivierung als Folge der Aktivierung von Rezeptoren* für gewisse Neurotransmitter wie Glutamat ist in der Tat eine *Brücke von der Synapse zur Gen-Expression* geschlagen worden. In diesem Sinne kann man von einer *Beteiligung des genetischen Gedächtnisses am neuronalen Gedächtnis der synaptischen Plastizität* sprechen. So gesehen hat die »Engramm-Bildung« beim langfristigen Gedächtnis sehr wohl Analogien mit den permanenten Änderungen der Gen-Expression während der ontogenetischen Entwicklung. In der Tat wurden hier auch Ähnlichkeiten im Hinblick auf die Beteiligung bestimmter Glutamat-Rezeptoren – z. B. durch die Untersuchungen von der Arbeitsgruppe um Wolf Singer am Max-Planck-Institut für Hirnforschung in Frankfurt – entdeckt. Die Erkenntnis, daß es eine *aktivitätsabhängige Gen-Expression in den Neuronen unseres Nervensystems* gibt, ist ein wichtiger konzeptioneller Fortschritt der heutigen Neurowissenschaft. Der Zusammenhang zwischen elektrophysiologischer Aktivität und Glutamat-Rezeptor-Aktivierung an der postsynaptischen Membran einerseits und der Aktivierung regulatorischer Gene im Zellkern (der »Immediate Early Genes«) ist ein aktuelles Forschungsgebiet, das intensiv zur Zeit in vielen Labors weltweit bearbeitet wird. Die Frage, wie diese »frühen Gene« dann ihrerseits »späte Gene« aktivieren und wie deren Gen-Produkte – also Proteine bzw. Enzyme – in permanenter Weise die Reaktionsbereitschaft der Synapse auf spätere Impulse verändern, ist ein interessantes Forschungsgebiet der kommenden Jahre. Wichtig als allgemeines Prinzip ist die Erkenntnis, daß es einen Zusammenhang zwischen der elektrischen Aktivität der Nervenzellen, der dadurch bewirkten Aktivierung von Rezeptoren durch Neurotransmitter wie Glutamat an den Synapsen und der Gen-Expression – also der Aktivierung spezifischer Gene im Zellkern dieser Nervenzellen – gibt. Dies ist der molekulare Mechanismus, der letztendlich dafür sorgt, daß unsere frühkindlichen Erinnerungen stabil ein Leben lang gespeichert werden können. In diesem Sinne ist die genetische Information unserer DNS-Doppelhelix an der Speicherung von Gedächtnis-Inhalten, der Bildung von stabilen »Engrammen«, beteiligt.

An dieser Stelle muß aber auch nochmals auf einen noch immer in populärer Literatur zu findenden Irrtum hingewiesen werden: Es gibt keine spezifischen »Gedächtnis-Gene« bzw. »Gedächtnis-Moleküle« für spezifische Gedächtnis-Inhalte! Ja, es gibt nicht einmal spezifische Nervenzellen für das Gedächtnis im Gehirn. Unter *Gedächtnis* verstehen wir heute die Eigenschaft der *synaptischen Plastizität, also der erfahrungs- bzw. aktivitätsabhängigen langfristigen Veränderung synaptischer Erregbarkeit in komplexen neuronalen Netzwerken unseres Gehirns.* Diese Eigenschaft der Plastizität ist offenbar weit verbreitet in unserem Zentralnervensystem, – es handelt sich um eine charakteristische Fähigkeit von erregenden Synapsen der *Pyramiden-Neuronen,* dem vorherrschenden Zelltyp unseres Cortex und Hippocampus, die mit *Glutamat* als Neurotransmitter arbeiten. In englischer Sprache, dem Esperanto der heutigen Wissenschaften, würde man es so ausdrücken: Synaptic plasticity is an emerging property of distributed neuronal networks with excitatory synapses. Dieses Netzwerk unserer Pyramiden-Neuronen im Cortex ist von unvorstellbarer *Komplexität*: jedes

Neuron ist mit seinen Nachbarn über ca. 10 000 Synapsen verbunden, und es gibt in der Größenordnung ca. 10 Milliarden Pyramiden-Neuronen in unserem Gehirn. Kein uns bekanntes System im Universum besitzt eine derartige Komplexität. Es gibt nicht nur die Unendlichkeit des Makrokosmos und des Mikrokosmos, sondern auch die unfaßbare Komplexität unseres Zentralnervensystems, die erstaunlicherweise im begrenzten Raum unseres Gehirns Platz findet.

Hier noch einige Bemerkungen zur besonderen *Rolle des Hippocampus bei der Speicherung von kognitiven Gedächtnisinhalten in das Langzeit-Gedächtnis*. Wie weiter oben diskutiert, ist diese Funktion des Hippocampus sowohl durch Untersuchungen zur Amnesie klinischer Patienten wie durch Tierversuche sehr gut gesichert. Warum sollte dieser entwicklungsgeschichtlich alte Teil des Cortex eine so bedeutsame Funktion besitzen? Hier kann bereits die Anatomie eine Antwort nahelegen: der Hippocampus ist eine Art Brücke zwischen dem Cortex und dem sogen. limbischen System, dessen Funktionskreise mit Emotionen und Motivationen zusammenhängen. Deshalb liegt die Hypothese nahe, daß hier im Hippocampus die abstrakten Informationen aus dem Cortex mit den limbischen Informationen verbunden werden. Diese »emotionale Färbung« der Informationen entscheidet dann im Schaltkreis des Hippocampus über die eventuelle Rücksendung der Informationen in die Langzeit-Speicherung des Cortex. Dies könnte also der tiefere Sinn dieses »Loops« (Schleifen) vom entorhinalen Cortex zum Hippocampus und wieder zurück zum Cortex sein. *Valentin Braitenberg* hat darauf hingewiesen, daß derartige Loops in den neuronalen Netzwerk-Theorien sehr beliebt sind und als mögliche Substrate für das intermediäre Gedächtnis (intermediate memory) postuliert wurden. Es ist jedenfalls bemerkenswert, daß die synaptische Plastizität des Hippocampus – als Langzeit-Potenzierung (LTP) bekannt – besonders stark ausgeprägt ist. Deshalb wurde sie hier in dieser Struktur auch zuerst entdeckt (Tim Bliss 1973) und in den folgenden Jahren bis heute intensiv im Hinblick auf die zugrunde liegenden molekularen Mechanismen untersucht. Inzwischen wissen wir aber, daß diese Eigenschaft synaptischer Plastizität eben nicht nur auf den Hippocampus beschränkt ist, sondern sich im gesamten Cortex findet. Es ist bemerkenswert, daß sich das *Konzept der »Hebb-Synapse« (D. O. Hebb, 1949)* hier im Hippocampus und im Cortex realisiert findet. Es gibt noch weitere interessante Phänomene im Hippocampus – so z. B. den interessanten Theta-Rhythmus –, die aber hier nicht diskutiert werden können. Interessenten seien auf die Literatur am Ende dieses Artikels verwiesen.

Für die Funktion der *»Hebb-Synapsen«* (das sind Synapsen, die aktivitätsabhängig modifizierbar sind) ist die folgende *Eigenschaft des NMDA-Rezeptors* in der post-synaptischen Membran wichtig: er kann nur aktiviert werden bei gleichzeitiger Erregung des post-synaptischen Neurons (Depolarisation) und des präsynaptischen Neurons (Ausschüttung des Neurotransmitters Glutamat). Dieser spezielle Glutamat-Rezeptor wirkt also wie eine Art von *»Koinzidenz-Schalter«*. Da der Erregungszustand des postsynaptischen Neurons letztendlich von allen synaptischen Eingängen abhängt, die auf diesem Neuron konvergieren, könnte man auch sagen: der NMDA-Rezeptor ist eine *molekulare Antenne* oder ein Sensor für die synchrone Aktivierung der näheren und weiteren »neuronalen Assemblies«, die aus vielen Tausenden von Neuronen bestehen. Dies bedeutet, daß die Aktivität des einzelnen Neurons nicht nur von seinem unmittelbaren Nachbarn bestimmt wird, sondern auch vom weiteren *»Kontext« der neuronalen Netzwerke* unseres Gehirns. Außerdem taucht hier wieder das wichtige Prinzip der *Synchronizität* auf, das auch wahrscheinlich beim Abruf von Gedächtnis-Inhalten (engl. »recall«) sowie bei der Objekt-Erkennung von entscheidender Bedeutung ist.

Ein weiteres allgemeines Prinzip hat sich bei der Gedächtnisforschung gezeigt: es gibt offenbar starke *Parallelen zwischen der ontogenetischen Entwicklung des Nervensystems und der langfristigen Gedächtnis-Speicherung*. Die zugrunde liegenden molekularen Mechanismen scheinen identisch zu sein. Dies gilt zum Beispiel für die Rolle der Glutamat-Rezeptoren, insbes. des NMDA-Rezeptors für Glutamat. Dies gilt auch für die Aktivierung bestimmter Gene, die für die Stabilisierung bzw. langfristige Modifikation von Synapsen verantwortlich sind. Eine weitere Parallele betrifft die *Nervenwachstumsfaktoren,* die auch als *»neurotrophe Faktoren«* bezeichnet werden. Beispiele dafür sind der bekannte *NGF* (Nerve Growth Factor) und der ebenfalls intensiv untersuchte *FGF* (Fibroblast Growth Factor). Wir haben in unserem Labor für den FGF gezeigt, daß dieser humorale Faktor nicht nur für die Entwicklung der Pyramiden-Neuronen wichtig ist, sondern wahrscheinlich auch eine Rolle im adulten Zentralnervensystem bei der Langzeit-Potenzierung spielt (H. Terlau und W. Seifert: »Fibroblast Growth Factor Enhances Long-Term Potentiation in the Hippocampal Slice«, European Journal of Neuroscience, Bd. 232, 1990, S. 1612-1619). Hier zeigt sich vielleicht ein möglicher Zusammenhang zwischen neurotrophen Faktoren und der synaptischen Plastizität in unserem Gehirn.

Epilog

Wir möchten diese kurze Reise durch die Neurobiologie des Gedächtnisses beenden mit einigen allgemeinen Bemerkungen zum *Gegensatz einer ganzheitlichen (holistischen) Betrachtungsweise und dem methodischen Reduktionismus der molekularen Neurobiologie.* Die Suche nach den molekularen Grundlagen der »Gedächtnis-Spuren« hat uns eingangs von menschlichen Amnesien über Tiermodelle der Aplysia, Hermissenda und Drosophila zu den Nervenzellen und den neuronalen Synapsen geführt – und von dort noch tiefer auf die Ebene der Moleküle am Beispiel der Neurotransmitter, der Glutamat-Rezeptoren, der chemischen Botenstoffe und der regulatorischen Gene. All diese Moleküle erzeugen durch ihr komplexes Zusammenspiel das Phänomen der »synaptischen Plastizität« – also der langfristigen Änderung der synaptischen Übertragung, die die Grundlage des Erinnerns bildet.

Dieser Weg vom Organismus zur Ebene der Nervenzellen (Pyramiden-Neuronen) unseres Gehirns und von da zu den subzellulären Kompartimenten (z. B. den Synapsen und den Zellkernen) und schließlich zur Ebene der biochemischen Moleküle (Glutamat-Rezeptoren, Second Messengers, Immediate Early Genes etc.) entspricht dem methodischen Reduktionismus der Neurowissenschaften. Es wäre aber naiv zu behaupten, daß das Gedächtnis in einem bestimmten Molekül – etwa im Glutamat-Rezeptor der Synapsen – sitzt. Wir haben bereits weiter oben darauf hingewiesen, daß das *Gedächtnis eine globale Eigenschaft komplexer neuronaler Netzwerke* ist, die aus vielen Tausenden von Neuronen und Millionen von Synapsen bestehen. Das molekulare Engramm – die Erinnerungsspur eines spezifischen Gedächtnisinhaltes – ist in diesen Netzwerken verteilt. Aber nicht nur die Synapsen der Neuronen bilden solche Netzwerke (neuronal networks, cell assemblies), sondern auch auf der molekularen Ebene finden wir *Netzwerke*: so gibt es zwischen den »Second Messengers« sehr viel »Cross-talk«, d. h. Vernetzung, und selbst auf der Ebene der Gen-Aktivierung finden wir multiple Interaktionen, die wiederum als Netzwerke anzusehen sind.

Dieser *Netzwerk-Gedanke* ist ein grundlegender Aspekt der neuronalen, synaptischen und molekularen Organisation unseres Gehirns! Er zwingt uns geradezu zu einer *ganzheitlichen (holistischen) Betrachtungsweise* des Systems. Diese Ganzheitlichkeit ist nur auf den ersten Blick ein Gegensatz zum oben erwähnten methodischen Reduktionismus der Neurobiologie. Vielmehr dürfte es sich hier um eine *Komplementarität* handeln, – ganz im Sinne der Komplementaritätsidee von N. Bohr, als zwei Aspekte der Wirklichkeit bzw. hier der wissenschaftlichen Betrachtungsweise, die sich nur scheinbar gleichzeitig ausschließen, in Wahrheit aber ergänzen. Geistesgeschichtlich ist es interessant zu sehen, wie die *Idee der Ganzheitlichkeit* in unserer Zeit wieder und mit vollem Recht zu einem wichtigen Paradigma der Betrachtung der Wirklichkeit wird. Dies ist die Abkehr vom mechanistischen Denken – wie es sich in der klassischen Mechanik der Physik des 19. Jhdts. und des Marxismus ebenfalls aus dem 19. Jahrhundert dargestellt hat. Heute erleben wir eine bewußte *Hinwendung zum ganzheitlichen Denken* – im systemorientierten Ansatz vieler Neurowissenschaftler, in der Ökologie, in der ganzheitlichen Medizin und in ganzheitlich orientierter Psychologie und Psychotherapie sowie in ganzheitlichen Ansätzen der Erziehung. Dieser Paradigmenwechsel scheint mir ein wichtiger Aspekt unserer Zeit zu sein.

Eine fundamental wichtige Eigenschaft ganzheitlicher Netzwerke ist ihre *Fähigkeit zur Selbstorganisation.* Sie ist eine inhärente Eigenschaft komplexer nicht-linearer Systeme mit Rückkopplungsprozessen. Derartige nicht-lineare, rückgekoppelte Strukturen sind potentiell »chaotisch«, und die im Verlauf des Prozesses entstehende Globalstruktur wird durch Details der Ausgangssituation in nicht-vorhersehbarer Weise beeinflußt (siehe dazu das Buch von *Friedrich Cramer*: »Chaos und Ordnung. Die komplexe Struktur des Lebendigen«, Stuttgart, 1989). Unser Gehirn ist ein solches nichtlineares komplexes System. Neuronale Netzwerk-Systeme – wie auch komplexe soziale Systeme – liegen auf der Grenzlinie zwischen Chaos und Ordnung. Sie zeigen charakteristischerweise Eigenschaften wie Dynamik, Selbstorganisation, Flexibilität und Kreativität. Das menschliche Gehirn mit seiner wunderbaren Eigenschaft des Erinnerungsvermögens ist die komplexeste Struktur des Universums. Vielleicht zeigt es deshalb in besonderem Maße die *Eigenschaften der Selbstorganisation, der Ganzheitlichkeit und der Kreativität.*

Marcel Proust hat seinen berühmten Romanzyclus »A la recherche du temps perdu« (Auf der Suche nach der verlorenen Zeit) genannt. Das menschliche Gehirn mit seinen Myriaden von Gedächtnis-Spuren ist in jedem Moment unseres bewußten und unbewußten Lebens »à la recherche du temps regagné« – auf der Suche nach der *wiedergewonnenen Zeit* – den molekularen Engrammen unserer glücklichen und weniger glücklichen Erinnerungen.

Bibliographie

1 Ramon y Cajal, *The Structure of Ammon's Horn,* Publisher Charles Thomas, USA, 1893.
2 Donald O. Hebb, *The Organization of Behavior,* New York 1949.
3 Wilfried Seifert, *Neurobiology of the Hippocampus,* London–New York 1983.
4 Larry R. Squire, *Mechanisms of Memory,* in: Science 232, 27. Juni 1986, S. 1612-1619.
5 Yadin Dudai, *The Neurobiology of Memory,* Oxford 1989.
6 Friedrich Cramer, *Chaos und Ordnung. Die komplexe Struktur des Lebendigen,* Stuttgart 1992* (4. Aufl.); erscheint 1993 als insel taschenbuch.
7 H. Terlau und W. Seifert, *Fibroblast Growth Factor Enhances Long-Term Potentiation in the Hippocampal Slice,* in: European Journal of Neuroscience, 232, 1990, S. 1612-1619.

Bernulf Kanitscheider

Vom Anfang und Ende der Zeit

I

Wir wissen nicht, wann der Mensch zum ersten Mal über den Anfang der Welt nachgedacht hat. Wir kennen aber eine Reihe von mythischen Weltentstehungstheorien, wie die babylonische Genesis, das Enuma Elisch, die biblische Schöpfungsgeschichte, aber auch die germanische Edda, in denen berichtet wird, wie vor undenklicher Zeit die Mannigfaltigkeit der Welt aus einem primordialen Urzustand von mächtigen, übernatürlichen Wesen, Demiurgen oder Göttern aufgebaut wurde. Als Ursprung wird meist eine strukturlose Substanz verwendet, die manchmal als Abgrund, als Nacht, als Dunkel oder auch als Chaos beschrieben wird. Allen mythischen Kosmologien ist gemeinsam, daß diese Ursubstanz in einem *ungeordneten* Zustand vorausgesetzt und von den kosmologischen Mächten schrittweise in die heute sichtbaren komplexen Formen unserer Welt überführt wird. So zum Beispiel in dem babylonischen Enuma Elisch, dort entsteht die Ordnung des Universums nach Art eines dramatischen Kampfes, worin sich die Auseinandersetzung zwischen verschiedenen Göttergenerationen spiegelt, die in einem Land im Laufe der Zeiten geherrscht haben.

Allen Schöpfungserzählungen ist gemeinsam, daß die Vielfalt, wie sie uns jetzt erscheint, erklärungsbedürftig ist und in dieser Form jedenfalls nicht schon eine unendlich lange Zeit existiert haben kann. In der endlichen Vergangenheit muß unsere Welt eine Phase der morphogenetischen Umwandlung durchlaufen haben, in welcher sie aus dem homogenen Ausgangszustand in die heute noch vorherrschende heterogene Form überführt wurde. Diese entscheidende Voraussetzung verbindet die mythischen mit den sich danach entwikkelnden metaphysisch-rationalen und den heute vertretenen empirisch prüfbaren Weltentstehungsentwürfen. Die Aussagen über das *Ende der Welt* sind meist unschärfer, aber fast immer wird der eschatologische Zustand mit einem *Zerfall aller Strukturen* verbunden, wobei in manchen zyklischen Kosmologien sich allerdings neue Entstehungsphasen anschließen.

Generell sieht man also, daß es *das mittlere Zeitintervall* der kosmologischen Entwicklung ist, in dem die Komplexität anthropische Ausmaße erreicht.

II

Der Übergang von der Epoche mythischer Kosmogonien zu einer metaphysischen, aber rationalen und naturgesetzlich verstandenen Naturerkenntnis fand in Form der ionischen Naturphilosophie seinen sichtbaren Niederschlag. Entscheidend dabei war die neuartige Auffassung, daß die Natur gesetzesartigen Regularitäten unterworfen ist und nicht nur dem Willen der Götter. Dies bedingt nicht nur eine *Naturalisierung der Welt,* sondern auch eine *Rationalisierung der Erkenntnis* derselben, weil die Gesetze dem Menschen zugänglich und in mathematischer Sprache faßbar sind.

Die Mathematisierung der Erkenntnis bei den Pythagoreern, z. B. bei Philolaos, und dann vor allem bei Aristoteles, äußert sich in der Konstruktion geometrischer Modelle des Kosmos. Damit werden die qualitativen, eher nebulösen Aussagen der mythischen Kosmologie ersetzt durch Modelle mit einer eindeutigen raumzeitlichen Struktur. Das kosmologische Modell der homozentrischen Sphären, von Eudoxos und Kallippos eingeführt, von Aristoteles perfektioniert, läßt bereits eine eindeutige Behauptung zu; die Welt ist räumlich von endlicher Erstreckung, zeitlich aber ohne Anfang und

Ende[1]. Die Offenheit der Zeit war in der griechischen Philosophie gängige Überzeugung, denn auch in der sonst völlig andersartigen atomistischen Weltauffassung des Leukipp, Demokrit und Epikur wird ein Grundsatz vertreten, den man später das *genetische Prinzip* genannt hat. Lukrez hat ihm die Form gegeben: Die Welt muß ewig in beiden Zeitrichtungen existieren, denn kein Ding kann aus dem Nichts entstehen oder ins Nichts vergehen, erst recht nicht das Universum und dies auch nicht mit göttlicher Hilfe. *Nullam rem ex nihilo gigni divinitus umquam*[2]. Lukrez bringt auch einen einleuchtenden Grund für das genetische Prinzip, denn wenn wir auch nur *einmal* zulassen, daß es ursachlose Vorgänge gibt, dann gelangen wir auf eine schiefe Bahn. Eine kausale Erklärung und ein Verständnis solcher spontanen Prozesse wäre grundsätzlich unmöglich. Wenn wir Wissen und rationale Erkenntnis wollen, müssen wir die Ewigkeit der Welt postulieren. Lukrez' Argument hat bis heute nichts von seiner Überzeugungskraft eingebüßt.

III

In der Zeit des christlichen Mittelalters wird das aristotelische Weltmodell im wesentlichen übernommen, jedoch die Zeitstruktur abgeändert. Die räumliche Endlichkeit bleibt bestehen, jedoch wird die Ewigkeit der Welt in Vergangenheit und Zukunft durch die Schöpfung und den jüngsten Tag ersetzt. Thomas von Aquin macht aber bereits deutlich, daß ›creatio‹ mehrere Bedeutungen haben kann. Er trennt die *creatio originans,* die auf einen Anfangspunkt der Welt in der endlichen Vergangenheit hinweist, von der *creatio continuans,* die Gottes permanente Aktivität in der Welt ausdrückt.[3] Selbst wenn das Universum unendlich alt ist, ließe

1 Anmerkungen siehe Seite 136.

sich der Begriff der kontinuierlichen Schöpfung noch anwenden, sie erfüllt dann die Funktion der Stützung der Naturgesetze, sichert somit deren zeitlich unveränderliche Geltung. Die Frage, ob die Welt einer transzendenten Stützung ihrer Gesetzesstruktur bedarf, hat in den jüngsten zeitlosen Modellen der Quantenkosmologie eine Neubelebung erfahren.

Die enormen Umwälzungen in der Renaissancezeit betrafen allesamt die Kinematik der Planetenbewegungen und in weiterer Hinsicht auch die Struktur des Raumes. Das Aufgeben der funktionslos gewordenen kristallinen Fixsternsphäre führte zur Öffnung der endlichen mittelalterlichen Welt in Richtung auf ein unendliches Sternenuniversum ohne Mitte und Rand, aber in zeitlicher Hinsicht wirkte die christliche Tradition noch weiter. Erst langsam begann sich im 18. Jahrhundert die griechische Überzeugung von der Ewigkeit und Unzerstörbarkeit der Welt wieder durchzusetzen, die im Mittelalter nur das Schattendasein einer heidnischen Heterodoxie geführt hatte.

IV

Diese Veränderung in der Zeitauffassung ging schrittweise mit der Naturalisierung des Weltverständnisses vor sich. Isaac Newtons neue Mechanik und Gravitationstheorie liefern von sich aus überhaupt keinen Anhaltspunkt für einen absoluten Nullpunkt der Zeit. Im Gegenteil zeigte es sich später, daß es zum Wesen mechanischer Systeme gehört, daß man sie beliebig auf der Zeitachse in die Zukunft und Vergangenheit verschieben kann, ohne daß sich der Zustand des Systems ändert. Diese *Homogenität der Zeit,* daß es also keine ausgezeichneten Zeitpunkte gibt, liefert die Voraussetzung für den Satz von der Erhaltung der Energie. Newton selber war sich jedoch dieser Konsequenz seiner Mechanik nicht bewußt, er war sogar überzeugt, daß seine Theorie den Hinweis liefert, daß vor endlicher Zeit in der Vergangenheit das Sonnensystem durch einen übernatürlichen Eingriff zustande gekommen sein muß.[4] Das Vorhandensein einer Transversalkomponente in der Bewegung der Planeten um den Zentralstern, die nicht aus der Gravitationstheorie gewonnen werden kann, weist nach Newtons Meinung darauf hin, daß es diesen besonderen Zeitpunkt gegeben haben muß.

Erst Immanuel Kant verfolgt die naturalistische Rekonstruktion des Planetensystems weiter in die Vergangenheit.[5] Der Ursprung der »gesamten Weltverfassung« liegt bei ihm in einem chaotischen Anfangszustand, der direkt an die Schöpfung grenzt und von dem an sich die Entwicklung aller Strukturen gesetzartig vollzieht. Wir haben es hier mit der frühen Form eines Selbstorganisationsmodells zu tun, bei dem attraktive und repulsive Kräfte in einer komplizierten Kooperation die komplexen Gestalten hervorbringen. Kant hat in seinem morphogenetischen Ansatz das Problem des Anfangs der Welt an den äußersten Rand einer damals gerade noch ›sozialverträglichen‹ Metaphysik verlegt. Der Evolutionsgedanke setzt sich im 18. Jahrhundert mit Macht durch. F. W. Herschel äußert die Vermutung, daß die Morphologie der Galaxien etwas mit ihrer Entwicklung zu tun habe. Charles Lyell überträgt den Entwicklungsgedanken auf die Geologie, Jean de Lamarck und Charles Darwin entwerfen das Entwicklungsszenarium für die Biologie mit Einschluß des Menschen. Der Evolutionsgedanke führt jedoch zwingend, wenn er weiter in die Vergangenheit zurückverfolgt wird, zur kosmogonischen Fragestellung und somit zum Problem des Anfangs. Jeder Setzung eines Schnitts zwischen dem naturalistischen und supernaturalistischen Zustand haftet etwas Willkürliches an; er löst automatisch die Frage aus, wann die nächste Verschiebung dieser Trenngrenze stattfindet. Dennoch hielten die meisten Autoren im

19. Jahrhundert die Frage nach dem Ursprung des Universums und damit nach dem Anfang der Zeit für metaphysisch und daher wissenschaftlich unbeantwortbar. So bezeichnet etwa Emil du Bois-Reymond die Frage nach dem Ursprung der Bewegung als absolut unlösbar und spricht darüber sein Verdikt – ignorabimus, wir werden es niemals wissen – aus[6].

Nun fragt es sich, ob nicht eigentlich die klassische Kosmologie – also die Übertragung der Newtonschen Gravitationstheorie auf die Welt im Ganzen – Aufschluß über den Ursprung der Zeit geben könnte. Newton selbst hatte sich bereits zwei Modellvorstellungen überlegt, eine statische Materieverteilung in einem räumlich unendlichen Universum[7] und eine inselartige Anordnung der Materie in einer sonst leeren Welt. Beide Modelle, das Inseluniversum und die homogene Verteilung von Sternen, die bis ins Unendliche reicht, haben mit Stabilitätsproblemen zu kämpfen. Spätere Analysen zeigten, daß beide von Paradoxa bedrängt sind, d. h. letztlich inkohärente Modelle darstellen. Ende des 19. Jahrhunderts zweifelten die meisten Physiker, daß man aus der klassischen Physik überhaupt Aufschluß über das Verhältnis von Raum, Zeit und Materie im großen gewinnen könne. Erst die *allgemeine Relativitätstheorie* lieferte spezielle Lösungen, die als konsistente Weltmodelle gedeutet werden konnten. Jetzt erst ließ sich auch das Zeitproblem in Angriff nehmen. Die erste kosmologische Lösung seiner Gravitationstheorie fand Einstein selbst. In diesem sogenannten *Zylinderuniversum* finden wir eine überraschende Wiederauferstehung der aristotelischen Zeitstruktur.

In der Zylinderwelt ist der Raum geschlossen, er besteht aus einer Dreierkugel und hat somit weder Rand noch Mitte. Die Zeit jedoch, getrennt vom Raum, läuft von der unendlichen Vergangenheit in die offene Zukunft. Das Universum existiert also von Ewigkeit zu Ewigkeit, zeigt keine kosmische Entwicklung und ist daher global gesehen zu jedem Moment der kosmischen Zeit gleich beschaffen. Einsteins statische Zylinderwelt konnte sich als ernsthafte Beschreibung der kosmischen Realität nicht lange halten. Ab 1914 mehrten sich die astrophysikalischen Befunde einer kosmischen Dynamik. Das Licht von fernen Galaxien zeigte sich auf der Erde als zum roten Ende des Spektrums hin verschoben, was auf eine Fluchtbewegung dieser Körper wies. Dies war der erste Hinweis auf eine *Expansion des Raumes,* in dem sich diese Galaxien befinden. Auf der theoretischen Seite fand 1922 der Mathematiker Alexander Friedmann aus St. Petersburg, daß Einsteins Feldgleichungen der Gravitation auch nichtstatische Lösungen zulassen, die also eine kosmische Entwicklung beschreiben. Diese von Friedmann entdeckten Differential-Gleichungen erlauben nun, aus dem heutigen Zustand des Universums die gesamte Zukunft und Vergangenheit der Welt zu erschließen. Weil es deterministische Gleichungen sind, gestatten sie im Prinzip, wenn man die Gegenwart genau genug kennt, den vollen zeitlichen Ablauf des Kosmos begrifflich zu erfassen. In den drei Lösungen dieser Friedmann-Gleichungen taucht nun eine überraschende *Zeitasymmetrie* auf. In bezug auf die Zukunft hängt das Schicksal des Universums von der Dichte der kosmischen Materie ab. Ein dichtes Universum besitzt eine endliche Laufdauer, ist räumlich geschlossen und die Expansionsbewegung kehrt sich nach einer maximalen Ausdehnung der Welt um, bis ein dem Anfang analoger Kollaps eintritt. Wenn die Dichte einem kritischen Grenzwert gleichkommt, nimmt die Expansion zwar stetig ab, wird aber erst in der unendlichen Zukunft exakt zu Null. Ein materiearmes Universum hingegen dehnt sich ewig weiter aus, der unendlich offene Raum verliert seine Expansionsbewegung auch in der unendlich offenen Zukunft nie. Allen drei theoretischen Möglichkeiten der Klasse der Friedmann-Modelle ist, so verschieden ihre Zukunft sein mag, etwas gemeinsam, nämlich ein *absoluter Anfang in der endlichen Vergangenheit der kosmischen Zeit.* Das dichte, räumlich geschlossene Modell besitzt darüber hinaus noch ein *absolutes Ende der Zeit.* Alle heute als physikalisch realistisch angesehenen Weltmodelle besitzen somit einen *absoluten Nullpunkt der Zeit.* Man war sich lange Zeit unschlüssig, ob dieser ausgezeichnete Punkt der Raumzeit, den man auch als *Anfangssingularität* bezeichnet und in dem sämtliche physikalischen Zustandsgrößen wie Druck, Dichte, Temperatur, Gravitationsgezeitenkräfte gegen unendlich gehen, als physikalisch sinnvoll zu betrachten ist. Immer wieder hat man versucht, mathematische Methoden zu finden, um einen Weg durch die Anfangssingularität hindurch in die unbegrenzte Vergangenheit zu finden, in Erinnerung des genetischen Prinzips von Lukrez, daß absolute Entstehungs- und Vernichtungsvorgänge Erklärungsgrenzen der Natur darstellen würden, die unüberschreitbar wären. Mathematische Theoreme, die Roger Penrose und Stephen Hawking zwischen 1965 und 1970 bewiesen haben, zeigten jedoch, daß auch bei sehr plausiblen Annahmen über Materiebeschaffenheit und Kausalstruktur dieser eigenartige absolute Nullpunkt der Zeit nicht verschwindet. Wie soll man diesen ausgezeichneten, oft sehr irreführend als ›Urknall‹ bezeichneten Punkt der Vergangenheit verstehen? Am besten stellt man sich die Anfangssingularität als einen *Rand* der Raumzeit vor, der aber selber nicht mehr zu dieser Raumzeit gehört. Die Singularität ist jedoch keinesfalls, wie dies so suggestiv aus der Urknall-Metapher hervorgeht, als das *erste Ereignis des Universums* zu deuten. Dies ist wichtig zu betonen, weil einige Autoren in der Existenz der Anfangssingularität im Standardmodell der relativistischen Kosmologie eine Bestätigung theologischer, kreationistischer Ideen gesehen haben. Dies ist jedoch, wie genaue Analysen gezeigt haben, von der Begrifflichkeit der Theorie her unmöglich.[8] Die *Singularität läßt keine kausale Deutung* zu derart, daß das Universum auf natürliche oder übernatürliche Weise aus einem früheren Zustand entstanden ist. Die Singularität läßt sich somit nicht als Schöpfungsereignis deuten, und zwar deshalb, weil sie *gar kein Ereignis* darstellt, sondern einen Rand für alle vergangenen Ereignisketten des Universums.

Wenn eine kausale Deutung der Anfangssingularität versperrt ist, so bleibt anscheinend nichts anderes übrig als den Beginn der Welt als *spontanen akausalen Entstehungsvorgang* ohne zeitlichen Vorgänger anzusehen, was zwar dem genetischen Prinzip widerspricht, aber vom rein logischen Standpunkt nicht grundsätzlich ausgeschlossen werden kann. Das Prinzip von Lukrez ist nur methodologisch begründet, es beinhaltet den Vorschlag, solange wie es geht, mit der Annahme zu arbeiten, die Welt sei kausalgesetzlich bestimmt und besitze keine absoluten zeitlichen Ränder. Doch schon Bertrand Russell hat darauf hingewiesen, daß im Prinzip beide Fälle vorliegen können: »Es gibt weder einen Grund dafür, warum die Welt nicht auch ohne Ursache begonnen haben könnte, noch warum sie nicht schon immer existiert haben sollte.«[9] Einige wissenschaftstheoretische Autoren haben deshalb vorgeschlagen, die Anfangssingularität im Sinne eines *unverursachten Beginns* des Universums ernstzunehmen.[10]

Natürlich wäre es den Wissenschaftlern und auch den Philosophen lieber, es ließe sich Russells zweite Möglichkeit doch noch realisieren und das Universum hätte in Wahrheit keinen zeitlichen Anfang. Versuche in dieser Hinsicht sind unterwegs[11]; sie müssen jedoch den Rahmen der Relativitätstheorie überschreiten und die Quantenmechanik zu Hilfe nehmen. In solchen Modellen, in denen die Materie exotische Eigenschaften wie negative Dichte und negativen Druck besitzt, kann die Anfangssingularität vermieden werden, und das Universum erfährt nur eine Phase enorm hoher Zusammenballung. Ein Abstoßungsvorgang, verursacht durch diese Quantenzustände der Materie, sorgt dafür, daß das Universum kausal bis in die unendliche Vergangenheit zurückverfolgt werden kann.

Den radikalsten Vorschlag, mit dem Problem des Anfangs der Zeit fertig zu werden, haben Stephen Hawking und Jim Hartle 1982 vorgelegt.[12] Die beiden Autoren verwenden jene Methode, die wir schon von Einsteins Zylinder-Modell von 1917 kennen. Dieser hatte damals dem Raum die Zusammenhangsform einer Dreierkugel gegeben, um die Frage zu umgehen, wie die Materie sich im räumlich Unendlichen verhält. Hat das Universum die Topologie einer Dreierkugel, gibt es das räumlich Unendliche eben nicht, und es gibt auch nichts darüber auszusagen. Diesen Schritt Einsteins von 1917 übertrugen Hartle und Hawking auf die Raumzeit, allerdings müssen sie dafür eine ungewöhnliche mathematische Annahme machen, nämlich die Zeit als imaginär zu betrachten. Die Raumzeit wird dadurch zu einer *Viererkugel,* womit Raum und Zeit sich nicht mehr unterscheiden. In diesem Modell gibt es keine Singularitäten mehr oder andere Ränder der Raumzeit, damit werden aber auch die Fragen nach dem Anfang der Zeit und dem Ursprung des Universums unstellbar, sie sind gar nicht definiert. *Das Universum hat keinen Anfang und kein Ende, es existiert nur.*

Am quantenkosmologischen Modell Hawkings haben sich heftige metaphysische und theologische Diskussionen entzündet,[13] vor allem in bezug auf die Frage, ob im Falle seiner Bestätigung der Begriff Schöpfung des Universums unanwendbar wird. Von der Theologie her wird zumeist akzeptiert, daß Schöpfung im Sinne von creatio originans in einem völlig unzeitlichen parmenideischen Modell der Quantenkosmologie seinen Sinn verliert.[14] Auf der anderen Seite wird aber verteidigt, daß eine creatio continuans, also die permanente Stützung der Gesetzesstruktur, nach wie vor sinnvoll bleibt und auch ihre Funktion besitzt. Eingehende begriffliche Analysen haben die Notwendigkeit einer stützenden Ursache für die Permanenz der Gesetzesstruktur jedoch nicht bestätigt.[15] Der Grund ist kurz gesagt folgender: Die Welt ist untrennbar mit ihren Gesetzen verbunden, es ergibt keinen Sinn, sich vorzustellen, daß ein metaphysisches Wesen die Gesetze aus der Natur herausziehen kann, wie man die Gräten aus einem Fisch entfernt.

V

Die Aufmerksamkeit der Kosmologen hat sich bis vor kurzem fast ausschließlich auf die Rekonstruktion der Geschichte des Universums konzentriert. Aber letztlich ist es von gleichem Interesse zu erfahren, wie das zeitliche Ende des Universums aussieht. Dazu hat sich seit 1969 eine Disziplin entwickelt, die sich nach theologischem Vorbild *physikalische Eschatologie* nennt und die Entwicklung der Welt zu sehr späten Zeiten verfolgt. Bereits früher, um die Mitte des 19. Jahrhunderts, hatte Rudolf Clausius auf der Basis thermodynamischer Überlegungen, nämlich des Entropiesatzes, den Wärmetod prognostiziert. Je mehr sich das Universum der Grenze maximaler Entropie nähert, um so weniger Prozesse können auftreten. Zu späten Zeiten, wenn sich das Universum im thermodynamischen Gleichgewicht befindet, enden alle Strukturbildungsvorgänge, vor allem jene, die an Bedingungen fern von Gleichgewicht gebunden sind, und es tritt der globale Verfall aller komplexen Systeme auf. Die relativistische Thermodynamik und auch die Quantenmechanik haben Clausius' Szenarium zwar qualitativ, aber nicht grundsätzlich verändert. Was könnte ein hypothetischer Beobachter in der fernen Zukunft[16] so alles sehen?[17] Das erste markante Ereignis wird die Entwicklung der Sonne sein, die in 5×10^9 Jahren ihren Platz auf der Hauptreihe verläßt und in das Rote-Riesen-Stadium eintritt. Dabei dehnt sie sich weit ins Sonnensystem hinein aus, was die Erdbewohner zwingen wird, ihren Heimatplaneten zu verlassen. Als nächstes, in etwa 10^{12} Jahren, wird es sich bemerkbar machen, daß die Sternbildung nachläßt, die massiven Sterne haben sich dann bereits in Neutronensterne oder schwarze Löcher verwandelt. In 10^{14} Jahren haben auch die langlebigen Sterne ihren Brennstoff verbraucht und sich in weiße Zwerge verwandelt. In 10^{15} Jahren werden die dann toten Planeten von ihrem ebenso abgestorbenen Stern durch stellare Zusammenstöße getrennt. Als nächstes wird in 10^{19} Jahren der Beobachter feststellen, daß Galaxien und Sternsysteme gravitativ stärker gebunden werden, weil die Bindungsenergie der Komponenten in Form von Gravitationswellen abgestrahlt wird. Dies hat zur Folge, daß die toten Sterne z. T. aus den Galaxien verdampfen, z. T. in die galaktischen Zentren spiralen. In 10^{20} Jahren zerlegen sich auch die Umlaufbahnen der Planeten über den Gravitationswellenzerfall. Der Strahlungszerfall gravitativ gebundener Systeme wird außerdem durch Entweicheffekte wie Ausschleuderung einzelner Galaxien aus der Gruppe und auch durch den Verlust von Sternen aus Galaxien beschleunigt.

Nach 10^{27} Jahren zeigt das Bild des Universums galaktische und supergalaktische schwarze Löcher, die von der Expansion des Raumes voneinander fortgetragen werden, während verstreute schwarze Zwerge, Neutronensterne und isolierte schwarze Löcher, die aufgrund des Verdampfungsprozesses ihre Eltern-Galaxien verlassen haben, in den wachsenden Räumen umherirren.

Die Evolution läuft noch weiter, wenn man einige quantenmechanische Prozesse heranzieht, denn diese reduzieren noch einmal die Zahl der Ruhezustände für materiale Systeme. Klassisch gesehen ist tote Materie stabil, aber quantenmechanisch zerfallen auch die Protonen mit einer vermutlichen Halbwertszeit von 10^{32} Jahren, was dazu führt, daß nach 10^{34} Jahren alles auf Kohlenstoff aufgebaute Leben ausstirbt. Wartet man noch länger, machen sich weitere Prozesse bemerkbar, die in einem kurzlebigen Universum gar nicht zum Tragen kommen. In 10^{65} Jahren wird gewöhnliche

Materie zu einer Art Flüssigkeit, weil Tunnelvorgänge neue Zustandsänderungen ermöglichen.

In 10^{66} Jahren greift die Quantenmechanik auch die schwarzen Löcher an. Sie zerfallen über Teilchenstrahlung, die in den Außenraum entweicht. Für galaktische schwarze Löcher dauert der Strahlungszerfall länger, nämlich 10^{99} Jahre, und Supercluster brauchen sogar 10^{117} Jahre für diesen Vorgang. Sollte von der gewöhnlichen Materie trotz Protonenzerfalls noch etwas übrig sein, oder dieser experimentell noch nicht nachgewiesene Vorgang gar nicht stattfinden, bewirkt eine durch Nullpunktsschwankungen hervorgerufene Radioaktivität, daß in 10^{1500} Jahren Materieklumpen in Eisenobjekte verwandelt werden. Aber auch diese Eisenkugeln müssen in 10^{27} Jahren den Weg zum Schwarz-Loch-Stadium antreten, das dann seinerseits über den Hawking-Prozeß in Strahlung übergeht.

Das äußerste durch die Eschatologie noch erfaßbare Bild des Universums ist also ein immer langsamer expandierender und sich ausdünnender See der übriggebliebenen stabilen Teilchen.

So sieht also das *Ende aller Dinge* in einem langlebigen Universum aus. Die menschliche Existenz hat zusammen mit allen höheren Gestalten der Komplexität den Charakter einer einmaligen Übergangsform in der mittleren kosmischen Epoche. Zwischen Anfang und Ende der Zeit entwickelt sich die Vielfalt der Dinge, sie kommt nie wieder.

Anmerkungen

1 Aristoteles, *De caelo* 279b, 4; 283b, 26; 296a, 33.
2 Titus Lucretius Carus, *De Rerum Natura* I, 150.
3 Thomas von Aquin, *Summa Theologiae I*, Quaestio XLVI, 1-2.
4 I. Cohen (Hg.), *Isaac Newton's Papers and Letters on Natural Philosophy*, Cambridge (MA): Harvard UP, 1978, S. 310.

5 I. Kant, *Allgemeine Naturgeschichte und Theorie des Himmels,* Gesammelte Werke, hg. v. der Preußischen Akademie der Wissenschaften I, Berlin 1910, S. 215-368.
6 E. du Bois-Reymond, *Über die Grenzen des Naturerkennens,* Leipzig 1903 (9. Aufl.).
7 P. Kerszberg, *The Cosmological Question in Newton's Science,* in: Osiris 1986/2, S. 61-106.
8 A. Grünbaum, *The Pseudoproblem of Creation in Physical Cosmology,* in: Philosophy of Science 56 (1989), S. 373-394.
9 B. Russell, *Warum ich kein Christ bin,* Reinbek: Rowohlt 1957, S. 20.
10 Qu. Smith, *The Uncaused Beginning of the Universe,* in: Philosophy of Science 55 (1988), S. 39-57.
11 H. J. Blome/W. Priester, *Big Bounce in the Very Early Universe,* in: Astronomy and Astrophysics 250 (1991), S. 43-49.
12 J. Hartle/S. W. Hawking, *The Wave Function of the Universe,* in: Physical Review D 28 (1983), S. 2906.
13 Vgl. dazu B. Kanitscheider, *Kosmologie,* Stuttgart 1991 (2. Aufl.) S. 457.
14 W. L. Craig, *What Place then for a Creator? Hawking on God and Creation,* in: British Journal for the Philosophy of Science 41 (1990) S. 473-491.
15 A. Flew: *God. A Critical Enquiry,* La Salle (Ill.) 1984.
16 Wir beschränken uns hier auf eine Skizze der Entwicklung von offenen, flachen und sehr großen geschlossenen Universen, in denen ausreichend Zeit zur Verfügung steht, so daß die individuellen Zeitskalen der Teilsysteme nicht von der kosmischen Dynamik überfahren und gestört werden.
17 J. D. Barrow/F. Tipler, *The Anthropic Cosmological Principle,* Oxford: 1986 (Kap. 10).

Helmut Tributsch

Wenn den Werkzeugen des Menschen Arme und Beine wachsen

Am Rande einer staubig-grünen, von den Anden mit spärlichem Wasser versorgten Fluß-Oase im Moche Tal in der nordperuanischen Wüste erinnern bis fünfzig Meter hohe, verwitterte, aus Lehmziegeln verfertigte Pyramiden an eine längst verflossene Zivilisation. Emsige Grabräuber und gelegentliche wissenschaftliche Expeditionen haben hier einen Reichtum an Kunstschätzen geborgen, der die hier untergegangene Kultur zu einer der hervorstechendsten vor-inkaischen Kulturen gemacht hat. Man hat ihr den Namen »Moche« gegeben und ihre Blüte in die Zeitspanne zwischen 300 und 700 nach Christi datiert. Es muß eine aktive, kriegerische Kultur gewesen sein, denn viele ihrer Skulpturen und Malereien zeigen brutale Kampfszenen, die Bestrafung und Tötung gefangener Krieger sowie despotisch herrschende Priester-Könige. Warum ein ursprünglich bescheidenes, kleines Bauernvolk, das mit emsig gepflegten Wasserkanälen und systematisch abgebautem Guanodünger seine Felder kultivierte, eine aggressive, das Umland heimsuchende Nation wurde, die mit Fronarbeit gigantische Baudenkmäler schuf, fand eine wissenschaftliche Erklärung: Es war der Druck einer rasch wachsenden Bevölkerung, deren Ernährung zunächst durch immer weiter verbesserte landwirtschaftliche Technik gesichert wurde. Dann aber begann der Kampf um Wasser, Land und Rohstoffquellen, förderte die Entwicklung einer Kriegerkaste, einer hart durchgreifenden Herrscherkaste und einer hochspezialisierten Gesellschaft mit ausgeprägter Arbeitsteilung.

Der Staub der Wüste hat diese Kultur wieder zur Ruhe gebettet. Heute erzählen nur mehr die bemalten Tonkrüge in den aufgebrochenen Gräbern, der Gold- und Edelsteinschmuck um die morschen Knochen der damals Mächtigen und die verfallenden Fresken in unförmigen, Bergen ähnlichen Lehmpyramiden von dieser Zivilisation.

In einer dieser Lehmpyramiden, dem sogenannten Mondtempel, fand sich eine Wandmalerei, die mehr als andere Einblick in die Ängste und Befürchtungen dieser sonst so kraftstrotzenden Gesellschaft vermittelte. Das als »Rebellion der Artefakte« beschriebene Fresko zeigt, wie Schildern, Speeren, Mörsern und anderen von Menschen hergestellten Gegenständen Arme und Beine wachsen, die sonst leblosen Formen mit Leben erfüllt werden und sich mit brutaler Gewalt auf die Menschen stürzen, um diese zu vernichten. Es war nicht schwer, diese Szene als Rebellion der Artefakte gegen die Menschheit zu deuten, da schon im 16. Jahrhundert ein spanischer Historiker von dieser rätselhaften mythologischen Vision der indianischen Eingeborenen berichtete, daß Mörser, Mahlsteine und andere von Menschen geschaffene Gegenstände sich selbständig machen könnten, um ihre Schöpfer zu verfolgen und schließlich zu vernichten.

Das Trauma des Eingriffs in die natürliche Ordnung

Wie keine Zivilisation zuvor können wir heute begreifen, wie vom Menschen hergestellte Werkzeuge zu Angriffsspitzen gegen die natürliche Ordnung und schließlich gegen den Menschen selbst werden können. In früheren Zeiten hat die technische Kreativität und Emsigkeit des Menschen gelegentlich zur Abholzung und zur Versteppung von Landschaften geführt, zu Überschwemmungen wegen versagender Dämme, zum Einsturz schlecht konstruierter Bauten. Gelegentlich waren seine Pfeile und Speere dafür verantwortlich, daß ganze Tierarten ausgerottet wurden und deswegen Hunger das Land heimsuchte. Heute bescheren uns die heilenden Waffen der Medizin die Übervölkerung der Welt, verändern die Abgase unserer Maschinen das Klima, bedrohen Düngemittel und Insektizide das Trinkwasser, oder unsere Kühlschrank-Gase begünstigen das Ozonloch. Ferne, versagende Nuklearanlagen könnten jederzeit unsere unmittelbare Umgebung mitverseuchen. Tag für Tag können wir erleben, wie wissenschaftliches Denken und technischer Fortschritt zur Zerstörung einer Natur beitragen, die unsere Instinkte und Gefühle erhalten wissen möchten. Wir ahnen, daß der Fortschritt uns mit Riesenschritten von der natürlichen Welt unserer menschlichen und tierischen Ahnen wegführt und erkennen einen Weg vor uns, wie wir ihn eigentlich nicht wollen, und doch begreifen wir nur unklar, was in unserer technologieorientierten Zivilisation falsch läuft.

Die logischen Methoden der Naturwissenschaft, mit ihren eindeutigen, experimentell abgesicherten Erfahrungen, die den ganzen wissenschaftlich technischen Fortschritt möglich machten, versprachen dem Menschen die Herrschaft über die Natur. Überzeugende Erfolge an vielen Fronten des Wissens und der Technik haben dieser Illusion reichlich Nahrung gegeben. Denken wir nur an den Siegeszug der Atomphysik, den die Gralsritter dieser Wissenschaft uns in diesem Jahrhundert beschert haben. Auf vielen Gebieten der Wissenschaft explodiert unser Wissen geradezu. Mehr Wissenschaftler forschen heute als zu allen Zeiten vorher zusammengenommen. Trotzdem und trotz eines unglaublichen Fortschritts der Technologie scheinen die Probleme, mit denen der Mensch konfrontiert wird, größer und schwerwiegender zu werden. Die Zunahme der Bevölkerung ist nicht der einzige Grund dafür. Ein Beispiel sind die Folgen der Kernenergienutzung. Wir sind jetzt konfrontiert mit einem internationalen Arsenal von Atomwaffen, einer wirtschaftlich angeschlagenen Kernenergie-Industrie, mit gewaltigen Mengen an radioaktivem Müll und großen, radioaktiv verseuchten Gebieten. Außerdem muß mit vielen Millionen von Krebsfällen gerechnet werden, Menschen, die – statistisch – wegen Kernwaffenexperimenten und Nuklearunfällen sterben werden. Ist es wirklich wert gewesen, diese Technologie mit soviel Aufwand für die Menschheit zu entwickeln? Sicherlich, Fortschritt kommt weniger aus der Logik, als vielmehr aus den Bemühungen nach Verbesserungen, durch Neugierde, Ehrgeiz und Gewinnsucht zustande. Vielfach haben wir uns zum Fortschritt vorangeirrt, kaum vorangeplant. Fortschritt bei der Forschung baut auf Fehler und Irrtümer auf. Aber können wir uns überhaupt noch auf Gebieten wie der Atomenergie viele Fehler erlauben? Ist im Gegensatz dazu nicht die lebende Natur durchzogen von Strukturen, welche fehlerfreundlich sind und mit sich experimentieren lassen? Sind im Gegensatz dazu manche unserer gefährlichen Technologien nicht Sackgassen der Evolution, weil sie uns den Spielraum nehmen, uns weiterzuentwickeln?

An sich sollte man erwarten, daß der technische Fortschritt für die Menschheit eine Fortführung der natürlichen Evolution darstellt. Ähnlich wie vorher die Natur gewürfelt hat, begann der Mensch mit seinen wissenschaftlichen und technischen Experimenten weiterzuwürfeln. Ebenso wie die Evolution eines Termitenstaates vorstellbar ist, könnte man sich auch die Entwicklung einer menschlichen Stadtkultur vorstellen. Aber wer die Entwicklung unserer Städte verfolgt hat, ahnt, daß der menschliche Intellekt irgendwie anders seine Fortschritte erzielt als die natürliche Evolution. Wir erkennen dies zum Beispiel am Müll, der sich immer mehr zu Bergen türmt, an den Automassen, welche die Straßen verstopfen, und an der Luft, die immer schwerer zu atmen ist. Wir ahnen, daß unser technischer Fortschritt irgendwie im Gegensatz zur natürlichen Ordnung steht. Aber warum?

Der Fluch der Spezialisierung und die Einheit des Ganzen

Um dem Grund auf die Spur zu kommen, der für die Kluft verantwortlich ist zwischen der modernen technischen Zivilisation und einer harmonischeren Welt, wie wir sie in der Natur ahnen, hilft ein kleiner Vergleich. Denken wir an eine moderne Stadt wie Los Angeles mit ihren wuchernden Bezirken, die von unzähligen Autobahnen zerfurcht werden, auf denen die Ströme der Fahrzeuge unermüdlich fließen. Allen erdenklichen Gebäudekonstruktionen begegnet man hier. Wenige sind energiebewußt gebaut, denn die billige Energie für die Klimaanlage ist über die Steckdose jederzeit verfügbar. Beachten wir die dichten Ströme von Fahrzeugen, die mit dem schwarzen Gold aus fernen Ländern ständig in Bewegung gehalten werden, denken wir an die Flugzeuge, die aus aller Welt hier ankommen, und an die Fülle der Waren in den Geschäften, welche aus aller Herren Länder eintreffen. Auch was hier produziert wird, geht in alle Welt. Alles, was man sich vorstellen kann an Spezialisierung, an Lebensgewohnheiten, an Solidarität und Egoismus, findet man hier irgendwo – in den Häuserzeilen dieser riesigen Stadt, die die Landschaft, in die sie gebettet war, verschlungen hat.

Betrachten wir andererseits eine ältere, traditionelle iranische Stadt, zum Beispiel Kashan. Sie ist so integriert in die Landschaft, als ob sie ein Teil von ihr wäre. Die Lehmbauten scharen sich eng zusammen, nur Kuppeln und Windtürme strecken sich dem Himmel entgegen, von wo Sonne und Wind für Wärme und Lüftung sorgen. Enge Gassen und tiefe Keller spenden Kühle und helfen den Häusern, nur mit Energie aus der Umgebung wohnlich zu bleiben, bei großer Hitze und auch in der Kälte. Die Stadt zeigt keinerlei Hektik. Warum auch? Fast alles, was hier gebraucht wird, entsteht in ihren kleinen Handwerksbetrieben. Die Felder davor liefern fast alles an Nahrung. Was übrigbleibt, fressen die Ziegen.

Wenig Energie und wenige Rohstoffe zirkulierten durch eine solche traditionelle Stadt, und dennoch wurden Kultur, Kunst und Wissenschaft nicht vernachlässigt. Lokale Effizienz war das, was zählte. Worauf es ankam, das war die Funktion des Ganzen. Eine solche Siedlung hätte immer fortbestehen können. Ähnliche traditionelle Städte gab es übrigens in vielen Kulturen.

Eine moderne Metropole, beschrieben am Beispiel von Los Angeles, ist dazu ein Gegenpol. Die Gesetzmäßigkeiten der Marktwirtschaft fördern die Spezialisierung. Immer mehr Verkaufsprodukte werden produziert, die immer weiter transportiert werden. Um den Gewinn zu erhöhen, wird immer mehr Energie und immer mehr Material gebraucht. Auch werden Straßen und Transportfahrzeuge zum Motor aller möglichen Aktivitäten, mit Begleiterscheinungen wie Umweltverschmutzung und Verkehrsstauungen. Nicht das Ganze, eine ausgewogene Stadt, ist der Angelpunkt der Entwicklung, sondern es sind spezialisierte Erfindungen, die die Entwicklung kontrollieren. Ein Beispiel ist das Auto. Es kamen zunächst autogerechte Straßen, dann autogerechte Städte und schließlich autogerechte Lebensabläufe. Wieviel nützliche Einrichtungen dabei verlorengingen, spielte keine Rolle, weil das Auto ein wirtschaftlicher Machtfaktor wurde. Die sozialen Kosten der Energie werden dabei vergessen, und ihre Last wird anderen Menschen und zukünftigen Generationen aufgebürdet.

Oft haben Techniker in der Erfindung des Rades die Überlegenheit des menschlichen Geistes über die Natur bestätigt gesehen. Abgesehen davon, daß dies nicht stimmt, weil sowohl die Antriebs-Geiseln der Bakterien, die Magen-Mörser von Meeresschnecken und die Rollbewegungen von Mistkäfern, Spinnen und anderen Tieren Beispiele von Anwendungen rotierender Systeme darstellen, muß man sich folgende Frage stellen: Welchen Wert haben Räder ohne Straßen und ohne Instandhaltungsdienst. Wir Menschen messen den

Wert der Räder, indem wir die Straßen als selbstverständlich voraussetzen. Die Natur hätte, wenn sie vor diese Entwicklungsentscheidung gestellt worden wäre, den Aufwand, den ein Verkehrsnetz erfordert, eingerechnet.

Ähnlich wie das bequeme Auto haben viele andere spezialisierte technische Erfindungen die menschliche Gesellschaft in gewisse Richtungen weit vorangebracht, aber alles zusammen ist nicht mehr ausgewogen, und die Folgeerscheinungen holen uns immer mehr ein. Zum Beispiel sind wir stolz auf die Produktivität unserer hochtechnisierten Landwirtschaft, vergessen dabei aber, daß sie nicht selten 4 bis 5 Mal mehr Energie verbraucht als dabei durch die Agrarprodukte produziert wird. Dies kann man sich nur mit künstlich billig gehaltener Energie leisten, deren wirkliche Kosten woanders zu Buche schlagen. Den Wettlauf mit der Technologie bezahlt letztlich nicht nur die Umwelt, sondern es bezahlen ihn auch immer mehr Bauern, die der harten Konkurrenz nicht mehr gewachsen sind. Wenn Obst aus dem fernen Südafrika und Südamerika in Deutschland immer mehr einheimisches Obst verdrängt, dann letztlich, weil die Rechnungen für die Treibstoff-Abgase, für die verschmutzten Strände an den Atlantikküsten und für die Umweltschäden bei der Herstellung gewaltiger Rohstoffmengen für Schiffsbau und Ölförderung nicht beglichen werden.

Statt maximale Produktivität mit einem hohen Energie- und Materialumsatz zu verwirklichen, wäre es geschickter, nach maximaler Zufriedenheit zu streben. Diese vertrüge sich am besten mit lokaler Effizienz, weitgehender selbstsuffizienter Wirtschaft und mit minimaler Störung der Umgebung. Eine solche dezentrale Wirtschaft wäre auch gegenüber Fehlern viel toleranter als eine hochspezialisierte, energieverschleudernde Verteilungswirtschaft: stellen wir uns nur vor, Japan würde, nachdem es die Chip-Produktion weitgehend monopolisiert hat, diese Chips nicht mehr frei verfügbar machen. Außerdem würde eine Menge Material gespart werden, das in den Mühlsteinen des hochspezialisierten internationalen Wettbewerbs als nicht absetzbar zerrieben wird.

Wissenschaft als Motor, in welche Zukunft?

Die intensive Suche nach neuen Erkenntnissen, wie unsere Wissenschaft sie betreibt, führte in schneller Folge zu Entdeckungen, welche das Überleben des Menschen kurzfristig deutlich erleichterten. Gleichgültig, ob sie in das Gebiet der Medizin gehörten oder in das Gebiet der Landwirtschaft, sie verbesserten oberflächlich immer wieder merklich die Rahmenbedingungen der gesellschaftlichen Evolution. Medizinische Entdeckungen verlängerten die Lebenserwartung, biologisch-chemische Erkenntnisse vermehrten die Nahrung, leistungsfähige Maschinen erleichterten die Ausbeutung von Naturschätzen. Aber diese Verbesserungen spiegelten oft nur fiktive Situationen wieder. Langfristig bedroht uns der Fortschritt, wenn wir ihn nicht sorgfältig im Auge behalten. Erst als Kühlschränke schon lange selbstverständliche Einrichtungen in jedem modernen Haushalt waren, erkannte man die Gefahr der in ihnen verwendeten Gase für die Ozonschicht. Ohne hohen Forschungsstandard wiederum hätte der Zusammenhang zwischen diesen Gasen und dem Ozonloch auch schwerlich verstanden werden können. Auf einem niedrigeren Niveau des wissenschaftlichen Verständnisses wäre uns dieser verhängnisvolle Zusammenhang wahrscheinlich viel länger verborgen geblieben oder überhaupt nicht aufgefallen. Der Fortschritt macht unsere Zeit so schnellebig, daß wir es auch versäumen, rechtzeitig zu lernen. Das Insektengift DDT, dessen Entwicklung sogar mit dem Nobelpreis belohnt wurde, richtete großen ökologischen Schaden an, lange bevor die Tragweite der angerichteten Verwüstungen richtig erkannt wurde. Die Bedingungen für die Evolution der Industriegesellschaft ändern sich so schnell, daß diese keine Zeit mehr hat, wenigstens ein temporäres Gleichgewicht zu finden. Wir sind in den Zustand einer Pseudoevolution eingetreten: die wahren Rahmenbedingungen werden nicht mehr erkannt. Vielleicht könnte man eine solche Situation an einer einzelnen Evolutionsfront verkraften, schwerlich jedoch an vielen gleichzeitig. Hier ist der Zusammenbruch oder zumindest eine schwere Krise vorprogrammiert.

Die Abfallhalden der Entropie

Wählen wir als Beispiel die Energieversorgung. Leben und Aufbau von Ordnung ist nur möglich, wenn diese an einen Energiefluß gekoppelt ist. In ihm muß wertvollere Energie, zum Beispiel Licht oder chemische Energie, in weniger wertvolle Energie – Wärme – umgewandelt werden. Dabei wird Unordnung – Entropie – erzeugt. Dieser gerichtete Prozeß ist es, den wir als Zeitfluß erkennen und am eigenen Körper erleben. Obwohl die Natur auch mit der Nutzung auf der Erde vorhandener chemischer Energie experimentiert hat, konnte sich das Leben erst richtig durchsetzen, nachdem Mechanismen entwickelt worden sind, um die Sonnenenergie zu nutzen. Diese Energiequelle hat sich auch deswegen als ideal erwiesen, weil ihr Endprodukt – Wärme – für das Leben keine Belastung darstellt. Ihr Überschuß wird von der Erde einfach in den Weltraum abgestrahlt. Man kann daher sagen, daß der Abfall an Unordnung, an Entropie, keine Belastung für das Leben darstellt. Auch ohne solare Energienutzung entsteht bereits dieselbe Wärmemenge, und es wird kaum in den natürlichen Energiehaushalt eingegriffen. Anders sieht es bei der Nutzung von fossiler Energie und von Kernenergie aus. Hier landen auf den Müllhalden der Entropie nicht nur die Wärme, die jetzt zusätzlich auf der Erde frei wird, sondern auch die Verbrennungsgase beziehungsweise die radioaktiven Abfälle. Wir kümmern uns zur Zeit wenig um das Kohlendioxid, das wir in der Atmosphäre freisetzen, und ebensowenig um das Methan, das aus vielen kleinen Lecks entlang von Erdgas-Versorgungsleitungen ausströmt. Aber wir produzieren mit diesem Entropie-Ballast langfristig eine ernste Bedrohung für unser Weltklima. Auch die radioaktiven Abfälle, welche die Kernkraftwerke abstoßen, ebenso wie die Radioaktivität verseuchter Gebiete ist eine Entropie-Hypothek, die sich über längere Zeiten zu einer gewaltigen Bedrohung der Menschheit entwickeln kann.

Der wissenschaftlich-technische Fortschritt hat durch die Erschließung fossiler und nuklearer Energien die Bedingungen der gesellschaftlichen Evolution in mancher Hinsicht verbessert, aber nur weil die Menschen sich selbst betrügen. Der Ballast der durch diese Energieformen freigesetzten Entropie wird sie früher oder später erdrücken.

Der Fortschritt, den wir uns durch billige Energie ermöglicht haben, ist eine Illusion, weil die echten Rahmenbedingungen der Evolution nicht berücksichtigt werden. Um eine stabile menschliche Entwicklung zu gewährleisten, ist es aber unabdingbar, daß wir die echten Kriterien für unser Überleben berücksichtigen. Um dies für die Energiewirtschaft zu erreichen, bestünde eine Mindestanforderung darin, alle echten Sozialkosten der Energie mitzutragen. Wer Benzin oder Heizöl kauft, müßte selbstverständlich auch für Gesundheitsschäden, Waldsterben, Umweltverschmutzung und politische Kosten mitzahlen. Kernkraftwerke müßten nicht nur die Hypothek radioaktiver Abfälle vorfinanzieren, sondern sich selbstverständlich auch gegen Unfälle versichern. Auf diese Weise würde wenigstens ein Teil der unrealistischen Randbedingungen der wissenschaftlich-technischen Evolution neutralisiert werden. Praktische Grenzen sind aber sofort erkennbar. So müßte zum Beispiel, genaugenommen, die Medizin die Kosten der Übervölkerung mitfinanzieren oder diese verhindern helfen. Wir entwickeln hingegen nur die für uns angenehmen menschlichen und kommerziellen Aspekte der Medizin und verdrängen, daß wir damit gleichzeitig tragischerweise die Überlebensbedingungen der Menschheit durch die zunehmende Übervölkerung drastisch einengen.

Wissenschaft: Verläßlicher Partner des Fortschritts?

Daß die Wissenschaft auf eng umgrenzten Gebieten neue Möglichkeiten erschließt und der wirtschaftlichen Ausbeutung zugänglich macht, ohne die wirklichen Konsequenzen für den Menschen aufdecken und berücksichtigen zu müssen, macht sie zu einem nicht ungefährlichen Werkzeug. Dazu kommt, daß sie inzwischen schon längst zu einem Organismus geworden ist, der eigenständig seine Ziele und Rahmenbedingungen durchzusetzen sucht. Diese Selbstorganisation ist möglich durch die Aktivitäten vieler wissenschaftlicher Verbände, Lobby-Organisationen und wirtschaftlicher Interessensverknüpfungen mit der Industrie und dem Militär. Ein Beispiel aus der Fusionsforschung, welche durch Verschmelzung von Wasserstoff-Isotopen saubere und unerschöpfliche Energie für die Zukunft verspricht, möge dies verdeutlichen. Nach einem experimentellen Fortschritt im europäischen Fusionsprojekt gab es kürzlich eine gezielte Pressekampagne, die sich auch in den Tagesnachrichten der großen Fernsehanstalten widerspiegelte. Auf dem Fernsehschirm wurde der Reaktionsmechanismus »Deuterium plus Tritium ergibt Energie« eingeblendet. Dann wurde erklärt, daß Deuterium aus Meerwasser gewonnen wird und schon aus einem Kubik-Kilometer Wasser riesige Energiemengen mobilisiert werden könnten. Damit wären alle Energieprobleme der Menschheit gelöst. Bemerkenswerterweise wurde kein Wort über Tritium verloren, das für diese Reaktion gebraucht wird. Es kommt nicht einmal in der Natur vor, ist extrem giftig und muß in Atomreaktoren gewonnen werden. Selbstverständlich fiel auch kein Wort über die radioaktive Verseuchung durch Aktivierung der Reaktormaterialien mit den in hoher Konzentration freiwerdenden Neutronen oder das große Problem der Abwärme. Wer kann, abgesehen von den beteiligten Wissenschaftlern selbst und der Industrie, die die Experimentiermaschinen baut, an einer solchen Berichterstattung Interesse haben?

Die Wissenschaft versucht auch, gezielt in gewisse Forschungsgebiete zu expandieren, wo praktische Ergebnisse kaum mehr erwartet werden können. Beispiele sind die aufwendigen Hochenergieexperimente über die kleinsten Bausteine der Materie oder die inzwischen über Satelliten durchgeführte kosmologische Forschung. In diesem Zusammenhang ist es erstaunlich, daß sich unsere Gesellschaft viel mehr Astronomen und Astrophysiker leisten kann als Wissenschaftler auf dem Gebiet erneuerbarer Energien, obwohl die Energiefrage für die Menschheit eine Existenzfrage werden könnte. Erstaunlicher noch ist, daß die Vertreter dieser Wissenschaftsgebiete es zuwege bringen, die Geldgeber davon zu überzeugen, daß die Vermessung einer Super-Nova oder der Hintergrundstrahlung des Weltalls den Einsatz kostspieliger Observatorien und Satelliten rechtfertigt. Als eine kleine Abweichung von der erwarteten Verteilung der Weltraumstrahlung erkannt wurde, folgte von der betroffenen Wissenschaftlergruppe sofort eine neue Öffentlichkeits-Initiative zur Mobilisierung von Geldmitteln. Die Wissenschaft sucht sich ihre eigenen speziellen Forschungsziele und bemüht sich oft in recht systematischer Weise, die Mittel dafür aufzutreiben, weil viele Arbeitsplätze und Karrieren damit zusammenhängen. Dies wäre kein Problem, wenn die Gesellschaft die Situation erkennt und gegensteuert, wenn die Ziele der Wissenschaft zu wirklichkeitsfremd werden.

Aber wer fühlt sich schon imstande, den Argumenten der Wissenschaft standzuhalten.

Bemerkenswert ist übrigens auch, daß inzwischen die Ausgaben zur Erforschung der Klimaveränderung die Ausgaben zu deren Verhütung übertroffen zu haben scheinen. Mehrere Wissensgebiete von der Meteorologie über die Polarforschung bis zur Satelliten- und Raumforschung haben inzwischen erkannt, daß auf diesem Gebiet Geldmittel für eigene Ziele mobilisiert werden können.

Daß eine großzügige Förderung der Wissenschaft automatisch unser Überleben sichert, kann daher wohl kaum erwartet werden. Außerdem ist an vielen Fronten die Meinung unter Wissenschaftlern gespalten, so daß sie sich über gegensätzliche Gutachten neutralisieren. Tatsache ist, daß trotz einer Explosion unseres Wissens sich die Probleme häufen, denen sich die Menschheit ausgesetzt sieht. Die Naturwissenschaft ist oberflächlich erfolgreich, weil Mensch und Natur gefiltert werden. Die ganzheitliche Betrachtung der Probleme, die für den echten Fortschritt benötigt würde, wird vernachlässigt, weil dies viel komplizierter ist und keine ordnende Instanz vorhanden ist, welche dies fördert. In der Natur ist die Auslese viel härter, weil der Faktor Zeit eine angemessene Berücksichtigung erfährt. Unsere Technologie extrapoliert ihre Erfahrung von Jahrzehnten auf viele Jahrtausende, wenn es zum Beispiel um die Endlagerung radioaktiver Abfälle geht. Bei vielen technischen Experimenten wird der Faktor Zeit überhaupt nicht berücksichtigt. Aber die Zeit ist es, welche die Abfallhalden der Entropie größer werden läßt und den wahren Wert einer technischen Neuerung für das Überleben des Menschen offenbart. Je mehr Menschen mit neuerschlossenen, nicht ausgewogenen Techniken in die Umwelt eingreifen, um so rascher sammeln sich die Probleme an. Erst die Übervölkerung hat den Spielraum bei der Entwicklung der Industriezivilisation entscheidend eingeengt, so daß härtere Kriterien für die Auswahl geeigneter Technologien erforderlich sind. Jede Großtechnologie, die von einer riesigen Bevölkerung genutzt wird, kann einen empfindlichen Eingriff in die Natur darstellen.

Die Wissenschaft und die Technik sind an sich nur Werkzeuge. Sie können sowohl zur kurzfristigen Ausbeutung der Natur eingesetzt werden als auch für den Menschen optimal angepaßte Technologien bereitstellen. Um langfristig ausgewogene Entwicklungen zu ermöglichen, müßten neue technische Möglichkeiten aber anhand durchdachter Kriterien gefiltert werden. Dies muß letztlich durch politische Instanzen erfolgen. Eine freie Nutzung neuer Entdeckungen aufgrund kurzfristiger kommerzieller Rentabilität bedeutet eine echte Verzerrung der Rahmenbedingungen für das menschliche Überleben.

Da das natürliche Gleichgewicht ein hochvernetztes synergetisches System widerspiegelt, das im Prinzip durch kleinste Störungen aus dem Gleichgewicht gebracht werden könnte, muß man damit besonders sorgfältig umgehen. Sollte es einmal aus dem Gleichgewicht geraten, zum Beispiel durch eine Temperaturerhöhung von wenigen Graden, sind die Folgen nicht mehr abzusehen. Eine große Frage wäre, ob sich danach wieder ein neues, für den Menschen erträgliches Gleichgewicht einstellen würde.

Sind die Werkzeuge des Menschen noch in Schach zu halten?

Die größte Gefahr, welche die Erfindungen des Menschen, abgesehen von ihrer gelegentlich unmittelbar zerstörerischen Gewalt als Waffen, Energiezentralen oder Chemieanlagen, mit sich bringen, beruht darauf, daß sie oft unter irreführend günstigen Randbedingungen für die menschliche Entwicklung ausgebeutet werden, weil sie völlig neue und oft fiktive Freiräume eröffnen. Die menschliche Erfahrung verzichtet bei der Einschätzung neuer Erfindungen dabei oft weitgehend auf den Faktor Zeit, den man braucht, um die gefährlichen, sich anhäufenden Abfallhalden der Entropie einschätzen zu können. Die instinktive Angst davor, daß die Werkzeuge des Menschen zurückschlagen können, ist also berechtigt. Viele unserer Erfindungen verfälschen die Rahmenbedingungen der menschlichen Evolution derart, daß früher oder später bittere Konsequenzen in Kauf genommen werden müssen. Sie könnten letztlich, wenn die Folgen technologischer Eingriffe zur Geltung kommen, das langjährige natürliche Gleichgewicht in eine chaotisch reagierende Umwelt verwandeln. Die sich anbahnende Klimaänderung, die Bevölkerungsexplosion, der Artentod in der Natur und die Begrenztheit von Energie und Rohstoffen sind wahrscheinliche Schritte in diese Richtung.

Ob sich eine solche Entwicklung aufhalten läßt? Ist der Kampf des Menschen gegen seine Werkzeuge zu gewinnen? Die Abwehrwaffen, die wir schmieden müssen, sind vernetztes Denken, die wenigstens vorübergehende Bevorzugung lebensnaher Forschungsgebiete und die Betonung emotionell-geistiger Werte gegenüber technisch-wirtschaftlichen. Letztlich müßten politische Entscheidungen die technologischen Entwicklungen besser steuern, um ihnen die Tücke zu nehmen zurückzuschlagen. Die Kompliziertheit internationaler Verträge, die eine notwendige Voraussetzung dafür wären, und der Egoismus der einzelnen Staaten, wie er zum Beispiel auf der großen Umweltkonferenz von Rio de Janeiro zum Ausdruck kam, läßt ahnen, daß sich kaum eine geeinte, weltweite Streitmacht gegen den »Aufstand der Artefakte« organisieren lassen wird. Andererseits gehört das Kämpfen zur Natur des Menschen, und es wird sich immer mehr Widerstand organisieren, selbst wenn seine Krieger, wie die Ritter von König Artus' Tafelrunde, schließlich vielleicht vergeblich kämpfen werden, der König von seinem eigenen Sproß tödlich verwundet wird. Sie werden immerhin lernen, womit sie ihre eigenen Geschöpfe und jetzigen Gegner schlagen müssen. Mehr und mehr Wissenschaftler und Techniker müßten ihre Spezialisierung aufgeben und ganzheitlich denken lernen. Auch müßten egoistische Tendenzen der Selbstorganisation in Wissenschaft und Technik gezügelt werden. Das funktioniert bei kooperativ reagierenden Organismen am besten, wenn man die Rückkopplungsmechanismen beeinflußt. Es wäre also besonders sinnvoll, die Wechselwirkung der Wissenschaft mit dem Militär, der Politik und der Wirtschaft zu durchleuchten. Ähnlich wie das Militär bisher in hochindustrialisierten Ländern mit dem Lockruf ihrer Finanzierungsmöglichkeiten die Wissenschaftler für ihre Ziele arbeiten ließ, müßten ehrliche Makler für eine ausgewogene Zukunft die Wissenschaft und Technik neu motivieren. Wenn dies nicht gelingt, werden wir mit großem internationalem Forschungsaufwand flache Fernsehschirme in unsere Wohnzimmer bekommen, um den Niedergang unserer Umwelt luxuriöser verfolgen zu können, aber keine billigen Solarzellen aufs Dach, um ihn aufzuhalten. Die Produkte, die wir eigentlich gar nicht brauchen, die aber so viel an menschlicher Kreativität und Produktivität beanspruchen, nur weil internationale Marktchancen im Spiele stehen, können nämlich genauso zurückschlagen. Es gibt genügend Beispiele von Kulturen, welche einerseits am Luxus erstickten, während sie andererseits ihre Überlebensfähigkeit verloren.

Sorgfältige Zukunftsabschätzungen und eine angemessene Besteuerung von umweltschädigenden Technologien sind unverzichtbar. So sollte es zum Beispiel selbstverständlich sein, daß über weltweit eingezogene Kohlendioxid-Steuern eine internationale Solarenergiebehörde finanziert wird, die überall auf der Welt Aufforstungen betreibt und Solarenergie-Projekte fördert. Erst wenn die Gesellschaft klar die notwendigen Ziele erkennt und auch Mechanismen und Kapital mobilisiert, um sie zu verwirklichen, kann eine Trendwende erhofft werden.

Als die Künstler der Moche-Zivilisation die uralte Vision von der Endzeit beim Aufstand der Artefakte auf eine Wand in der Mondpyramide malten, lag die Zeit der echten Herausforderung noch weit in der Zukunft. Aber der Instinkt und das Unbewußte der Menschen nährten die Ahnung, daß jede Störung der Natur durch den Menschen ein potentielles Risiko darstellt. Nicht umsonst leisteten seit alters her viele Naturvölker vor den höheren Mächten Abbitte, wenn sie nur ein größeres Tier töteten oder einen Baum fällten. Heute beginnen sich die Werkzeuge des Menschen bereits zum Vernichtungskampf gegen ihre Erfinder zu formieren. Vielleicht werden dann überlebende Generationen nach vielen, vielen Jahren auch die Überreste unserer Zivilisation ausgraben, und der Aufstand der Artefakte wird als archäologische Realität rekonstruiert werden. Möglicherweise wird es dann heißen, daß es die Unerfahrenheit des Menschen mit der neuerschlossenen Technik war, diesem zivilisatorischen Arm der Evolution, die ihn blind nach Sternen greifen ließ, an denen er sich verbrannte. Tatsächlich sind wir blind, weil wir uns der Illusion hingeben, die Natur mit unseren einfachen Formeln und Maschinen eingefangen zu haben und sie für uns arbeiten lassen zu können. In Wirklichkeit sind die meisten unserer Formeln nur Momentaufnahmen der natürlichen Realität. Weder in der Quantenmechanik noch in der Elektrodynamik oder in der Relativitätstheorie ist die Zeit etwas anderes als eine Größe, die man umkehren kann. Tatsächlich aber erkennt man sowohl im Makrokosmos wie im Mikrokosmos deutlich den Fluß der Zeit, und wir fühlen ihn besonders am Puls des eigenen Lebens. Gerade den Fluß der Zeit hat die Menschheit aber nicht im Griff. Deswegen wird sie von ihm eingeholt werden.

Unsere Gefühle und Instinkte sind ebenfalls Spiegelbilder synergetischer, der vergänglichen Zeit unterworfener Abläufe, im Schlaf durch Einbrüche des Chaos unterbrochen. Sie sind in vielen unscheinbaren Details noch mit Elementen der Natur verwoben. Die grüne Farbe beruhigt, weil die unsere Ahnen nährenden und schützenden Pflanzen grün waren, ein nahendes, schweres Gewitter spannt die Nerven an, weil es früher hätte Unheil bringen können. Der Mond hat wohl für immer den Zyklus der Frau geprägt, und wenn er sein volles Gesicht zeigt, bereitet er manchen Menschen noch schlaflose Nächte. War es für unsere Ahnen früher gefährlich, in hellen Mondnächten tief zu schlafen? Viele Besucher von Restaurants setzen sich instinktiv mit dem Rükken zur Wand und lassen während des Kauens die Blicke schweifen, weil ihre Vorfahren beim Essen besonders auf Feinde achten mußten. Können wir eigentlich erwarten, daß unsere Gefühle und Instinkte sich mit unserer an flüchtigen und widersprüchlichen Eindrücken explodierenden, künstlichen, technischen Welt problemlos anfreunden können? Wir spüren, daß viele Artefakte, die wir schaffen, Fremdkörper darstellen. In Betonwüsten, in Wohnsilos und in Autokolonnen fühlen wir uns beengter als in der grünen Natur, die uns durch Jahrmillionen der Evolution begleitet hat. Wenn Wälder gerodet werden oder Grünflächen verschwinden, empfinden wir dies als Verlust.

Die Menschheit hätte mit ihrer Wissenschaft und ihrem Technologieverständnis im Prinzip eine Chance, eine ausgewogene Zukunft auf hohem zivilisatorischen Niveau aufzubauen, aber sie darf sich damit nicht begnügen, kurzfristige Vorteile auszuschöpfen. Wenn sie schon durch einschneidende technische Mutationen, Erfindungen, die unser Überleben erleichtern, in die Evolution unserer Umwelt eingreift, muß sie so weit gehen, den unerbittlichen Selektionsprozeß vorwegzunehmen. Sie muß vorausdenken, wie die Umwelt darauf reagieren wird. Nur solche Veränderungen der Umweltbedingungen dürfen zugelassen werden, die langfristig die Überlebenschancen und die Lebensqualität der Menschen nicht wesentlich schmälern. Den Artefakten dürfen letztlich keine Arme und Beine wachsen, mit denen sie sich gegen die Menschen auflehnen können. Dies wäre denkbar, wenn unsere technischen Systeme sich von natürlichen möglichst wenig unterscheiden würden, also die Rahmenbedingungen strikter Umweltverträglichkeit einhalten würden.

Wir sollten deswegen vor allem ähnliche Technologien entwickeln, wie die Natur sie angewandt hat. Daneben muß auch die Natur eine Chance erhalten, weiterzuexistieren, weil sie Teil von uns selbst ist. Der Mensch kann auf ganzheitliche Vorstellungen, wie sie nur Religionen oder Philosophien bieten können, nicht verzichten, um seinen Platz in der Natur wiederzufinden. Der Weg, den die Wissenschaft und Technik uns gegenwärtig in die Zukunft bahnt, wird sonst einsam und steril sein, weil der Mensch mit seinen Artefakten allein bleiben wird, wenn Natur und Tierwelt auf ein Minimum reduziert wird. Damit verlieren aber auch unsere Urinstinkte und Urgefühle ihre Bezugspunkte zur Umwelt. Die spezialisierte Wissenschaft wird uns kaum vor einem solchen Schicksal bewahren, vielleicht aber eine neue Lebensphilosophie, um die wir kämpfen sollten und die nur von unseren unbewußten Kräften genährt werden könnte. Sonst wird die große Herausforderung kaum zu bestehen sein, die vielen Artefakte in Schach zu halten und zurückzudrängen, denen in unserer Zeit bereits Arme und Beine zum Kampf gegen ihre Schöpfer wachsen.

Mircea Eliade

»Sturz in die Schrecken der Geschichte und die Freiheit«

In der Abweisung der Theorie von der geschichtlichen Periodizität und folglich der archaischen Vorstellung von den Archetypen und ihrer Wiederholung dürfen wir wohl mit einigem Recht den Widerstand erkennen, den der moderne Mensch der Natur entgegensetzt, also den Willen des »historischen Menschen«, seine Autonomie zu behaupten. Wie Hegel in vornehmer Selbstgenügsamkeit bemerkte, geschieht nie etwas Neues in der Natur. Und der Hauptunterschied zwischen dem Menschen der archaischen Kulturen und dem modernen, »geschichtlichen« Menschen beruht gerade in dem steigenden Wert, den dieser den geschichtlichen Ereignissen zuschreibt, also den »Neuigkeiten«, die für den archaischen Menschen entweder bedeutungslose Begegnungen waren oder sogar Unterbrechungen der Normen (daher die »Sünden«, »Fehler« usw.) darstellten und als solche periodisch »ausgetrieben« (vernichtet) werden mußten.

Es steht außer Frage, daß keines der historischen philosophischen Systeme in der Lage war, den Menschen gegen den Schrecken der Geschichte zu schützen. Man könnte sich noch einen letzten Versuch vorstellen: Um die Geschichte zu retten und eine Ontologie der Geschichte zu begründen, könnte man die Geschehnisse als eine Reihe von »Situationen« betrachten, dank deren der menschliche Geist Erkenntnis von Ebenen der Wirklichkeit gewönne, die ihm sonst unzugänglich blieben. Dieses Unternehmen zur Rechtfertigung der Geschichte ist nicht ohne Interesse, und wir nehmen uns vor, anderweitig darauf zurückzukommen. Aber wir können schon hier anmerken, daß eine solche Haltung nur insoweit vor dem Schrecken der Geschichte schützt, als sie die Existenz zumindest des Weltgeistes postuliert. Welchen Trost könnte uns das Wissen darum gewähren, die Leiden von Millionen Menschen hätten die Kenntnisse einer Grenzsituation des menschlichen Seins ermöglicht, wenn jenseits dieser Grenzsituation nur das Nichts ist? Es geht hier nicht darum, die Gültigkeit einer historizistischen Philosophie zu beurteilen, sondern allein um die Feststellung, inwieweit eine solche Philosophie den Schrecken der Geschichte bannen kann. Wenn es wirklich genug ist, die geschichtlichen Tragödien damit zu rechtfertigen, daß sie als ein Mittel angesehen werden können, mit dem der Mensch die Grenzen der menschlichen Widerstandskraft zu erkennen vermöge, so kann doch eine solche Entschuldigung nie die Kraft haben, die Verzweiflung zu bannen.

Im Grunde kann der Bereich der Archetypen und der Wiederholung nur dann ungestraft verlassen werden, wenn man eine Philosophie der Freiheit vertritt, die Gott nicht ausschließt. Das hat sich übrigens auch bewahrheitet, als der Bereich der Archetypen und der Wiederholung zum ersten Male durch das Judenchristentum überwunden wurde, das in die religiöse Erfahrung eine neue Kategorie eingeführt hat: den Glauben. Es darf nicht vergessen werden, daß, wenn für Abraham der Glaube sich in dem Satz zusammenfassen läßt: für Gott ist alles möglich – daß dann der Glaube des Christentums impliziert: auch für den Menschen ist alles möglich. »Ihr müßt Glauben an Gott haben. Amen, das sage ich euch: Wenn jemand zu diesem Berg sagt: Hebe dich empor, und stürz dich ins Meer!, und wenn er in seinem Herzen nicht zweifelt, sondern glaubt, daß geschieht, was er sagt, dann wird es geschehen. Darum sage ich euch: Alles, worum ihr betet und bittet – glaubt nur, daß ihr es schon erhalten habt, dann wird es euch zuteil« (*Markus* 11, 22-24). An dieser Stelle, wie an vielen anderen, bedeutet der Glaube die absolute Befreiung von jederlei natürlichem »Gesetz« und deshalb die höchste Freiheit, die der Mensch sich vorstellen kann: die Freiheit, in das ontologische Statut des Alls selbst einzugreifen. Diese Freiheit ist folglich *par excellence* schöpferisch. Mit andern Worten: sie bedeutet eine neue Form des Zusammenwirkens des Menschen mit der Schöpfung, mit der ersten sowohl wie mit der zweiten, die mit dem Verlassen des primordialen Bereichs der Archetypen und der Wiederholung gegeben war. Nur eine solche Freiheit (abgesehen von ihrem erlösenden und also im strikten Sinn religiösen Wert) ist in der Lage, den modernen Menschen gegen den Schrecken der Geschichte zu schützen: eine Freiheit also, die von Gott ausgeht und in ihm ihre Garantie und ihre Stütze hat. Jede andere moderne Freiheit, soviel Befriedigung sie dem, der sie besitzt, auch bringen mag, ist außerstande, die Geschichte zu rechtfertigen. Und das bedeutet für jeden Menschen, der sich selbst gegenüber ehrlich ist, nichts anderes als eben den Schrecken der Geschichte.

Man kann übrigens sagen, das Christentum sei die »Religion« des modernen und des historischen Menschen, der gleichermaßen die persönliche *Freiheit* und die kontinuierliche *Zeit* (anstelle der zyklischen) entdeckt hat. Es ist auch interessant, sich zu vergegenwärtigen, daß die Existenz Gottes sich mit viel größerem Nachdruck dem modernen Menschen aufdrängte, für den es die Geschichte als solche gibt, als Geschichte, und nicht nur als Wiederholung wie für den Menschen der archaischen und frühzeitlichen Kulturen. Dieser verfügte, um sich gegen den Schrecken der Geschichte zu verteidigen, über alle die Mythen, Riten und Verhaltensweisen, die wir im Laufe dieser Untersuchung (– »Kosmos und Geschichte« –) betrachtet haben. Obwohl die Gottesidee und die religiösen Erfahrungen, die sie impliziert, schon in frühester Zeit vorhanden gewesen sein mögen, konnten sie doch überall durch andere religiöse »Formen« ersetzt werden (Totemismus, Ahnenkult, Große Fruchtbarkeitsgottheiten usw.), die die religiösen Bedürfnisse der »primitiven« Menschheit mit größerer Promptheit befriedigten.

Im Bereich der Archetypen und der Wiederholung konnte der Schrecken der Geschichte ertragen werden, soweit er sich bemerkbar machte. Seit der »Erfindung« des Glaubens im jüdisch-christlichen Sinn des Wortes (= für Gott ist alles möglich) bleibt dem Menschen, der sich aus dem Reich der Archetypen und der Wiederholung gelöst hat, keine andere Verteidigung gegen diesen Schrecken mehr übrig als die durch die Gottesidee. Tatsächlich kann allein die Annahme der Existenz Gottes ihm zu einem Teil die *Freiheit* zurückgeben (die ihm in einem von Gesetzen regierten All die Autonomie zugesteht oder, mit andern Worten, die »Inauguration« einer neuen, in der Welt einzigartigen Seinsweise). Dann aber gewinnt er auch die *Gewißheit,* daß die geschichtlichen Tragödien eine übergeschichtliche Bedeutung besitzen, selbst wenn diese Bedeutung für die gegenwärtige Bedingtheit des Menschen nicht ersichtlich ist. Jede andere Situation des modernen Menschen führt am Ende zur Verzweiflung. Diese Verzweiflung wird nicht eigentlich durch sein Menschsein hervorgerufen, sondern durch seine Gegenwart in einer historischen Welt, in der fast die ganze Menschheit als Beute eines unaufhörlichen Schreckens lebt (auch wenn sie sich dessen nicht immer bewußt ist).

In diesem Betracht erweist sich das Christentum zweifellos als die Religion des »gefallenen Menschen«: und zwar insofern, als der moderne Mensch unrettbar der *Geschichte* und der *Fortentwicklung* angehört und als die Geschichte und die Fortentwicklung einen Fall bedeuten und beide das endgültige Verlassen des Paradieses der Archetypen und der Wiederholung einschließen.

F. David Peat

Kosmos und Innenwelt

Die Kosmologie wird gemeinhin als die wissenschaftliche Erforschung des Universums angesehen, als eine Teildisziplin der Physik und der Astronomie, die sich mit der Struktur von Materie und Energie im Makrobereich sowie mit dem Ursprung des Universums beschäftigt. In diesem Jahrhundert haben sich die Ziele der Kosmologie und der elementaren Physik angeglichen: Beide sind auf der Suche nach den grundlegenden Gesetzen und erforschen die elementarsten Formen von Materie. Ihr letztes Ziel besteht darin, alle Beschreibungen zu einer einzigen allumfassenden Theorie zu vereinen.

Einigen Denkern zufolge war die Physik dieser Vereinheitlichung niemals näher, denn die Erforschung von Materie unter extrem hohen Energien und in kurzen Zeitintervallen beschäftigt sich nicht nur mit Elementarteilchen, wie Quarks oder Superstrings, sondern ist gleichzeitig auch bemüht, Licht in die Frage nach dem möglichen Urknall des Universums zu bringen. Die Bedingungen, unter denen diese vermutlich kleinsten Elementarteilchen entstehen, scheinen jenen zu entsprechen, die während der verschwindend kurzen Zeitintervalle herrschten, als das Universum entstand.

Deshalb nimmt man an, daß der Kosmos in einer Explosion von Raumzeit und Energie aus einer einzigen Quantenfluktuation heraus entstanden ist, und betrachtet die Entfaltung von Materie und Energie aus diesen uranfänglichen Quantenprozessen als gegeben – einem einzigen Gesetz folgend, das zudem in gewissem Sinn noch vor dem Kosmos an sich vorhanden war. So wird die Kosmologie des zwanzigsten Jahrhunderts zu einem Versuch, alles, was existiert, nach einem fundamentalen, allgemeingültigen Schema zu erklären. Aber kann denn ein derartiges Ziel jemals erreicht werden, und ist eine solche Kosmologie wirklich allumfassend? In der Tat hat die Kosmologie für die meisten von uns eine unmittelbare Bedeutung, da sie unsere eigene Existenz im Universum betrifft. Es geht um die Spannung zwischen der Unmittelbarkeit unserer Erfahrung einerseits und unserem Bedürfnis, sie gedanklich zu erfassen, sie bildlich und symbolisch darzustellen andererseits.

Die Kosmologie hat ihren Ursprung in der bloßen Tatsache, daß wir lebendig sind. Unser Universum sind wir selbst, unsere Geschichte und Erinnerungen, unsere Beziehungen, Bedürfnisse, Wünsche, Werte und Gefühle. Unser Universum liegt in der Immanenz der Materie und in der göttlichen Kraft, die es uns von Zeit zu Zeit zu spüren vergönnt ist. Eben diese Kraft des Geheimnisses oder des Geistes wohnt seit jeher der Kunst, der Musik, dem Drama, der Literatur, religiösen Zeremonien und den Erkenntnissen einzelner Wissenschaftler inne.

Eine wirkliche Kosmologie muß demnach Inneres und Äußeres, Objektives und Subjektives, Kunst und Wissenschaft, den Einzelnen und die Gesellschaft zu einer einzigen Daseinsform integrieren. So verhielt es sich meines Erachtens vor langer Zeit in unserer Zivilisation, als die Gesellschaft in ihrer Gesamtheit noch Kontexte und Werte festsetzte, die uns mit der Natur verbanden, und so das Numinose noch unmittelbar erfahrbar war.

Ich sehe eine ähnliche Integration, eine Kosmologie des Herzens und des Kopfes, im Weltbild der Indianer Nordamerikas. In den vergangenen Jahren hatte ich Gelegenheit, einige dieser Fragen mit Freunden aus den Stämmen der Irokesen, der Schwarzfuß-, MicMaq- und Cree-Indianer zu erforschen. Jedes Mal erstaunte mich ihre unmittelbare Verbundenheit mit dem Universum.

Für einen Menschen dieser Tradition sind Materie und Geist, Unmittelbares und Transzendentales gleichermaßen in der ihn umgebenden Welt vorhanden. In der Tat bleibt sein wissenschaftliches und religiöses Leben äußerst praktisch orientiert. Er verspürt weder das Bedürfnis, Wissen und Erfahrung zu unterteilen und voneinander zu trennen, noch eine Kunst zu schaffen, die sich in irgendeiner Weise von Religion unterscheidet, oder eine Wissenschaft, die vom Geistlichen getrennt ist. Der Kern seines Weltbildes, so scheint mir, liegt in der Erkenntnis, daß er mit allen lebenden Dingen direkt verbunden ist und daß allem eine Seele und ein Geist innewohnen. Das bezieht sich nicht nur auf Insekten, Vögel, Fische, Tiere und Pflanzen, sondern auch auf Bäume und Steine, Winde und Sterne. Innerhalb eines solchen Weltbildes sind Geist und Materie, Seele und Körper niemals streng kategorisiert oder voneinander unterschieden worden.

Aber diese Erkenntnis, daß der Kosmos Energien und eine geistige Dimension enthält, daß es etwas gibt, was zugleich die Grenzen von Materie überwindet und doch ihr innewohnt, verpflichtet auch dazu, die enge Verbundenheit des Menschen mit den universellen Kräften zu feiern und zu erneuern. Der Sonnentanz der Schwarzfuß- und anderer Indianer aus den Ebenen ist beispielsweise zugleich ein Opfertanz und eine Zeremonie, die ihre Verwandtschaft mit der gesamten Schöpfung erneuert. Ebenso knüpft das »Waltersgame« der MicMaq-Indianer – das dem zufälligen Beobachter wie ein ausgetüfteltes Glücksspiel erscheinen mag – im wesentlichen an die Bündnisse an, die einst zwischen den Vorfahren dieses Stammes und den Tierdämonen sowie anderen Naturmächten bestanden. Da die Zeit im Weltbild der amerikanischen Indianer zyklisch ist, ist es jederzeit möglich, eine direkte Verbindung zu dem ursprünglichen Moment der Beziehung und der Schöpfung wiederherzustellen.

Ich habe die Kosmologie der Stämme Nordamerikas erwähnt, denn meines Erachtens verdeutlicht sie uns genau das, was unserem modernen westlichen Lebensstil fehlt, und kann uns damit verbinden. Unser mangelndes Gefühl für einen tieferen Zusammenhang ist einerseits eine Folge des Abstandes, den wir zwischen uns und den Kosmos gelegt haben, und andererseits eine Folge unseres Verstandes und auch der indoeuropäischen Sprachen, die dazu neigen, die uns umgebende Welt zu vergegenständlichen. In der Sprachenfamilie des Algonquin, von den MicMaq-, Cree- und Schwarzfußindianern gesprochen, unterstützt die ausgeprägt verborientierte Struktur ein Naturbild, das Prozesse und Verlebendigung beinhaltet; unsere substantivorientierten Sprachen hingegen unterstellen eine starre Welt von unveränderlichen Gegenständen, die mittels Konzeptualisierung und Kategorisierung untersucht werden können.

Dennoch gibt es immer wieder Momente, in denen unser Zwang zur Unterscheidung überwunden wird, in denen eine Übereinstimmung von innerer und äußerer Welt aufscheint. Der irische Schriftsteller James Joyce bezeichnete sie als Epiphanien – Momente plötzlicher Einsicht und Erleuchtung, in denen die Geschehnisse und die Erinnerungen eines menschlichen Lebens als Einheit erscheinen. Diese Momente hat Joyce in einigen seiner Kurzgeschichten zum Ausdruck gebracht, so beispielsweise in *Die Toten* aus seiner Sammlung *Dubliners*.

Der Physiker Wolfgang Pauli und der Psychologe C. G. Jung erforschten ebenfalls die Vorstellung einer transzendenten Verbindung. Pauli benutzte das Bild des Spiegels, der, indem er das Objektive in dem Subjektiven widerspiegelt, und vice versa, zu keinem von beiden gehört. Jung erforschte die Psychoide, die den Graben zwischen Geist und Materie überbrücken, und untersuchte gemeinsam mit Pauli jene bedeutungsvollen Muster – Synchronizitäten –, die über unsere zeitweilige Unterscheidung von Geist und Materie hinausgehen.

Meine Vermutung ist, daß wir in unseren tiefsten Momenten die Welt eher als Innenwelt wahrnehmen denn als vergegenständlichte Außenwelt. Der Begriff Innenwelt (*inscape*) stammt von dem englischen Dichter und Priester Gerard Manley Hopkins, dessen Gedichte die innere Beschaffenheit der Natur behandeln. Die Welt als Innenwelt zu verstehen, bringt uns dieser Vorstellung von Kosmologie sehr nahe – im Sinne einer existentiellen Unmittelbarkeit, mit der der Kosmos sich uns darbietet und uns zugleich als Teil enthält.

Die Welt als Innenwelt zu betrachten bedeutet anzuerkennen, daß jede einzelne unserer Erfahrungen unbeschränkt, authentisch und bedingungslos ist. Mit der Natur in Berührung zu kommen, eine Beziehung einzugehen, ein Gedicht zu lesen, ein Theaterstück anzusehen oder ein Kunstwerk zu betrachten bedeutet, uns einer unbegrenzten Welt von Erfahrungen und einer Vielzahl von Bedeutungsebenen zu öffnen. Die Innenwelt fordert uns auf, die authentische Stimme zu suchen, die allem innewohnt, und ihr zu antworten. Sie verdeutlicht uns, daß alles lediglich in Beschreibungsversuchen mündet und daß alle Daseinsebenen in der Tat nur unbeständig und zufällig sind.

Man muß hervorheben, daß das Ziel dieser Erörterung nicht lediglich darin besteht, eine neue Art des Sprechens über subjektive Erfahrung hervorzubringen, sondern vielmehr darin, daß diese eine objektive Entsprechung besitzt. Der Vorschlag von C. G. Jung und Wolfgang Pauli lautet: Subjektivität und Objektivität sind einander ergänzende Aspekte einer einzigen Sache, die weitaus umfassender ist. Jung erforschte seinerseits das objektive Wesen der Subjektivität – was er kollektives oder objektives Unbewußtes nannte – und so schlug auch der Physiker Pauli vor, daß es in der objektiven Welt der Materie eine subjektive Komponente gibt.

Das Objektive und das Subjektive werden in der Innenwelt des Universums und damit innerhalb unserer Wahrnehmungen und Beziehungen vereint, denn durch sie wirken wir am grenzenlosen Kosmos mit, an dem Bereich eben jenseits der Grenzen von Objektivität und Subjektivität. Die Schwingung, das Belebtsein, das wir in allem spüren, liegt im Zentrum unserer eigenen Erfahrung und unserer kreativen Antwort dem Dasein gegenüber begründet – es ist unsere Wissenschaft, unsere Kunst, unsere Religion und unser Drama.

Aus diesem Grund hat die Physik meines Erachtens kein anderes Ziel als ihre Integration in einen anderen, holistischen Prozeß des Wissens und des Seins. Deshalb kann die Kosmologie niemals auf ein einziges Gesetz reduziert oder auf einer rein materiellen Ebene erbaut werden. Denn jedes Gesetz ist provisorisch und kontextabhängig, und jede materielle Ebene ist von etwas abhängig, was jenseits von ihr liegt.

Die Zeit stellt eine weitere Möglichkeit dar zur Erforschung unserer Verbindung mit dem Kosmos. Seit Newton hat die Physik die Zeit als etwas äußerlich Gegebenes vergegenständlicht, indem sie als unerbittlich und unabhängig von uns dahinfließender Strom veranschaulicht wurde, der sich von der Vergangenheit in die Gegenwart und weiter in die Zukunft ergießt. Auf der anderen Seite unterscheidet sich unsere persönliche Erfahrung von Zeit zutiefst davon; wir nehmen sie auf unterschiedlichen Ebenen und in vielfältigen Erscheinungsformen wahr.

Meiner Meinung nach weist die Zeit ebenfalls den Aspekt der Innenwelt auf. So wie Newton verstärkte Aufmerksamkeit auf die Außenwelt der Zeit lenkte, die fließende Bewegung, in der eine winzige Gegenwart eine Zukunft, die es nicht gibt, von einer Vergangenheit trennt, die auf immer verschwunden ist, so möchte ich das Augenmerk in diesem Essay auf die Innenwelt der Zeit lenken.

Um die Innenwelt der Zeit zu verstehen, muß man an die grenzenlose Unmittelbarkeit der Gegenwart anknüpfen. Es bedeutet, daß Zeit in allem enthalten ist und für unsere

Erfahrung direkt zugänglich ist. So ist das, was man die Dynamik der Zeit nennen könnte, vielmehr aus der Gegenwart her zu erreichen, als daß die Zeit eine außerhalb von uns stattfindende Bewegung darstellt, die sich jenseits unserer unmittelbaren Wahrnehmung in die ferne Vergangenheit und in die weite Zukunft erstreckt. Damit ist gemeint, daß der gegenwärtige Moment eine Tür ist, die Zugang zu zahlreichen Ebenen, Wahrnehmungen und Zeiterfahrungen schafft.

Marcel Proust hat in *Auf der Suche nach der verlorenen Zeit* diese Komplexität der Zeit erforscht. »Eine Stunde ist nicht nur eine Stunde, sie ist ein Krug, der mit Düften, Lauten, Vorhaben und Atmosphären gefüllt ist. Was wir Realität nennen, ist ein gewisser Zusammenhang zwischen diesen Empfindungen und den Erinnerungen, die uns gleichzeitig umgeben.« Es gibt zahlreiche Beispiele bei Proust, in denen die unendlichen Ausmaße von Zeit, Erinnerung und Erfahrung mit dem unmittelbaren Moment einer bestimmten Empfindung oder Erinnerung beginnen.

Um die Zeit als Innenwelt wahrzunehmen, muß man verstehen, daß die Realität und unser Dasein sich stets in der Gegenwart befinden. Die Vergangenheit wird von uns geschaffen, sie wiederzufinden bedeutet, an den Akt des Schaffens anzuknüpfen. Wenn wir von Veränderung und persönlicher Entwicklung sprechen, geht es nicht so sehr darum, uns von der Vergangenheit zu befreien, sondern uns auf alle freien und dynamischen Bewegungen der Gegenwart einzulassen. So werden also nicht wir von der Vergangenheit befreit, sondern wir selbst sind es, die die Vergangenheit in die sie weiterführende, sich entfaltende Gegenwart befreien.

Und ich möchte wiederum betonen, daß ich nicht nur von einer subjektiven Ebene aus spreche oder eine bestimmte Wahrnehmung der Bewegung Zeit vorschlage. Nein, meiner Meinung nach ist die Dynamik der Zeit viel mehr auf einer rein materiellen Ebene der Gegenwart zu entdecken, sind

Zeit und Materie untrennbar miteinander verbunden und stellen einander ergänzende Aspekte der einen Realität dar, als daß die Materie in einem fließenden Strom von Zeiten versenkt ist.

Der Kosmos ist vielmehr, als daß er sich jenseits und außerhalb von uns erstreckt, allem immanent, was wir berühren, wovon wir sprechen und träumen. Jeder einzelne Moment ist eine Tür zu einer sich entfaltenden, grenzenlosen Unendlichkeit. Kurz gesagt, in jedem Moment unseres Lebens haben wir die Gelegenheit, das Numinose zu berühren. Die Spannung unseres Daseins liegt demnach nicht in der Entfernung, die wir zwischen uns und den grenzenlosen Eigenschaften des Kosmos vermuten, sondern in unserem Bedürfnis, sie in unser tägliches Leben mit einzubeziehen.

Die westliche Wissenschaft stellt einen Versuch dar, die transzendente Natur der Wirklichkeit durch den Verstand, die Mathematik und die Suche nach Wahrheit, Schönheit und Einheit zu erfassen. Wie deutlich zu erkennen ist, wenn man Biographien bedeutender Wissenschaftler liest, waren deren individuelle Impulse nicht von jenen zu unterscheiden, die man in der Kunst und in der Religion findet. Der Künstler beschäftigt sich ebenfalls mit der Herausforderung, das Göttliche einzufangen und symbolisch darzustellen. Ich meine zum Beispiel, daß meine These viel deutlicher in einem von Cézanne gemalten Apfel zum Ausdruck kommt – denn man erkennt in dem einfachen Pinselstrich den fließenden Zusammenhang mit der lebenssprühenden Realität des Apfels, seiner Innenwelt, wenn Sie so wollen. Doch handelt es sich um eine Innenwelt, die sich ausbreitet und mit der Innenwelt des Künstlers vereint, mit der Leinwand und den Wahrnehmungen des Betrachtenden.

So war für Cézanne und für uns, die wir vor seinem Werk stehen, die Kosmologie in einem Apfel enthalten. Denn in diesem Bild liegt die gesamte Immanenz der materiellen Welt und das göttliche Potential des Geistes. Cézannes Apfel zu betrachten bedeutet, sich auf eine Zeitquelle einzulassen, auf einen Augenblick des Bewußtseins, der uns in der eigenen unmittelbaren Gegenwart mit der des Malers verbindet; es bedeutet, an einem Akt der Entfaltung teilzunehmen, die uns zur wahren Bedeutung und zum Ursprung von Materie führt, zurück selbst zum Urknall und voran in die ferne Zukunft.

Eihei Dōgen

»Fasse Zeit nicht so auf, als verflöge sie nur« – Über Zeit-sein und »Sein-Zeit«

Ein Zen-Meister alter Zeit[1] hat gesagt:

> »Sein-Zeit steht auf dem obersten Gipfel und in der tiefsten Tiefe des Meeres; Sein-Zeit ist drei Köpfe und acht Ellbogen; eine Höhe von sechzehn oder achtzehn Fuß ist Sein-Zeit; der Stab eines Mönchs ist Sein-Zeit; *hossu*[2] ist Sein-Zeit; die Steinlaterne ist Sein-Zeit; TARÔ ist Sein-Zeit, JIRÔ[3] ist Sein-Zeit; Erde ist Sein-Zeit, Himmel ist Sein-Zeit.«

»Sein-Zeit« heißt, daß Zeit Sein ist. Jegliches daseiende Ding ist Zeit. Die goldene Statue von sechzehn Fuß ist Zeit. Da sie Zeit ist, hat sie die Großartigkeit der Zeit. Man muß lernen, daß sie die zwölf Stunden der »Jetztheit« ist. Drei Köpfe und acht Ellbogen sind Zeit. Da sie Zeit sind, müssen sie identisch sein mit diesen zwölf Stunden, eben diesem Augenblick. Obgleich wir zwölf Stunden nicht als lange oder kurze Zeit messen, nennen wir sie doch (willkürlich) zwölf Stunden. Die Spuren von Flut und Ebbe der Zeit sind so offensichtlich, daß wir sie nicht anzweifeln. Doch obgleich wir sie nicht anzweifeln, sollten wir daraus nicht schließen, daß wir sie begreifen. Menschen sind wankelmütig: Einmal zweifeln sie an dem, was sie nicht begreifen, und zu anderer Zeit zweifeln sie nicht mehr an demselben Ding. So deckt sich ihr früheres Zweifeln nicht immer mit dem gegenwärtigen. Das Zweifeln selbst aber, wie es ist, ist Zeit in diesem Augenblick.

Der Mensch schafft sich eine Ordnung und legt diese Ordnung als die Welt aus. Es gilt zu erkennen, daß ein jegliches Ding, ein jegliches Lebewesen im ganzen Weltall Zeit ist. Kein Ding behindert ein anderes, ebenso wie keine Zeit eine

1 Anmerkungen siehe Seite 173.

andere behindert. Also besteht die ursprüngliche Hinwendung eines jeden Geistes zur Wahrheit innerhalb der gleichen Zeit, und für jeden Geist gibt es ebensowohl auch einen Augenblick, da seine Hinwendung zur Wahrheit beginnt. Mit Übung-Erleuchtung ist es nicht anders.

Der Mensch schafft sich eine Ordnung und sieht diese Ordnung (als die Welt) an. Es ist ebenso unbestreitbar, daß der Mensch Zeit ist. Man muß anerkennen, daß es in dieser Welt Millionen von Dingen gibt, und daß ein jegliches gleichermaßen die gesamte Welt ist – das ist es, womit das Studium des Buddhismus beginnt. Wenn man das erkennt (wird man gewahr), daß ein jegliches Ding, ein jegliches lebendige Ding das Ganze ist, obgleich es selbst das nicht erkennt. Da es keine andere Zeit als diese gibt, ist eine jegliche Sein-Zeit die Gesamtheit der Zeit. Jeder Zeitpunkt schließt jegliches Sein und jegliche Welt ein. Denkt einmal nach, ob es irgendein denkbares Sein oder irgendwelche denkbaren Welten gibt, die nicht in dieser gegenwärtigen Zeit eingeschlossen sind.

Wenn ihr gewöhnliche Menschen seid, unbewandert im Buddhismus, werdet ihr zweifellos, wenn ihr die Worte *aru toki*[4] hört, darunter verstehen, daß (sie »einmal«, »zu einer Zeit« bedeuten, also) zu einer Zeit das Sein als drei Köpfe und acht Ellbogen erschien, daß zu einer Zeit das Sein eine Höhe von sechzehn bis achtzehn Fuß war, oder daß ich zu einer Zeit durch den Fluß watete und zu einer Zeit über das Gebirge ging. Ihr mögt denken, daß jener Fluß und jenes Gebirge Dinge der Vergangenheit sind, daß ich sie hinter mir gelassen habe und nun in diesem palastartigen Gebäude lebe – daß sie von mir so getrennt sind wie der Himmel von der Erde.

Die Wahrheit jedoch hat noch eine andere Seite. Als ich auf den Berg stieg und den Fluß überquerte, war ich (Zeit). Zeit muß notwendigerweise mit mir sein. Ich bin schon immer; Zeit kann mich nicht verlassen. Wenn Zeit nicht als ein

Phänomen aufgefaßt wird, das verebbt und flutet, so ist die Zeit, da ich den Berg erstieg, der gegenwärtige Augenblick der Sein-Zeit. Wenn Zeit nicht als kommend und gehend gedacht wird, ist dieser gegenwärtige Augenblick für mich die absolute Zeit. Zu der Zeit, da ich den Berg erstieg und den Fluß überquerte, erlebte ich da nicht die Zeit, die ich in diesem Gebäude bin? Drei Köpfe und acht Ellbogen ist die gestrige Zeit; eine Höhe von sechzehn bis achtzehn Fuß ist die heutige; aber »gestern« und »heute« bedeuten die Zeit, da man geradewegs in die Berge geht und die zehntausend Gipfel sieht. Sie ist nie vergangen. Drei Köpfe und acht Ellbogen ist meine Sein-Zeit. Sie scheint vergangen zu sein, aber sie ist gegenwärtig. Also ist die Kiefer Zeit und also der Bambus. Fasse Zeit nicht so auf, als verflöge sie nur; verfliegen ist nicht ihr einziges Wirken. Auf daß die Zeit verfliegen könnte, müßte es eine Trennung geben (von ihr und den Dingen). Da ihr meint, daß Zeit lediglich vergeht, lernt ihr nicht die Wahrheit über Sein-Zeit. Mit einem Wort: Jegliches Sein in der gesamten Welt ist eine gesonderte Zeit in einem Kontinuum. Und da Sein Zeit ist, bin ich meine Sein-Zeit. Zeit hat die Eigenschaft, sozusagen von heute auf morgen überzugehen, von heute auf gestern, von gestern auf heute, von heute auf heute, von morgen auf morgen. Da dieses Übergehen eine Eigenschaft der Zeit ist, überschneiden sich gegenwärtige und vergangene Zeit nicht, noch stoßen sie einander. Aber der Meister SEIGEN ist Zeit, ÔBAKU ist Zeit, KÔSEI ist Zeit, SEKITÔ ist Zeit. Da ihr und ich Zeit sind, ist Übung-Erleuchtung Zeit.

Anmerkungen

1 Yakusan Igen Zenji, ein chinesischer Meister der T'ang-Zeit.
2 Ein kurzer Holzstab, wie ihn Zen-Meister bei sich führten, um Fliegen und Mücken zu verscheuchen, mit einem Schweif.
3 Diese Namen werden in gleicher Weise gebraucht wie bei uns Hans, Karl und Fritz.
4 Die gleichen chinesischen Schriftzeichen können entweder als *aru toki* (= einmal zu einer Zeit) gelesen werden, oder als *uji,* was »Sein-Zeit« bedeutet.

FLUSS

Elisabet Sahtouris

Tanz des Lebens

Sowohl Descartes' als auch Newtons Weltbild basierten auf dem Grundgerüst aus Zeit und Raum, von dem man annahm, daß es bereits vor der Entstehung des Universums vorhanden war – gleichsam als eine Art Bühne, auf der die Atome und die anderen aus ihnen bestehenden physikalischen Wesenheiten geschaffen wurden und sich nach geltenden Regeln bewegten. Jedes Atom hatte zu einer gegebenen Zeit eine genau definierte Position inne und bewegte sich mit fortschreitender Zeit entsprechend vorgegebener starrer Bewegungsgesetze von einem Ort zum anderen. Nach der Auffassung des französischen Astronomen und Mathematikers Pierre Simon de Laplace wäre deshalb ein intelligentes Wesen, das zu einer bestimmten Zeit die Positionen sämtlicher Atome des Universums kennen würde, imstande, die Zukunft des Universums vorherzusagen.

Im Verlauf des 19. Jahrhunderts wurde dieses schlichte Modell durch die Entdeckung der elektromagnetischen und thermodynamischen Gesetze ins Wanken gebracht. Den Todesstoß erhielt diese Mechanismus-Analogie schließlich zu dem Zeitpunkt, als die Physiker in der Lage waren, das Atom selbst zu untersuchen.

Zuvor hatte man angenommen, alle Atome seien einander gleich, obwohl sie doch durch ihre unterschiedlichen Konfigurationen alle in der Natur vorfindlichen Dinge hervorbrachten. Atome waren viel zu klein, als daß sie hätten beobachtet werden können, und so hielt man sie für so fest, daß sie niemals brechen oder zerstört werden könnten – sie galten nicht nur als unsichtbar, sondern auch als unteilbar.

Weder die Tatsache, daß man der mechanischen Natur

den nichtmateriellen Elektromagnetismus hinzufügen mußte, noch die durch die Wärme ins Spiel gebrachte Unregelmäßigkeit der Teilchenbewegung konnte die Zuversicht erschüttern, daß sich durch die Untersuchung der Atome das mechanische Weltbild bestätigen würde. Von den Atomen wurde erwartet, daß sie sich als die kleinsten Bestandteile oder Bausteine des Naturmechanismus entsprechend der mechanischen Gesetze durch Raum und Zeit bewegten. Was die Wissenschaftler herausbekommen wollten, war, wie die Dinge von diesen Grundbausteinen aus aufgebaut waren.

Schon die erste schockierende Überraschung, die den Wissenschaftlern bereitet wurde, war die Entdeckung, daß die Atome weder alle gleich noch harte Kügelchen waren. Obwohl man auf die Form eines Atoms nur indirekt durch sein chemisches Reaktionsverhalten schließen konnte, schien jedes eher einem winzigen Sonnensystem zu gleichen. In den Naturwissenschaften sind solche indirekten Verfahren, die dazu dienen, sich einen Aufschluß über das Aussehen nicht sichtbarer Dinge zu verschaffen, gang und gäbe. Unser Sonnensystem zum Beispiel ist nicht – wie ein Atom – zu klein, um gesehen zu werden, sondern zu riesig, als daß man alles auf einmal visuell erfassen könnte. Auf seine Form mußte aus der Art und Weise geschlossen werden, wie sich seine *sichtbaren* Bestandteile zueinander verhielten.

So wie die Sonne im Mittelpunkt unseres Sonnensystems steht, mußte auch irgend etwas im Zentrum des Atoms stehen – und um dieses Zentrum etwas, das noch winziger war und planetenartig umherwirbelte. Die Physiker gaben diesem Zentrum den Namen ›Nukleus‹ und nannten die umherwirbelnden Teilchen ›Elektronen‹. Offenkundig besaßen unterschiedliche Atomarten auch unterschiedliche Anzahlen an diesen Elektronen, die in unterschiedlich entfernten Bahnen den Nukleus umkreisten.

Die nächste Überraschung bestand darin, daß der Atomkern selbst aus weiteren Teilchen bestand, die von so unglaublich starken Kräften zusammengehalten wurden, daß eine Aufspaltung des Kerns in seine Einzelteile eine Explosion verursachte. Wir alle wissen, zu welchem Ergebnis diese Entdeckung führte.

Jedes Atom, egal wie fest es an seinen Ort, wie beispielsweise in einem Kristall, gebunden sein mochte, stellte sich als eine winzige Masse herumwirbelnder Teilchen heraus. All diese den Nukleus bildenden und umkreisenden Teilchen werden heute Partikel genannt. Aber auch diese Partikel erwiesen sich bald als instabile Strukturen.

Wie wir mittlerweile wissen, gibt es sozusagen im Herz der Materie überhaupt nichts, was fest und stabil wäre. Partikel sind wie winzige Wirbelwinde in einem Sturm von Energie, oder wie Wellen, die auf einem Energiemeer tanzen. Versuchen die Physiker, sie in die Hände zu bekommen, rauschen sie unter der Hinterlassenschaft gekrümmter Spuren davon. Sie verschwinden, teilen sich, verschmelzen ineinander und tauchen wieder aus dem Nichts auf – sie machen alles, bis auf eines – stillhalten, um sich untersuchen zu lassen. Alles was die Physiker beschreiben können, oder besser zu beschreiben versuchen, ist das Muster ihres wechselseitigen Energiegestöbers; ein Tanz, geschaffen aus reiner Energie.

Derartige Enthüllungen hinterließen tief verwirrte Physiker und zerstörten ihre Auffassung von einer übersichtlich geordneten mechanischen Realität. Die Partikel waren weder stabil noch verläßlich – sie konnten mit alarmierender Geschwindigkeit und unter mysteriösesten Umständen zwischen ›Sein‹ und ›Nicht-Sein‹ hin- und herspringen. Darüber hinaus zeigte Einstein, daß Zeit und Raum keine eigenständige Existenz besaßen, sondern zwei Aspekte desselben Begriffes waren und sich seit Anbeginn des Universums kontinuierlich aufeinander bezogen. Der Raum gehorchte nicht einmal den Gesetzen der euklidischen Geometrie, wie man geglaubt hatte, genauso verlief die Zeit nicht in Form einer rhythmischen, linearen Aneinanderreihung. Statt dessen schien es, daß die kosmische Raum-Zeit wie die winzigsten Partikel umherkurvte. So könnte beispielsweise ein Mensch durch diese Raum-Zeit reisen, ohne zu altern, während sein zu Hause gebliebener Zwillingsbruder zu einem alten Mann geworden sein würde.

Die Welt schien sich bis in ihre ureigensten Grundlagen aufzulösen. Dennoch löste sie sich nicht in Nichts auf, da diese oszillierende Energie laufend Materie entstehen läßt. Es ist unmöglich, ein Partikel als ein eigenes Objekt zu untersuchen. Es ist so unmöglich, wie für die Untersuchung eines Sturmes aus der Luft Wind und aus dem Ozean Wellen entnehmen zu wollen. Versuchte man es, hätte man nichts in der Hand – obwohl man doch weiß, daß der Sturm aus Wind und Wellen besteht.

Das Universum läßt sich nicht wie eine Maschine in seine Einzelteile zerlegen. Die Physiker müssen also immer einfallsreicher werden, um ihr neues, seltsames Universum zu entschlüsseln. Die Teilchen werden zum Beispiel in Teilchenbeschleunigern studiert, den größten Maschinen, die je gebaut wurden, dazu entworfen, daß Wissenschaftler die allerkleinsten »Dinge« untersuchen können. Um aber selbst nur Spuren dieses Partikeltanzes zu sehen, müssen sie ihn stören und aus den Spuren dieser Störung herauszulesen versuchen, was für ein Tanz das eigentlich ist. Es erweist sich, daß es dabei auf die Muster der Tanzschritte ankommt, denn bestimmte Muster von Energie *sind* eben das, was wir »Materie« nennen. Der kosmische Tanz aber besteht aus allem, was ist.

Obgleich wir den natürlichen Partikeltanz nie ungestört sehen werden können, können wir doch seiner Existenz sicher sein. So sicher wie der Existenz seiner Gebilde – der Sterne, der Erde mit all ihren Geschöpfen, uns Menschen und all der Dinge, die wir herstellen und verwenden. Alles besteht aus unzähligen Bewegungen unsichtbarer Tänzer, die zu einem einzigen Tanz verschmelzen und endlos neue Muster bilden – ein Tanz, zu klein um sichtbar zu sein, und doch so groß, daß er das ganze Universum *ist*.

Diese und andere Entdeckungen größerer, tanzähnlicher Muster – die sich in der Wellenmechanik von Gasen, Flüssigkeiten und Festkörpern finden; die in erhitzter Materie thermodynamisch zustande kommen; die sich als elektromagnetische Phänomene äußern – ließen den Ruf nach neuen Naturmodellen laut werden, nach einer neuen, weniger mechanischen, flexibleren, einer der Natur ähnlicheren Mathematik.

Bis in die Gegenwart beruhte die gesamte Mathematik auf Mechanismen, die etwa zur gleichen Zeit Aristoteles für die Logik und Euklid für die Geometrie entwickelt hatte. Dennoch war selbst den Mathematikern bis in die jüngste Vergangenheit die Verbindung zwischen der Mathematik und der Logik nicht klar. Jetzt ist es so, daß die Mathematiker die Logik – die Regeln zur ordentlichen Klassifikation und Kombination von Elementen – als die eigentliche Grundlage ihrer Disziplin anerkennen. Und das bedeutet, daß sich die Mathematik genauso wie ein Weltbild verändern läßt – einfach weil ihre logischen Regeln verändert werden können.

Kaum, daß die Mathematiker begonnen haben, sich mit der aristotelischen Logik zu beschäftigen, sind weitere auf diesen neuen Grundlagen basierende, dynamischere Mathematiksysteme im Entstehen begriffen oder bereits entwikkelt. Mit der Zeit kann eine neue Form der Logik, eine neue Ordnung im Nachdenken über ein dynamisches, lebendiges, eher organisch als mechanisch zu betrachtendes Universum zu einer ganz neuen Art von Mathematik führen. Und diese neue Mathematik kann ihrerseits zur Formulierung eines neuen Modells des Universums beitragen.

Zu den wichtigsten neuen naturwissenschaftlichen Forschungsfeldern gehören die Studien, die sich mit der Selbstorganisation natürlicher Systeme befaßten. Viele von ihnen sind von den Arbeiten des Chemie-Nobelpreisträgers Ilya

Prigogine inspiriert, der das antike Konzept der Erschaffung der Ordnung aus dem Chaos wiederbelebt hat, als er zeigte, daß sogar auf der Ebene der Chemie sich selbst erhaltende Systeme existieren, die aus einem chaotischen Stadium wieder zu neuen Ordnungsstrukturen finden. Mit Prigogines Arbeiten wurde die Thermodynamik von Gleichgewichtssystemen, die nicht-lebende Systeme beschreibt, um die Thermodynamik von Nicht-Gleichgewichtssystemen erweitert, die sich mit den Existenzbedingungen lebender Systeme befaßt. Doch wenn es zutrifft, daß für lebende Systeme ein anderes Konzept als das mechanistische gilt, müssen wir uns fragen, ob die Thermodynamik von Nicht-Gleichgewichtssystemen den nach unserer Auffassung für das Leben entscheidenden autopoietischen Prozeß angemessen beschreiben kann.

Solche neuen Theorien und Fragen sind Teil unseres sich rasant entwickelnden wissenschaftlichen Weltbildes. So neu diese organische Betrachtungsweise auf der einen Seite auch ist, so harmoniert sie doch auf der anderen Seite besser mit der Weltsicht, die von den frühen griechischen Philosophen formuliert wurde und das Geschehen prägte, bevor die Idee einer perfekten, von Gott ausgehenden Ordnung dem gesamten westlichen Weltbild ihren Stempel aufdrückte.

Wissenschaftler entdecken heute Zusammenhänge, die den Menschen, die ein enges Verhältnis zur Natur haben, von jeher intuitiv vertraut waren, und die in der Form von Symbolen, beispielsweise als Tanz, in ihre Schöpfungsmythen Eingang fanden. Am allerwichtigsten ist aber, daß die Wissenschaftler beginnen, das Universum als einen lebendigen und kontinuierlichen Prozeß zu verstehen, als einen kreativen Tanz des Lebens.

Bodo Hamprecht

Die Musik des Weltenäthers: Wie Licht und Materie berechenbar geworden sind

Was ist Materie?

Die Stoffe, allein schon der unbelebten Welt, sind an Anzahl und nach Reichtum ihrer Gestalten beeindruckend: vom flüchtigen Gas zum klaren Kristall, vom gediegenen Metall zum weichen Wachs; duftende Flüssigkeiten, zähe Moraste, schäumende Seifen, Teer und Salz, Wolken und Lava bereichern die sinnliche Qualität unserer Welterfahrung.

Ja, wie Materie aussieht und was man mit ihr machen kann, darüber können wir Auskunft geben. Aber was ihrem Erscheinungsreichtum zugrunde liegt, was Materie, was das Wesen der Materie selber ist, was die materielle Welt »im Innersten zusammenhält«, das ist nicht so leicht zu sagen. Doch das 20. Jahrhundert hat eine Quantentheorie hervorgebracht, die in der Lage ist, Materie zu berechnen, und die verdient, zu dieser Frage gehört zu werden. Dem naturwissenschaftlichen Erkenntnisideal der Gegenwart entsprechend stellt sie sich der großen Fülle von Erscheinungen als ein auf möglichst wenige Grundprinzipien gebautes Gedankenmodell der Materie gegenüber.

Damit haben wir zwei Tatsachengebiete vor uns:

1. die sinnlich gegebene und durch Experimente aufgeschlüsselte Wirklichkeit und
2. ein physikalisch-mathematisches Gedankengebäude, das schon allein als ein Phänomen der Geistesgeschichte Beachtung verdient.

Beide stehen natürlich zueinander in enger Beziehung. Die Theorie soll die Wirklichkeit möglichst genau beschreiben;

andererseits gelangen viele, vor allem experimentell erst zu gewinnende Aspekte der Wirklichkeit nur durch das Okular der Theorie ins Bewußtsein. Ausgestaltung, ständige Überprüfung und Pflege dieses doppelten Zusammenhangs sind die eigentliche Aufgabe der Naturwissenschaften. Sie werden lange schon mit Aufwand, Scharfsinn und großem Erfolg betrieben.

Eine moderne Mythologie

Unsere Fragestellung ist eine andere. Wir wollen hier nicht untersuchen, ob die Theorie »stimmt« oder von praktischem Wert ist; beides setzen wir im Rahmen des Selbstverständnisses der Wissenschaft voraus, ohne die Maßstäbe, nach welchen es beurteilt wird, einer Analyse zu unterziehen. Wir wollen untersuchen, welcher Gedankenformen sich das 20. Jahrhundert bedient, um sich sein Bild von der materiellen Welt zu verschaffen. Denn diese Gedankenformen charakterisieren unsere Zeit und unsere Gesellschaft. Jede Kultur hat schließlich ihre Mythologie. Sie stiftet nach innen Identität; und läßt nach außen ein Bild der Kultur sichtbar werden. In diesem zweifachen Sinne sind die Ergebnisse der Naturwissenschaft die Mythologie unserer Zeit.

Denn selbst wenn es wahr wäre, daß Naturwissenschaft im Unterschied zu allen anderen Mythologien auf eine völlig einmalige, willkürfreie Weise zustande gekommen wäre, so ließe sich ihr Ergebnis doch zur Charakterisierung der Gegenwart heranziehen. Gerade weil naturwissenschaftliche Ergebnisse aus inneren Gründen, aus Einsicht nämlich, und nicht durch äußeren Zwang verbindlich sind, lassen sie sich mit den Mythologien des Altertums vergleichen. Auch diese waren, zwar aus anderen Gründen als jene, die in der Gegenwart gelten, aber doch aus solchen, die dem innersten Selbstverständnis der Menschen entsprachen, verbindlich, prägten Urteile und Anschauungen der Menschen und spielten ihre Rolle im praktischen Leben. So haben für uns Quantentheorie, Relativitätstheorie, Genetik etc. bereits mythologischen Rang erlangt, während andere Theorien, die als untereinander konkurrierende Lehrmeinungen existieren, Anhänger werben und Schulen bilden, wie z. B. einige sozialwissenschaftliche oder psychologische Theorien, gegenwärtig solche mythologische Qualität noch nicht haben.

Solange der Vertreter einer Theorie noch latent auf mögliche Angreifer eingestellt ist und sich ein aktuelles Bewußtsein von den Verteidigungsmöglichkeiten und -strategien seiner eigenen Theorien leistet, sie also nicht naiv-selbstverständlich als Wahrheit schlechthin behandelt, die auch im Falle eines Angriffs fraglos gemeinsamer Boden aller ernstzunehmenden Kontrahenten wäre, solange hat diese Theorie in der Gesellschaft noch keinen mythologischen Rang. In Grenzfällen wird gerne etwas nachgeholfen. Das ist leicht möglich, indem man von der Gesellschaft als nicht ernstzunehmend abstreicht, was dem eigenen Paradigma entgegensteht. Aber erstens stoßen solche Abstriche bald auf praktische Grenzen, und zweitens geht es uns hier nicht um eine genaue Abgrenzung zwischen Theorien verschiedener Qualität, sondern um die Suche nach einem mythologischen Gehalt in der Quantentheorie. Und dazu mußte erläutert werden, was mit Mythologie gemeint ist.

Blick hinter den Schleier der Mathematik

Klar und eindeutig formuliert gibt es die Quantentheorie nur in mathematischer Sprache. Jede Veranschaulichung, also jeder Versuch, den Gehalt der Quantentheorie mit Bildern und Begriffen der Umgangssprache zu beschreiben, ist bereits eine Übersetzung. Viele solche Beschreibungen, gerade wenn sie besonders anschaulich und plausibel sein wollen, beugen sich dabei den für die Beschreibung der Materie gemeinhin üblichen mechanistischen Gedankenformen, wie »Teilchen«, »Geschwindigkeit«, »Volumen«, »Inhalt«, »Undurchdringlichkeit« usw. Dabei geraten leicht die für die Quantentheorie typischen, der gewöhnlichen Anschauung zuwiderlaufenden Begriffe wie »Wellenfunktionen«, »Matrixelemente«, »Eigenzustände« usw. ins Hintertreffen. Das wissenschaftliche Urteil beruht ausschließlich auf letzteren; die Veranschaulichung benutzt erstere; sie muß deshalb im Grunde unverständlich bleiben. Läßt sich nun trotzdem anschaulich beschreiben, wie in der Quantentheorie über die Materie wirklich gedacht wird? Damit wäre, wenn schon nicht abschließend die Materie, so doch eine dem 20. Jahrhundert wesentliche Gedankenart beschrieben.

Nun ist diese moderne Materietheorie schon auf der mathematischen Ebene ein Chamäleon. Sie läßt sich je nach Geschmack oder Bedarf auf unterschiedliche und im Ergebnis doch äquivalente Weisen formulieren: Schrödingersche Wellenfunktionen, Heisenbergsche Matrizen oder Feymansche Pfadintegrale führen alle zu demselben Resultat, obwohl der anschauliche Gehalt, die allgemeinverständliche Interpretation einer jeden solchen Prozedur jeweils völlig verschieden aussieht. So gerät zunächst auf recht schwankenden Boden, wer in einer nicht-technischen Kultursprache beschreiben will, was Materie für die gegenwärtige Wissenschaft ist. Das ist praktisch unvermeidlich, weil es mit der Eigenart der Mathematik selbst zusammenhängt.

Materie und Licht

Einige wenige, nicht von dieser enormen Wandelbarkeit mathematischer Darstellungsformen betroffene Anhaltspunkte gibt es aber doch. Der vielleicht wichtigste ist der, daß die Quantentheorie nicht prinzipiell zwischen Licht und Materie unterscheidet, so daß wir sagen können, in unserer spezifischen, eben nicht auf Tradition, Offenbarung oder gar Autorität, sondern auf zumindest partieller Einsicht gegründeten Mythologie des 20. Jahrhunderts gilt der Satz:

»Materie ist verdichtetes Licht«

Das Wort »verdichtet« soll dabei nur auf das essentiell Gemeinsame von Licht und Materie hinweisen – bei natürlich daneben auf untergeordneter Ebene auch bestehenden Unterschieden. Was es sonst noch an Assozationen weckt, sei nicht ausgeschlossen, wäre aber zunächst als »Dichtung« anzusehen, derer sich die Mythologie ja auch bedienen darf, wenn es mit der nötigen Zurückhaltung geschieht.

Spektralanalyse

Ganz sicher ist ebenfalls, daß im Innenleben der Quantentheorie nichts vorkommt, was sich zwanglos mit Begriffen wie »Teilchen«, »Körper«, »Festigkeit«, »Raumerfüllung« usw. beschreiben ließe. Übliche Umschreibungen mit Teilchenbegriffen, die suggerieren, daß es sich bei Atomen, Kernen, Elektronen, Nukleonen, Quarks, ... um kleine Körperchen handele, sind von der klassisch mechanischen Anschauung abstrahiert, die ja gerade trotz intensiven Bemühens nicht in der Lage war, die im 19. Jahrhundert bekannt gewordenen materiellen Erscheinungen zu deuten und zu begreifen. Erst als diese von der Anschauung aufgedrängten Begriffe, daß Materie unbedingt als aus kleinen körperlichen Bausteinen bestehend gedacht werden müsse, verlassen wurden, war der Weg für die Quantentheorie und ihre erstaunlichen Erfolge frei. Sie operiert mit völlig anderen Begriffen als die klassische Materiephysik und kann nur durch nachträgliche, an die mathematische Berechnung angehängte Interpretationsvorschriften zu den von der Anschauung geforderten klassischen Begriffen in eine eindeutige Beziehung gesetzt werden.

Experimentell war bekannt, daß Stoffe beim Erwärmen nicht nur schmelzen und verdampfen, sondern auch, wenn sie schon gasförmig geworden sind, durch weiteres Erhitzen oder durch elektrische Anregung in eine zunächst unüberschaubare Fülle von verschiedenen inneren Zuständen übergehen können. Aus solchen »angeregten« Zuständen kehren sie meist sehr schnell jeweils unter sehr spezifischer Lichtaussendung in ihren sogenannten Grundzustand zurück. Diese spezifische Lichtaussendung, das Spektrum eines Stoffes, bildet die Grundlage für die Spektralanalyse. Sie erlaubt nicht nur sehr eindeutige Identifizierung von Stoffen, sondern ermöglicht auch eine Fülle von Aussagen über die unmittelbare Umgebung des leuchtenden Stoffes. Dadurch ist sie eine der wesentlichen Grundlagen der Astrophysik geworden. Besonders überraschend war die diskrete Natur der inneren Zustände von Gasen: Es waren in der Regel ganz bestimmte, deutlich voneinander unterschiedene Zustände, ohne daß man Zwischenzustände, Zwischenformen irgendwie hätte anregen können. Die schien es nicht zu geben. Und mit den üblichen mechanischen Begriffen gelang es nicht, eine solche innere Struktur zu erklären.

Materie als Musik

Die verblüffende Lösung stellte sich im Jahre 1925 ein, als Erwin Schrödinger nach Vorarbeiten vieler anderer den Weg beschritt, diese diskreten Zustände des Gases ähnlich zu behandeln, wie man in der Akustik etwa den Grund- und die Obertöne eines Musikinstrumentes, einer Saite oder einer Luftsäule berechnet. Diese bilden ja auch diskrete Tonfolgen. Daraus entstand die berühmte und nach ihm benannte Schrödingersche Wellengleichung. Ihr Prinzip hat sich in der

Folge als außerordentlich fruchtbar erwiesen, so daß heute alle Zustände der Materie und sogar des Lichtes nach dem Muster der Akustik berechnet werden. Selbst die Wandelbarkeiten mathematischer Modelle können diese Feststellung nicht entkräften, denn auch Heisenbergs und Feynmans Formulierungen sind der Akustik angemessen und enthalten denselben Grundgedanken wie die Schrödinger-Gleichung, nur in verschiedener Einkleidung.

Genaugenommen werden in der Akustik gar keine Töne berechnet, sondern Schwingungen der Luft. Der Ton ist nicht Gegenstand irgendeiner Berechnung; er tritt einfach auf, wenn sich eine entsprechende Luftschwingung ausbilden kann. Am einfachsten sind die Verhältnisse bei der schwingenden Saite. Wenn die Saite mit einem einzigen Bauch schwingt und über eine entsprechende Mechanik, z. B. Instrumentenkörper, Stimmstock und Steg, ihre Schwingungen der Luft mitteilen kann, so erklingt der Grundton der Saite (z. B. c'). Wird nun durch geeigneten Strich mit dem Bogen und durch leichte Berührung der Saite mit dem Finger an einer möglichen »Knotenstelle« (d. h. bei $1/2$, $1/3$, $1/4$, $1/5$ oder $1/6$ ... der Saitenlänge) erreicht, daß die Saite mit 2, 3, 4, 5 oder 6 ... Bäuchen schwingt, so erklingen als Obertöne die erste Oktave über dem Grundton (c'') bzw. die Quinte über dieser ersten Oktave (g''), die zweite Oktave (c'''), die große Terz über der zweiten Oktave (e''') oder die Quinte über der zweiten Oktave (g''')... Diese Obertöne werden bei Streichinstrumenten auch als Flageolettöne bezeichnet (Abbildung 1).

Platten zeigen schon kompliziertere Schwingungsformen als Saiten, denn sie haben eine Dimension mehr: nicht nur Länge, sondern auch Breite. Eine kreisrunde Platte z. B., etwa in der Mitte fest eingespannt, kann durch Bogenstrich zu verschiedenen Schwingungsformen angeregt werden. Ernst Florenz Friedrich Chladni hat diese im Jahre 1787 beschrieben und durch die nach ihm benannten Klangfigu-

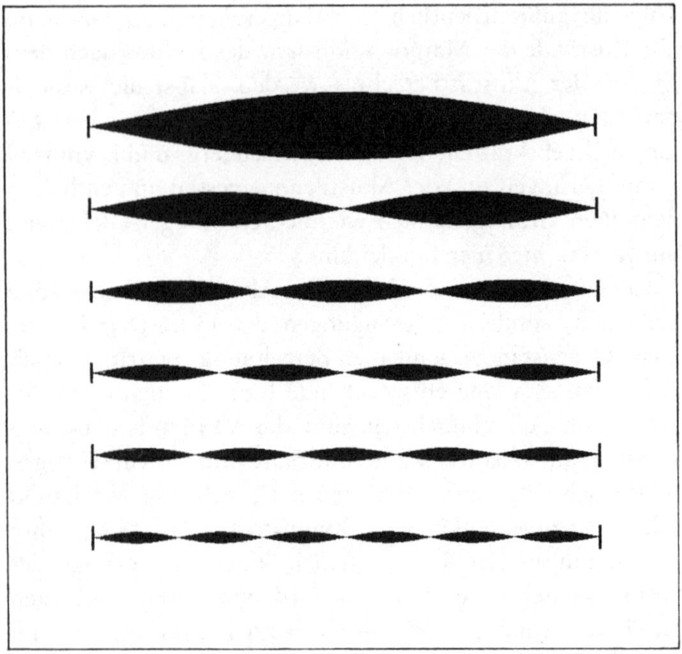

Abbildung 1: Eine Saite kann zu verschiedenen Schwingungsformen, ihren sogenannten Eigenschwingungen, angeregt werden. Die Abbildung zeigt sechs gleiche Saiten mit 1, 2, ... 6 »Schwingungsbäuchen«. Die ruhenden Punkte zwischen den Bäuchen sind die »Knoten«. Bei der Schwingung mit einem Bauch erklingt der Grundton der Saite. Ist dieser z. B. auf c' gestimmt, so gehören zu den fünf weiteren Eigenschwingungen die Obertöne c'', g'', c''', e''' und g'''.

ren sichtbar gemacht. Er streute feinen Sand auf die Platte. Bei der Schwingung sammelte sich dieser in den sogenannten Knotenlinien, also an jenen Stellen, die bei der gerade angeregten Schwingung in Ruhe blieben. Zugleich erklingt ein Ton von bestimmter Höhe. Tonhöhe und Klangfigur gehören für eine gegebene Platte zusammen. Die einer Platte möglichen Schwingungsformen werden als ihre »Eigenschwingungen« bezeichnet; die zugehörigen Schwingungsfrequenzen als die Eigenfrequenzen der Platte. Mit steigendem Aufwand lassen sich immer höhere Eigenfrequenzen mit zugehörigen, immer feiner und komplizierter gegliederten Schwingungsformen anregen. Der ungeübte Bogenstrich wird leicht mehrere Eigenschwingungen gleichzeitig anregen; dann gibt die Platte einen schrillen unharmonischen Klang von sich, während sich keine eindeutige Klangfigur ausbilden kann. Dagegen rufen mehrere gleichzeitig angeregte Eigenschwingungen einer Saite meist einen verhältnismäßig harmonischen, aber je nach Bogenstrich und erst recht beim Zupfen der Saite verschiedenen Klang hervor. Alle Eigenfrequenzen eines Tonkörpers zusammen bilden sein »Schwingungsspektrum«.

Statt auf die alte Chladnische Art mit dem Bogen kann man auch versuchen, die eingespannte Platte durch eine in einem sogenannten Tonfrequenzgenerator elektronisch erzeugte und mechanisch übertragene Schwingung bestimmter kontinuierlich einstellbarer Frequenz anzuregen. Da zeigt sich, daß die Platte nur mitschwingt, wenn die anregende Frequenz ziemlich genau mit einer Eigenfrequenz der Platte übereinstimmt. In diesem Fall ordnet sich der Sand auf der Platte in den Linien der zugehörigen Klangfigur. Die Platte zeigt Resonanz, sobald ihre Eigenfrequenz getroffen wird (Abbildung 2).

Ganz entsprechend, nur noch etwas komplizierter gestalten sich die Verhältnisse, wenn ein dreidimensionales Gebilde, z. B. ein von Wänden begrenztes Luftvolumen, wie etwa in Blasinstrumenten, zum Schwingen angeregt wird. Dann wird der schwingende Luftkörper nicht mehr durch Knotenpunkte, wie bei der Saite, oder durch Knotenlinien, wie bei der Platte, sondern durch Knotenflächen gegliedert. Wiederum können nur ganz bestimmte für den schwingenden Körper charakteristische Eigenschwingungen mit ihren zugehörigen Eigenfrequenzen auftreten; davon wird in den Blasinstrumenten auf vielfältige Weise Gebrauch gemacht. Auch hier hat jedes Instrument seinen Grundton und ein

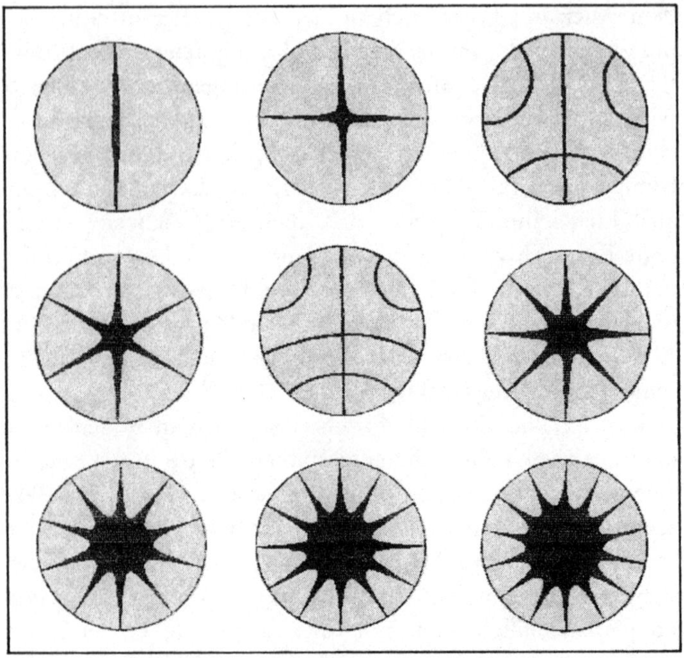

Abbildung 2: Chladni'sche Klangfiguren nach Chladni (Leipzig 1787). Eine kreisförmige, mindestens an einem Punkt festgespannte Platte wird zum Schwingen angeregt. Je nach Einspannung und Anregung entwickelt die Platte verschiedene Eigenschwingungen, bestehend aus »Bäuchen« und »Knotenlinien«. In den Knotenlinien sammelt sich feiner Sand, der auf die Platte gestreut worden ist. Die Einspannstellen der Platte liegen natürlich immer auf Knotenlinien.

mehr oder weniger ausgeprägtes Spektrum von Obertönen. Hat ein Instrument Klappen oder Löcher, wie die Flöten, Klarinetten, Oboen usw., oder Ventile, wie beim Horn, so wird durch jeden Griff ein jeweils anderer Luftkörper zubereitet. Er hat sein eigenes Spektrum. Durch die Kunst des Anblasens sollen dessen Eigenfrequenzen in einer dem Klangideal entsprechenden Mischung angeregt werden.

Das Wasserstoffatom

Die Quantentheorie behandelt nun z. B. das Elektron in einem Wasserstoffatom sehr ähnlich wie die Luft in einer Flöte. Während allerdings die Luft von äußeren Wänden gehalten wird, wird das Elektron im Wasserstoff von innen her angebunden gedacht, und zwar durch die elektrischen Anziehungskräfte zwischen dem elektrisch positiv geladenen Atomkern und der elektrisch negativen schwingenden »Elektronenwolke«. Die verschiedenen Eigenschwingungsformen der Elektronenwolke in dieser Anordnung entsprechen den möglichen Zuständen des Wasserstoffatoms und damit des Wasserstoffgases (Abbildung 3). Was für die Saite der Grundton, ist für den Wasserstoff sein Grundzustand. Wird der Wasserstoff aber durch irgendwelche Einflüsse zu einer höheren Eigenschwingung angeregt, so kehrt er sehr schnell unter Aussendung charakteristischer Lichtstrahlung in seinen Grundzustand zurück. Die Wellenlängen solch abgestrahlten Lichtes lassen sich in diesem akustischen Bild von der Materie berechnen. Das Rechenergebnis stimmt völlig mit allen experimentellen Befunden überein.

Das Rätsel der diskreten Zustände im Inneren der Materie findet also in der Quantentheorie seine Auflösung durch Begriffe wie »Eigenschwingungen«, »Eigenfrequenzen« und »Resonanzen«, die ihren klassischen Ursprung in der Akustik haben. Wir wollen prüfen, wie weit die Analogie zwischen Klang und Materie trägt. In der Akustik bezieht sich, wie schon gesagt, die Berechnung nicht auf Töne und Klänge, sondern auf Schwingungen, und zwar letztlich auf solche Luftschwingungen, die unser Ohr erreichen können. Diesen Schwingungen werden dann erst die Töne, Klänge, Laute und Geräusche gemäß empirischer Regeln zugeordnet. Ganz entsprechend rechnet die Quantentheorie nicht eigentlich mit Elektronen, nicht einmal mit Elektronenwolken oder sonst irgendeiner Größe, die nach dem Muster

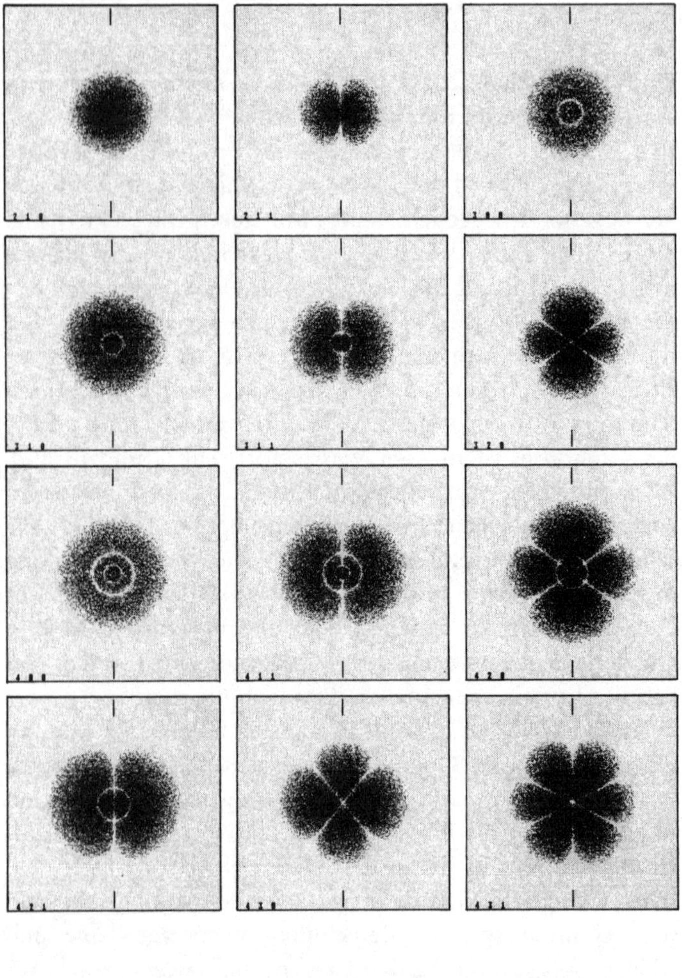

Abbildung 3: Schwingungszustände des angeregten Wasserstoffatoms. Dargestellt ist jeweils ein Schnitt durch das Zentrum des Atoms. Das ganze Atom erhält man daraus durch Rotation um die angedeutete senkrechte Achse. Wo Knotenflächen geschnitten werden, erscheinen weiße Linien im Bild. Die von Ort zu Ort unterschiedliche Stärke (Amplitude) der unräum-

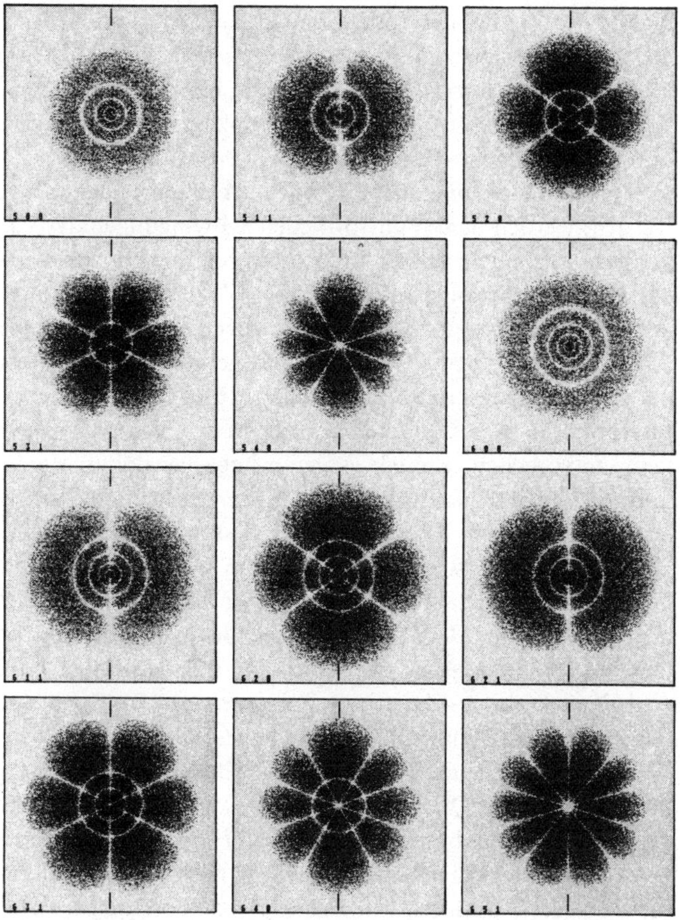

lichen Vakuumschwingung ist durch die Schwärzung angedeutet. Drei Zahlen n, l, m kennzeichnen jede Figur. Das sind die sogenannten Quantenzahlen, durch die jede Eigenschwingung eindeutig zu bestimmen ist. Will man die Bilder der Größe nach miteinander vergleichen, muß man jedes Bild zuvor um den Faktor n (d. h. die erste der drei Zahlen) vergrößern.

klassischer materieller Kategorien gebaut ist, sondern mit etwas Unstofflichem, das da schwingt; man könnte es als »Raum schlechthin«, oder etwas poetischer als den »Äther« bezeichnen; üblich ist, es möglichst ganz zu übergehen oder es notfalls einfach »Vakuum« zu nennen.

Wie den Luftschwingungen Töne nachträglich zugeordnet werden, werden diesen unstofflichen Schwingungen des Vakuums nach einem bestimmten Interpretationsmuster Teilchen, z. B. Elektronen in bestimmten Zuständen, zugeordnet. Das geschieht gemäß der heute allgemein anerkannten, auf Niels Bohr zurückgehenden und gerade auch in ihren paradoxen Aspekten experimentell geprüften Kopenhagener Interpretation der Quantentheorie. Von »Elektronenwolken« zu sprechen, wie ich es getan habe, ist nur in einem uneigentlichen Sinne möglich, etwa wie jemand sagen könnte, er höre ein Klavier, wenn er dessen Töne vernimmt.

Ein Instrument, wie das Klavier, kann man zwar nach den Gesetzen der Mechanik berechnen, aber man kann es weder hören noch seine Mechanik nach den Gesetzen der Harmonielehre erklären. Aber die Töne, die das Instrument hervorbringt, können gehört und auch nach den Begriffen der Harmonielehre untersucht werden. So kann man die Wellenfunktion eines Elektrons im Wasserstoffatom nach den Gesetzen der Quantentheorie, also mit Hilfe der Schrödinger-Gleichung, berechnen, aber man kann es selbst eben nicht mit materiellen Begriffen wie »Teilchen«, »Teilchendichte« oder »Undurchdringlichkeit« etc. beschreiben. Die Wellenfunktion beschreibt nämlich nichts, was im eigentlichen Sinne der materiellen Welt angehörte. Erst die gemäß der Kopenhagener Wahrscheinlichkeitsinterpretation der Wellenfunktion zugeordneten mechanischen Größen, wie »Ort«, »Geschwindigkeit«, »Drehimpuls von Teilchen« beziehen sich auf Materielles und verhalten sich materiellen Gesetzen entsprechend.

Äußere Ruhe und innere Bewegung

Eine bestimmte Schwingung des Vakuums erscheint uns also als Elektron in einem bestimmten Zustand. Während aber das Vakuum heftig schwingt, ist das Elektron i. a. in Ruhe, ohne erkennbare Bewegung. Es strahlt z. B. keine elektromagnetischen Wellen ab, was nach den Gesetzen der Elektrodynamik zu erwarten wäre, wenn von irgendeiner Bewegung des Elektrons um den Kern gesprochen werden könnte. Indem die Quantentheorie das Elektron im Wasserstoffatom als ruhend beschreibt, ist sie also in guter Übereinstimmung mit der Erfahrung. Bewegung und elektromagnetische Abstrahlung treten nur auf, wenn das Elektron von einem Eigenzustand in einen anderen wechselt. Dennoch kann die Theorie auf die schwingende Bewegung des Vakuums nicht verzichten, denn diese trägt einen Teil der kinetischen Energie, die für die Energiebilanz gebraucht wird; sonst würde keine Berechnung der Spektrallinien stimmen können. Allerdings läßt die Quantentheorie diese schwingende Bewegung des Vakuums sich gar nicht in den Dimensionen des gewöhnlichen dreidimensionalen Raumes vollziehen, sondern verlegt sie in eine zusätzliche »nach innen gewendete« Dimension, die mathematisch durch die imaginäre Zahl $i = \sqrt{-1}$ beschrieben wird. Veranschaulichen läßt sich eine solche Schwingung, die nicht im Raume stattfindet, etwa dadurch, daß man zum Vergleich einen rhythmischen Wechsel zwischen inneren seelischen Erlebnissen heranzieht, etwa einen Wechsel zwischen traurig und heiter.

So sonderbar eine solche Konstruktion zunächst anmuten mag, ist sie doch, abgesehen von ihrer guten experimentellen Fundierung, die ja außer Frage steht, durchaus analog zur Akustik. Denn der Ton einer Geige mag für eine Weile ganz ruhig stehen, während außerhalb der Dimension der Töne die Saite energisch schwingt. Sicher gibt es auch Bewegung in der Musik; aber die ist etwas völlig anderes als die Bewegung der schwingenden Luft, welche gerade die musikalische Bewegung vermittelt. Ebenso ist Bewegung von Elektronen, Protonen usw. selbstverständlich auch möglich. Aber sie ist etwas völlig anderes als die Bewegung des schwingenden Vakuums, welche Elektronen, Protonen etc. hervorbringt.

Tunneleffekt, Unschärferelation, Ferromagnetismus und Supraleitung

Typische Konzepte der Quantentheorie wie Tunneleffekt und Unschärferelation sind in der Akustik gut bekannt. Für den Schall gibt es nämlich keine absolute Barriere. Durch Wände und Mauern kann man den Schallpegel zwar verkleinern, vielleicht sogar bis unter die Hörschwelle; aber seine völlige Auslöschung ist nicht möglich, außer man entzieht ihm sein Medium, die Luft. Analoger Entzug des Mediums im quantenmechanischen Falle wäre jedoch unmöglich, so daß die materietragende Vakuumschwingung im Prinzip jede Barriere, und sei es auch nur in einem winzigen Maß, durchdringt. Das ist aber gerade der Sachverhalt des Tunneleffektes. Sein bekanntestes Terrain sind die radioaktiven Stoffe: sind die Barrieren gegen den Zerfall klein, so treten sehr kurze Halbwertzeiten auf; ist die Barriere groß, wird die Halbwertzeit auch groß; Stabilität ist jedoch durch keine Barriere zu erreichen, sondern nur durch echte Bindung.

Wenn ein Ton über längere Zeit erklingt, läßt sich seine Tonhöhe leicht bestimmen. Je kürzer der Ton gespielt wird, um so schwieriger wird die Bestimmung der Tonhöhe, und zwar aus prinzipiellen Gründen; denn wenn die Spieldauer kürzer geworden ist als eine Periode der zugehörigen Schwingung, kann sich keine Tonhöhe mehr manifestieren; es bleibt nur noch ein Knacken oder ein scharfer kurzer Knall völlig unbestimmter Tonhöhe. So gibt es in der Akustik auch eine Unschärferelation für Töne, und zwar zwischen ihrer Tonhöhe und dem Zeitpunkt ihres Erklingens. Die Tondauer ist aber gerade die Unschärfe dieses Zeitpunktes. Wird sie sehr klein, der Zeitpunkt also sehr scharf bestimmt, so wird hingegen die Tonhöhe immer unbestimmter. Die quantentheoretischen Unschärferelationen kommen ganz analog zustande.

Andere in der Akustik anzutreffende Begriffe, wie »Geräusch«, »Harmonie« und »Resonanz«, haben auch ihr natürliches Analogon in der Quantenmechanik. Diese Begriffe haben mit der Frage zu tun, ob im akustischen Feld mehr Ordnung oder mehr Chaos herrscht. Chaotisches Zusammentreffen mehrerer Schallquellen erzeugt Lärm und Geräusch; zunehmende Ordnung bringt Klang und Harmonie hervor.

Dem Geräusch entspricht als stofflicher Zustand das Gas. Seine einzelnen Atome, als Vakuumschwingungen gedacht, sind unkorreliert und chaotisch. Verflüssigung und Verfestigung des Gases bringen zunehmende Ordnung. Die feste Materie ist schließlich dem Orchesterklang vergleichbar. Tritt gar im Eisen der spontane Magnetismus oder z.B. im Blei das Phänomen der Supraleitung auf, so ist eine neue Qualitätsstufe in der Ordnung der Vakuumschwingungen erreicht: viele Einzelschwingungen haben sich zu einer einzigen mächtigen »Vakuumwelle« von makroskopischen Dimensionen zusammengefunden; atomistische Erscheinungen sind teilweise aufgehoben, solange ein solcher Zustand anhält. Ein direkt vergleichbares akustisches Phänomen ist nicht bekannt, aber zu den Resonanzerscheinungen besteht eine gewisse Verwandtschaft.

Wie Verflüssigung und Erstarrung bei fortschreitendem Entzug von Wärme auftreten, so sind auch Ferromagnetismus und erst recht die Supraleitung typische Kältephänomene. In der Kälte entsteht Ordnung.

Quantentheorie von Licht und strahlender Materie

Im Atom gebundene Elektronen haben wir als den akustischen Schwingungen vergleichbare Vakuumschwingungen kennengelernt. Was geschieht nun, wenn wir ein Gas ionisieren und frei bewegliche Elektronen erzeugen, die wir dann z. B. zu Elektronenstrahlen zusammenfassen und evtl. beschleunigen können? Auch das freie Elektron wird von der Quantentheorie als Schwingung des Vakuums begriffen. Dann können wir aber auch Elektronenstrahlen als schwingendes Vakuum beschreiben und haben damit die Brücke betreten, die von der Materie zum Licht führt: Photonen sind wie die Elektronen als Vakuumschwingungen zu begreifen; nur in den Schwingungsformen unterscheiden sie sich voneinander. Das Gleiche gilt für alle anderen sogenannten Bausteine der Materie. Protonen, Antiprotonen, Neutronen, Antineutronen, diverse Mesonen, Quarks und Antiquarks, Gluonen, verschiedene Neutrinos und Antineutrinos und natürlich auch Photonen, Elektronen und Positronen: dieses alles sind Namen für Vakuumschwingungen, die sich nach bestimmten Regeln beeinflussen, sich gegenseitig anregen und in bestimmten Kombinationen ineinander übergehen können. Dieses alles zu beschreiben und zu berechnen ist Aufgabe der Quantenfeldtheorie. Hier erst findet die eingangs behauptete enge Verwandtschaft von Licht und Materie ihre Begründung. Die Quantenfeldtheorie kommt zustande, wenn die Prinzipien der speziellen Relativitätstheorie in die Quantentheorie aufgenommen werden. Aus dieser Vereinigung gehen zwar nicht alle, aber viele der o. g. Regeln für das Zusammenwirken der licht- und materiebildenden Vakuumschwingungen hervor.

Auch beim Licht unterscheiden wir Zustände mehr oder weniger großer Ordnung, oder wie sie beim Licht genannt wird: Kohärenz. Inkohärent, also chaotisch, ist vor allem das Licht glühender fester Körper: Rußteilchen in der Kerzenflamme, Glühlampen etc. Es wird übrigens in der Regel als angenehmer empfunden als das »ordentlichere«, das kohärentere Licht, wie es etwa von Leuchtstoffröhren ausgeht. Noch kohärenter ist das Laserlicht. Im Laser finden wir das akustische Prinzip der Resonanz direkt wieder. Der Laser ist ein makroskopischer Resonator für Licht. In ihm wird eine in makroskopischen Dimensionen einheitlich schwingende, das Licht tragende Vakuumwelle angeregt. Daß es so etwas geben mußte, lag sofort auf der Hand, als im Jahre 1925 die »akustische Beschreibung« der Materie und des Lichtes durch die Schrödinger-Gleichung geglückt war. Es dauerte nur eine Weile, bis in den fünfziger Jahren das technologische Problem gelöst werden konnte, einen optischen Resonator zu bauen. Dazu war die Herstellung genügend präzise geformter Spiegel erforderlich.

Die Quantentheorie hat also die Grundbegriffe von Materie und Licht, vielfach unbemerkt, erheblich verschoben. Der mechanistische Erkenntnisansatz des 19. Jahrhunderts kann ihr gegenüber nur noch als ein verstaubter Aberglaube gelten, dessen sich aus Tradition und Bequemlichkeit viele popularisierende Darstellungen und leider auch etliche Schulbücher bis heute bedienen. Sogar noch im Laborjargon ist er zu Hause. Den Wissenschaftler wird das kaum irritieren, den Laien aber um so mehr. Es ist erstaunlich, aber die Quantentheorie des 20. Jahrhunderts beschreibt Licht und Materie in nahezu alchimistisch anmutenden Kategorien:

Materie und Licht kann man begreifen wie die Musik eines verborgenen, nichtmateriellen Instruments!

Was ist und was leistet die Quantisierung?

Im folgenden wollen wir uns noch ein wenig mit diesem immateriellen Instrument auseinandersetzen. Obwohl das Medium der gewöhnlichen Akustik die Luft ist, läßt sich aus

Luft allein kein Musikinstrument bauen. Auch mit Luft und Wasser ist noch nicht viel anzufangen. Erst mit Hilfe von festen Körpern gelingt der Bau von Instrumenten. Sie machen alle sehr wesentlich von der Starrheit oder zumindest der Festigkeit der Materie Gebrauch. Seien es die Wandungen der Blasinstrumente, sei es der Klangkörper von Saiteninstrumenten, der zugleich die Spannung der Saiten halten muß, oder seien es die gespannten Saiten selbst: immer sind feste Körper im Spiel.

Was ist nun der relevante Unterschied zwischen festem Körper und Gas? Kühlen wir die Gase hinreichend ab, so verflüssigen und verfestigen sie sich. Damit einher geht eine erhebliche Einschränkung ihrer inneren Bewegungsfreiheit. Unter dem Aspekt der Akustik sind Gase und Flüssigkeiten nämlich materielle Kontinua von beliebiger Beweglichkeit, während feste Körper als diskrete Gebilde erscheinen, deren Bewegungsmöglichkeiten praktisch auf die Verschiebungen des ganzen Gebildes ohne Formänderungen eingeschränkt sind. Saiten und Membranen nehmen eine Mittelstellung zwischen Gas und festem Körper ein: gewisse Formänderungen sind noch möglich, sonst könnte das Gebilde ja nicht schwingen, aber dafür muß es von einem praktisch starren Rahmen aufgespannt werden.

Wenn nun der Quantentheoretiker das Vakuum nach seinen Regeln in Schwingung versetzen will, so zeigt die genauere Analyse des Problems, daß er auch etwas dem starren Körper Entsprechendes braucht. Würde er nämlich das Vakuum als beliebig bewegliches Kontinuum beschreiben, so könnte er daraus keine Materie nach akustischem Muster hervorgehen lassen. Dieses Problem wurde sogar schon, bevor die Quantenmechanik gefunden war, heuristisch auf quantentheoretische Art gelöst. Die Lösung stammt von Max Planck und stellt die erste Vorankündigung der kommenden Theorie dar. Planck sah sich genötigt, die innere Beweglichkeit des Vakuums erheblich zu beschneiden, als er nach einer korrekten mathematischen Beschreibung für die Licht- und Wärmeabstrahlung eines glühenden Körpers suchte. Nach der klassischen Behandlung dieses Problems ohne quantentheoretische Prinzipien, deren Ergebnis als Jeans'sches Strahlungsgesetz bekannt ist, muß die verfügbare Energie so überwiegend und so rasch als kurzwellige Strahlung abgestrahlt werden, daß sich alle Materie sehr schnell bis zum absoluten Nullpunkt der Temperaturskala abkühlen müßte. Das ist offensichtlich völlig im Widerspruch zu der Erfahrung, die die Theorie beschreiben sollte; aber ohne vehemente Eingriffe in sehr grundlegende Vorstellungen über Strahlung und Materie war das Problem unlösbar.

Es ist nicht schwer, plausibel zu machen, wie eine zu große Beweglichkeit im Inneren eines Stoffes alle Prozesse an seiner Oberfläche praktisch bis zum völligen Stillstand abbremsen kann. Ein Lauf am Strand durch losen trockenen Sand ist viel anstrengender als ein Lauf über festen Boden. Man muß dann nämlich nicht nur sich selbst, sondern auch noch erhebliche Sandmengen in Bewegung setzen. Je mehr die Sandkörnchen gegeneinander bewegt werden, um so mehr wird der Läufer abgebremst. Wäre nun der Sand nicht körnig, sondern ein wirkliches Kontinuum, wo jedes Sandkörnchen in sich selbst wieder so beweglich wäre wie ein ganzer Sandhaufen und wo die Körnchen in diesen »Körnchen-Sandhaufen« auch wieder beweglich wären wie ganze Sandhaufen, auf noch kleinerer Skala usw. in alle Unendlichkeiten des Kleinen hinabreichend, und wenn unser Läufer alle diese Beweglichkeiten auf allen Verkleinerungsstufen in Gang setzen müßte, so müßte er augenblicklich erstarren, weil jeder Bewegungsimpuls sofort in die unendliche innere Beweglichkeit des Kontinuums aufgesogen würde.

Wer das Vakuum streng als Kontinuum denkt, läuft, wie Jeans, in dasselbe Dilemma wie der Läufer in losem Sand. Planck hat es dadurch überwunden, daß er mit dem Blick auf die Experimente seine berühmte Formel $E = h \cdot \nu$ postulierte. Durch dieses Postulat wird das Vakuum tatsächlich mit einer gewissen Starrheit ausgestattet. Die Plancksche Formel besagt nämlich, daß man, um hohe Frequenzen ν anzuregen, mehr Energie aufwenden muß als für kleine Frequenzen. Nun entsprechen hohe Frequenzen kurzen Wellenlängen. In einem weichen, völlig beweglichen Medium wären kurze Wellen genauso leicht möglich wie lange Wellen. Daß es gemäß Plancks Postulat immer aufwendiger wird, also immer mehr an Energie bedarf, je kürzer die anzuregenden Wellen sind, ist Ausdruck dafür, daß das Medium (d. h. das Vakuum) nicht mehr beliebig beweglich ist, sondern mit einer gewissen, wohl bestimmten Starrheit ausgestattet wurde.

Die richtige Besetzung des Materie-Orchesters

Nicht nur, daß die Konsequenzen dieses Postulats volle experimentelle Bestätigung fanden: Jetzt war das Vakuum genau mit jener Starrheit imprägniert, die es de Broglie, Schrödinger und auf anderem Wege auch Heisenberg ermöglichte, aus ihm Musikinstrumente zu konstruieren, die Licht und Materie »spielen«. Die Zahl der Instrumente, die möglich geworden sind, ist sehr groß; es ließen sich jetzt durchaus auch Instrumente konstruieren für ausgedachte Lichter und Materien, die wir nirgends in unserer Welt beobachten. Natürlich trachteten die Physiker danach, durch geeignete Regeln diese Vielfalt wieder so weit einzuschränken, daß am Schluß nur gerade jene Instrumente übrigbleiben, die Licht und Materie genau in der Form »spielen«, wie wir sie beobachten.

Eine wesentliche Eigenschaft der Materie ist ihre relative Undurchdringlichkeit, ihr Vermögen, Raum zu beanspruchen. Durch diese Eigenschaft unterscheidet sie sich vom

Licht. Solche Undurchdringlichkeit folgt nun nicht von selbst aus den quantentheoretischen Konzepten. Sie muß als zusätzliches Postulat für die Materie aufgestellt werden. Dieses Postulat ist als Pauli-Prinzip bekannt. In einer etwas erweiterten Form verbietet es erstens den sogenannten Fermionen, sich zu mehreren im selben Zustand aufzuhalten, und zweitens verlangt es von den sogenannten Bosonen, zu denen auch die Photonen gehören, identische Zustände zu bevorzugen. Fermionen sind materiehafte, Bosonen lichthafte Erregungen des Äthers.

Auch die Beständigkeit der Materie gehört zu deren Kardinaleigenschaften. Aber sie folgt ebenfalls nicht aus quantentheoretischen Prinzipien. Wiederum sind zusätzliche Postulate der sogenannten Teilchenzahlerhaltung für alle Sorten von Fermionen notwendig.

Schließlich ist Materie mit Trägheit gegen Bewegungsänderungen ausgestattet. Auch sie wird in Form von empirisch ermittelten Massen den elementaren »Bausteinen« zugeordnet.

Die Quantentheorie selber, also die grundlegende Idee, Materie und Licht als Musik des Weltenäthers (also des Vakuums) zu beschreiben, ist flexibel genug, um alle diese zusätzlichen Postulate in sich aufnehmen zu können. Damit wird die Klasse der im Orchester zugelassenen Instrumente festgelegt.

Gravitation und Bewußtsein

Zwei Erscheinungen in der materiellen Welt gibt es allerdings, die sich bisher nicht in die Quantentheorie haben eingemeinden lassen. Das eine ist das Phänomen der Schwere. Seit Jahrzehnten ist unendlicher Scharfsinn darauf verwendet worden, die Gravitation zu quantisieren; diesen Versuchen blieb bis heute der Erfolg versagt. Das andere Phänomen ist das in oder an der Materie auftretende Bewußtsein.

Daß es nicht einzugemeindende Bezirke gibt, ist jedoch für eine akustische Theorie von prinzipieller Bedeutung. Wäre nämlich z. B. für die gewöhnliche Akustik der Empfänger kein hörender Mensch, sondern auch nur ein zu mechanischen Schwingungen fähiger Apparat, so könnte man in dieser Akustik zwar von Schwingungen, aber nicht sinnvollerweise von Tönen sprechen. Töne gibt es nämlich nicht in einer mechanischen Welt, sondern erst auf seelischem Felde.

Ebensowenig hätte es Sinn, von Licht und Materie zu reden, wenn sich die ganze Welt restlos in allerlei Vakuumschwingungen auflösen ließe. Dann gäbe es nur Matrixelemente und Wellenfunktionen in der Quantentheorie, aber keine materiellen Eigenschaften, auf welche jene hindeuteten. Ja, es gäbe nicht einmal jemanden, der sich für Matrixelemente und Wellenfunktionen interessierte oder überhaupt für sie eine Theorie aufstellen würde.

So wie beim Übergang von der Schwingung zum Ton die Welt der Mechanik verlassen wird, so muß auch der Quantenphysiker beim Übergang von der berechneten Vakuumschwingung zur Beschreibuung seines Ergebnisses in materiellen Kategorien wie »Teilchen«, »Ort«, »Geschwindigkeit« etc. die Welt des schwingenden Vakuums verlassen. Dieses leistet für die Praxis ausreichend die anfangs heftig umstrittene Kopenhagener Wahrscheinlichkeitsinterpretation der Quantentheorie. Ihr zentraler Begriff ist der Beobachtungs- bzw. der Meßvorgang, der zwar nach Anwendung und Auswirkung, nicht aber seinem Wesen und seiner Bedeutung nach jemals genau beschrieben worden ist. Er ist als Eingriff von außen in die Vakuumschwingungswelt zu denken. Dafür ist aber ein »Außenposten« nötig, von welchem aus der Eingriff erfolgen kann. Die Kopenhagener Deutung siedelt diesen unspezifisch und pradoxiebehaftet im Bewußtsein des Experimentators an. Sie sagt also, etwas sei gemessen worden, wenn es aus der quantenmechanischen Welt heraus in das Bewußtsein eines Beobachters eingetreten ist. Neueren Datums sind Spekulationen (s. Roger Penrose, *Computerdenken,* Heidelberg 1991), daß die sich gegen quantentheoretische Eingemeindung heftig zur Wehr setzende Schwerkraft jener »Außenposten« sein könnte, welcher das Vakuum zwingt, Licht und Materie zu »bekennen«. Penrose vermutet sogar, daß Gravitation und Bewußtsein so eng miteinander verzahnt seien, daß die Lösung des einen Problems nicht ohne die des anderen zu erwarten wäre.

Es ist nicht sehr wahrscheinlich, daß die Umgestaltung unseres Bildes von der Materie, die im ersten Drittel dieses Jahrhunderts stattgefunden hat, die letzte überhaupt gewesen sein sollte. Gravitation und Bewußtsein scheinen tatsächlich jene Stichworte zu sein, die auf die Notwendigkeit einer weiteren wissenschaftlichen Revolution hindeuten. Wenn wir uns in unserem populär-wissenschaftlichen Auftreten und vor allem in unseren Schulbüchern endlich von den bequemen Auffassungen des vorigen Jahrhunderts verabschiedeten und mit der in der Quantentheorie herrschenden Mythologie anfreundeten, wären wir wohl ganz gut für den nächsten zu erwartenden Paradigmenwechsel vorbereitet.

Jochen Kirchhoff

Grenzüberschreitung ins kosmische Sein oder Von der Notwendigkeit, Giordano Bruno zu verstehen

Die Symptomatik des Untergangs auf dem Planeten ist augenfällig. Ein großer Übergang scheint unabweisbar, ob als »Himmelfahrt ins Nichts« (H. Gruhl) oder als Initiation in ein Neues Sein. Auf der Bühne der Erscheinungen spricht nichts dafür, daß es gelingen könnte, die »Logik der Selbstausrottung« (R. Bahro) zu stoppen. Das mag man zynisch bejubeln, wie Ulrich Horstmann, oder beweinen, wie schon der hellsichtige Ludwig Klages vor Jahrzehnten, zu ändern wird es nicht sein, wenn nicht Teilapokalypsen massenhaft Bewußtseinssprünge produzieren, wenn nicht doch noch bis dato unbekannte Kräfte aus den Tiefenschichten unserer planetarischen, kosmischen Existenz dem Ganzen eine rettende Wendung geben. Wir stürzen ab, in rasender Geschwindigkeit, und die tragende Erde hat ontologisch längst aufgehört, unsere Heimstatt zu sein. Offenbar sind wir in eine Falle geraten, in eine tödliche Sackgasse. »Hinter uns allen steht etwas anderes«, heißt es lapidar bei Ernst Jünger.[1] Und das, was *wirklich* und *eigentlich* geschieht, liegt im Verborgenen. Was ist das »Eigentliche« der technischen Seins- und Bewußtseinsform, die doch nur möglich wurde auf der Grundlage einer toten, des Numinosen beraubten Natur?

Zugleich geschehen Öffnungen. Es gibt Grenzdurchbrüche, Grenzüberschreitungen. Und der 9. November 1989 mag als eine Art Zentralsymbol stehen für Weitungen und Öffnungen auch im Geistigen. Es gibt – neben der düsteren Perspektive des Sturzes ins X, ins kosmische Aus – jene an-

1 Anmerkungen siehe Seite 226.

dere, hellere, die ich formelhaft als Grenzüberschreitung ins kosmische Sein bezeichnen möchte. Signale, Zeichen, Symptome eines »Anderen« rücken in die Wahrnehmung. Zeichen am Himmel und in der Seele, verhangen noch, vermischt mit kollektiven Wünschen und Projektionen, aber doch spürbare Symptomatik. Vielleicht: des kosmischen Seins. Neben der Symptomatik des »Es ist aus«. In dieser schwer zu lebenden Spannung stehen wir heute. – Merkwürdig ist, daß in diesem Zusammenhang fast nie jenes großen Grenzüberschreiters und radikalen Kosmologen gedacht wird, den die Kirche am 17. Februar 1600 als den »Fürst der Ketzer« öffentlich verbrennen ließ. Die in der Regel vorherrschende Unkenntnis über Giordano Bruno hat etwas Rätselhaftes, wäre sie nicht zugleich Indiz für eine darunterliegende Schicht: den Unwillen oder das Unvermögen, sich einer bestimmten Herausforderung zu stellen, die mit der Brunoschen Philosophie verbunden ist. Diese Unkenntnis waltet nicht nur bei den »Grenzwächtern« des mechanistischen Paradigmas, sondern gleichermaßen bei den an der vordersten Front des grenzüberschreitenden Diskurses wirkenden Quantenphysikern, von denen keiner ernsthaft von Bruno angerührt oder gar beeinflußt wurde. Von den Philosophen ist Ähnliches zu vermelden, wobei die meisten ohnehin dem herrschenden – und sehr engen – »Realitätstunnel« (R. A. Wilson) verpflichtet sind. Unter den großen Außenseitern und Querdenkern auf jenem Terrain, wo sich Naturwissenschaft, Philosophie und Spiritualität berühren, ist es einzig Helmut Friedrich Krause (1904-1973), der Bruno aufgreift und genuin weiterdenkt. Sein (bis heute kaum bekanntes) Buch *Der Baustoff der Welt* von 1970 beginnt mit den Sätzen: »Das hier vorgelegte Ergebnis intuitiver Erkenntnisse, welches den Denkergebnissen des Abendlandes diametral entgegensteht, geht auf eine Geisteshaltung zurück, die unseres Wissens im Abendland nur von einem Denker eingenommen worden ist, von Giordano Bruno.«[2] So bleibt beinahe alles zu entdecken bei diesem ersten »Kosmologen des Innen und Außen«, der vor 400 Jahren in die Fänge der (alten) Inquisition geriet. Heutigentags gibt es so etwas wie eine »*neue* Inquisition«: »eingeschliffene Unterdrückungs- und Einschüchterungsverfahren ..., die sich im Wissenschaftsbetrieb von heute immer fester etablieren« (R. A. Wilson).[3] Zwar werden keine Scheiterhaufen mehr errichtet für die neuen Ketzer, insofern stellt das tragische Schicksal Brunos keine aktuelle Gefahr mehr dar, aber es gibt andere wirksame Methoden, das unliebsame Anpochen an die eisernen Pforten wissenschaftlicher Dogmatik abzuwehren. Viele haben schlicht Angst um ihre wissenschaftliche Reputation oder davor, sich lächerlich zu machen, wenn sie sich neuen, unorthodoxen Zugangsweisen zur Wirklichkeit öffnen.

Wie war das mit Giordano Bruno? Wie trat er an, was bewegte ihn? Da war zunächst das, was ich den Kopernikusschock nenne und aus dem die neuzeitliche Naturwissenschaft erwuchs. »Seit Kopernikus rollt der Mensch aus dem Zentrum ins x«, heißt es bei Nietzsche.[4] Sicher war, wenn wir Heidegger folgen dürfen, dieser Prozeß schon lange vorher im Gange; auch Nietzsche selbst nennt ja in anderen Zusammenhängen Sokratismus und Christentum als Wirkfaktoren des »nihilistischen Willens zur Macht«. Was Kopernikus bewirkte, aber selbst nicht sehen konnte, war dies: die Heraushebelung der menschlichen Existenz aus der irdischen Verankerung, aus der kosmischen Seinsmitte: hinein in das rundum Ungesicherte einer gähnenden kosmischen Weite und teilnahmslosen Unermeßlichkeit.

Ein wesentliches Ingrediens des Nihilismus ist das Verlorensein des Menschen in einem undurchschaubaren, lebensfeindlichen Universum; die Erde als Staubkorn und Oase der Lebendigkeit inmitten der des Gottes beraubten Leere der kosmischen Nacht. Man denke an Kants Klage über die Astronomie, welche die menschliche »Wichtigkeit« zunichte mache. (So wäre die von Kant vollzogene idealistische Wende eine Art »ptolemäische Gegenrevolution«, wie Bertrand Russell vermutet?) Kopernikus hat dem Menschen den Boden unter den Füßen weggezogen und ihn damit erst einmal kosmisch entwurzelt. Zugleich erforderte die Erkenntnis, daß der tragende Boden kein ruhender Ort ist, sondern sich in rasender Geschwindigkeit bewegt, eine fundamental andere Physik (als die aristotelische), eine kosmisch fundierte Physik, welche die scheinbare Ruhe des irdischen Standorts als solche verständlich macht und zugleich den kosmischen Bewegungen gerecht wird. Das sah Bruno, wie es Galilei, Kepler, Newton sahen. Im Unterschied zu den Gründervätern des mechanistischen Paradigmas war er sich jedoch der Notwendigkeit bewußt, die Daseinsprämissen des Menschen radikal umzudenken. Er begriff, daß der Kopernikanismus, von ihm erweitert zur Wirklichkeit eines auch materiell unendlichen und unendlich belebten Universums, einer neuen, kosmischen Anthropologie bedurfte, nachdem die geozentrisch-christliche Anthropologie ausgedient hatte. Schon im Ansatz seines Denkens verknüpfte Bruno die Weitung des kosmischen Horizonts ins Unendliche mit der Vision eines neuen Menschentums jenseits der irdischen Begrenztheiten und Projektionen. Innen und Außen waren für ihn auf der kosmischen Ursachenebene identisch. Das ist selten wirklich verstanden worden.

In meiner Kopernikus-Studie habe ich die zentralen Fragen der kopernikanischen Herausforderung zusammengefaßt: nach der Bewegungsursache der Gestirne, nach den Gründen für den Schein der Ruhe der irdischen Plattform, nach Wirkungsform, Ursprung und Natur der Schwere, nach der Endlichkeit oder Unendlichkeit des Kosmos, nach der möglichen Bewohnbarkeit auch anderer Himmelskörper und nach der Stellung des Menschen wie der Funktion der Gottheit in der entgrenzten Welt.[5] Ich behaupte, daß das neuzeitliche Denken, *im Kern* projektiv-geozentrisch, diesen

Fragen nicht adäquat begegnet ist. Der Brunosche Ansatz blieb weitgehend wirkungslos.

Idealtypisch gibt es drei Formen der Naturwissenschaft, denen entsprechende Bewußtseinsformen zugeordnet werden können:

1. Naturwissenschaft/Bewußtseinsform des natürlichen Seins,
2. Naturwissenschaft/Bewußtseinsform des technischen Seins (der »Seinsverlassenheit«, wie Heidegger sagt),
3. Naturwissenschaft/Bewußtseinsform des kosmischen Seins.

Naturgemäß gibt es Mischformen. Die Naturwissenschaft des natürlichen Seins ist wesenhaft stofflich-geozentrische Physik, ordnende Phänomenologie der gelebten Einheit von Natur und Mensch: Natur als Mutter Erde (was keine Idylle im Sinne moderner Phantasien bedeutet), als numinose Wesenheit, der Raum als bergende Höhle. Schon der altjüdische Gottesbegriff hat diese Bewußtseinsform in Frage gestellt, in stärkerem Maße dann der Sokratismus/Platonismus und das Christentum. Seit Kopernikus ist das natürliche Sein bzw. die ihm korrespondierende Bewußtseinsform obsolet geworden, obwohl es immer wieder Rückzugsgefechte gegeben hat und noch gibt, Versuche, das Bergende der Erdmutter und der sinnlichen Gewißheit zurückzugewinnen (man denke an die Goethesche Naturwissenschaft). Aus der geistigen Überwindung der geozentrisch-sinnlichen Ebene, was ontologisch einen radikalen Bruch darstellte, erwuchsen in der Folge des Kopernikanismus, idealtypisch gedacht, zwei Stränge der nunmehr *höheren* Naturwissenschaft. Die »naturalistische« Ebene wurde durch eine »supranaturalistische« ersetzt. In der Rückschau ist unverkennbar, daß seit Kopernikus an einer Transzendierung und Relativierung der erdgebundenen Unmittelbarkeit (»Naturalismus«) in Richtung auf eine höhere Erkenntnisform nicht vorbeizukommen war. Der Weg, der dann seit Galilei und Newton beschritten wurde, entsprach dem Strang des kausal-mechanischen Denkens und zugleich des machtförmig-projektiven Berechnungs- und Beherrschungswillens, der – langfristig gesehen – totalen Zerstörung der natürlichen Ebene, *nicht* ihrer höheren »Bewahrung« (auch im Sinne Hegels). Die ontologische Grundstellung war die der »Zerstörung des Kosmos« (A. Koyré), der experimentellen Ver-Nichts-ung der Natur zugunsten eines *neuen* Seinsstatus, der als technisches Sein bezeichnet werden kann, was zugleich den Stand der Vergessenheit des natürlichen *und* des kosmischen Seins einschließt. Das wäre *so* ohne die christliche Vision der Erlösung als »Herauslösung aus dem Naturzusammenhang« (C. G. Jung) nicht möglich gewesen. So kann mit einigem Recht, wenngleich sicher anfechtbar, auch vom christlich-technischen Sein gesprochen werden. Ich nannte *zwei* Stränge der höheren Naturwissenschaft im Nachkopernikanismus. Der zweite Strang oder Weg – wie der erste »oberhalb« der natürlich-sinnlichen Ebene und insofern *auch* »supranaturalistisch« – ist der dritten idealtypischen Naturwissenschaft und Bewußtseinsform zugeordnet, deren erster großer Repräsentant im Abendland Giordano Bruno ist. Bruno gegen Galilei: so lautet die Formel. Kosmisches Sein gegen christlich-technisches Sein. Natürlich ist das ein Äußerstes an Verkürzung oder Vereinfachung. Es gibt auch Verbindendes zwischen beiden Strängen, obwohl das Trennende überwiegt, nicht zuletzt, wenn man die Entwicklung vom Ende her denkt.

Die neuzeitliche Physik, die stets in der Substanz *abstrakte* Naturwissenschaft war (wie etwa Heisenberg immer wieder betonte), war und ist eine Physik der platonischen Verzifferung. Das Ideal des platonischen »Geisterreichs« bestimmte die experimentelle Skelettierung der Phänomene. Die Fiktion der unwandelbaren und universell gültigen Naturgesetze zerstäubte gleichsam die bunte Farbigkeit und Vielfalt der Sinnenwelt: technische Weltverwüstung, wie Lewis Mumford als einer der ersten erkannte (»Mythos der Maschine«). Die eminenten Erfolge des machtförmig-rechnenden Denkens sind bekannt, weniger bekannt sind die ihm zugrunde liegenden Prämissen und erkenntnistheoretischen Zirkelschlüsse. Die *Urfiktion* gleichsam der neuzeitlichen Physik ist das sogenannte Trägheitsgesetz: die Fiktion der Äquivalenz von Ruhe und geradlinig-gleichförmiger Bewegung, die niemals und nirgends zum Ende kommt, wenn nicht äußere Kräfte eingreifen. Hieran läßt sich das Wesen naturwissenschaftlicher Fiktionen überhaupt studieren. Der konsequente Verzicht auf die Wesenserkenntnis der Natur machte die gedankliche Konstruktion von Fiktionen erforderlich, »Erfindungen«, die dazu dienen, den Ordnungszusammenhang der Phänomene platonisch-abstrakt zu deuten und dem technischen Machtwillen zugänglich zu machen. Die unbegrenzt aufrechterhaltene Trägheitsbewegung der Himmelskörper, im Wechselspiel mit der seit Newton unterstellten universellen Gravitationswechselwirkung (gleichfalls eine Fiktion reinsten Wassers), schuf weitreichende Mathematisierungsmöglichkeiten, blieb aber stets philosophisch-erkenntnistheoretisch bodenlos. Der Kosmos wurde mehr und mehr zur lebensfeindlichen Wüste. Trägheit wurde zur quasi-göttlichen anima motrix, zur bewegenden Weltseele, und die Heranziehung kosmischer oder gar metaphysischer Bewegungsursachen jenseits der Trägheit galt als Anachronismus. Die ontologische Grundstellung der totalen Annihilation der natürlichen Ebene und der Verwüstung der Erde drückte allen Erkenntnissen der abstrakten Naturwissenschaft ihren tödlichen Stempel auf. Und der zunächst noch verpuppte Nihilismus trat dann mit der Atombombe und der ökologischen Krise in sein Offenbarungsstadium. Daß es auch eine fundamental andere Form der Transzendierung und Relativierung der Erscheinung als Konsequenz der kopernikanischen Revolution geben könne, geriet zunehmend in Vergessenheit und ist auch heute nur mit Mühe und gegen den erbitterten Widerstand der wissenschaftlichen Orthodoxie ins Bewußtsein zu rücken.

In der Neuen Physik seit Einstein, Planck, Heisenberg und anderen ist dieser abstraktionistische, potentiell lebensfeindliche Grundzug der neuzeitlichen Physik nicht wirklich aufgehoben worden, wie zuweilen behauptet wird. Im Gegenteil: der planetarische Machtwille erfuhr ein Äußerstes an Steigerung. Die Neue Physik, so meine These, war auch ein Stück weit eine vertane Chance: die *echte* und *eigentliche* Revolution der Naturwissenschaft fand nicht statt. Der Kern des mechanistischen Paradigmas blieb unangetastet (Heidegger etwa hat dies klar gesehen). Gleichwohl gibt es *Ansätze* zu einer sich dem kosmischen Sein öffnenden Neuorientierung der Naturwissenschaft, Fingerzeige zu einem Ausweg aus der Falle des christlich-technischen Seins. Obwohl es sicher verfrüht ist, von einer »Wiedergeburt der Natur« in der Wissenschaft zu reden, wie dies der Biologe Rupert Sheldrake getan hat.

So geschieht eine Öffnung in äußerster Gefahr. Der Bewußtseinsbeton wird durchlässig, und Kosmisches scheint hier und dort auf, wie verzerrt und projektiv verfälscht auch immer. Giordano Bruno, richtig verstanden, könnte zum »Zeitgenossen« werden, könnte erkannt werden als das, was er war: der Wegbereiter einer Naturwissenschaft und Philosophie des kosmischen Seins. Damit stand Bruno in bewußtem und *substantiellem* Gegensatz zum Christentum (ohne Scheu auch vor dem Nazarener selbst), im Gegensatz auch zu allen abstraktionistischen Einengungen des Denkens, die er noch bei dem ansonsten verehrten Kopernikus konstatierte. »Eines ist es, mit der Geometrie zu spielen, ein anderes, mit der Natur die Wahrheit zu erforschen.«[6] Und: »Ohne die herrliche Erkenntnis des Kopernikus ist die Kunst des Rechnens, Messens, Zeichnens und Entwerfens nichts als ein Zeitvertreib für findige Narren.«[7] Bruno liefert eine

Grundlagenkritik der mathematisch-geometrischen Fiktionen. Diese sind in seiner Sicht geozentrische Relikte, gleichsam antikosmische Überbleibsel und als solche geeignet, die kosmische Umwertung der Daseinsgrundlagen zu verhindern. Die ontologische Grundstellung der Brunoschen Philosophie ist der kosmische All-Organismus, die bewußtseinsmäßige und spirituelle Weite des Raumes, die Symbiose von ganzheitlicher Anthropologie und Kosmologie, die offene Weite eines transmentalen Bewußtseins. Das mentale Selbst und die natürliche Ebene werden in einer höheren Einheit »bewahrt« und »aufgehoben«, zugleich rückgebunden an ihren göttlichen Quellgrund.

Was leistet die Brunosche Physik-Metaphysik in naturwissenschaftlicher Hinsicht über das hinaus, was man ihr bis dato großzügig zugestand: also die partielle »Vorläuferschaft« für das neuzeitliche wissenschaftliche Denken? Eine stichwortartige Gegenüberstellung des Brunoschen und des mechanistischen Denkens in einigen ausgewählten Aspekten verdeutlicht dies:

Mechanistische Weltsicht	*Weltsicht Giordano Brunos*
Primat der Meßbarkeit, experimentell-gedankliche Suche nach dem platonischen Sein. Zentrale Rolle der Mathematik, des math. Formalismus	Primat der Qualität. Mathematik als Hilfswissenschaft (daneben Zahlensymbolik, niedrige ganze Zahlen als numinose Entitäten)
Verzicht auf die Wesensfrage, »positivistische« Beschränkung auf beobachtbare Größen und deren abstrakte Beziehungen (keine Teleologie)	Wesensfrage zentral, Bezug zur Anthropologie zentral. »Dinge« als ganzheitliche Prozesse, als beseelte Wesenheiten
Verallgemeinerung der irdischen (erdoberflächenverhafteten) Mechanik zur (vorgeblich) kosmischen Mechanik. Einheit	Kosmische Relativierung der irdischen Mechanik (Steinwurf und Gestirnbewegung *nicht* wesensgleich). Einheit der Natur

der Natur als Einheit der abstrakten Naturgesetze im All	als universeller göttlicher Quellgrund (Ur-Monade)
Strikte Objekt-Subjekt-Trennung: »Objektivität« als bloße Quantität Gegenstand der Wissenschaft. Subjektivität unverbindlich, »Privatsache«. Methodologische Schizophrenie	Einheit von Subjekt und Objekt, des Suchenden mit dem Gesuchten. Totale Einbindung des lebendigen Subjekts. Kosmische Forschung bedarf der inneren Transformation
Atomismus: »Wirklichkeitskügelchen« aus harter Materie als Realitätsgrund. Mathematisierung der Bewegung der zu »Massenpunkten« abstrahierten Objekte. Determinismus. Tote Materie. Leben als »außernatürlich« (bis Darwin, dann auch Leben mechanistisch gedeutet).	Aktual oder potentiell beseelte/belebte/bewußte Materie. »Atome« als »Monaden«, nicht quantifizierbare beseelte Einheiten, die sich jeweils zu größeren Verbänden formen. Monaden als kosmische Energien
Trennung von wissenschaftlichem Faktum und Wert	»Dinge« und Werte untrennbar
Zeit mathematisch, linear, eindimensionale qualitätslose Erstreckung, als toter Faktor t in den Gleichungen. Abstrakte Absolutheit	Zeit als Kreis, als zyklisches lebendiges Geschehen. Nicht-linear. Rhythmisch. Bezogen auf kosmische Prozesse und Gestirne (kosmisch »immanent«)
Raum als tote Leere. Bloße Ausdehnung und dreidimensionales Gefäß. Abstrakte Absolutheit. Bloße Koordinate zur Bestimmung toter Objekte	Raum als unendlich beseelter Bewußtseinsraum. Als Weltseele. Als multidimensionale Bewußtseinsqualität (und -strahlung). Als schöpferischer Schoß der Formen
Gravitation (Schwerkraft) als bloß mathematische Größe (nach Newton keine reale physikalische Kraft – im Gegensatz zur Trägheit – »vis inertiae«). Nicht ableitbar. Instantan allgegenwärtig. Universelle anzie-	Gravitation als Streben der Teile zum Gestirnorganismus. Radiale Form der Schwerefelder der Gestirne bis ins Gestirnzentrum. Daher im Mittelpunkt unendlich oder null. Gestirne ohne »Schwere« (im Sinne von

hende Wechselwirkung der Partikel. Radiale (mathematische) Felder	aktiver oder passiver Gravitationsmasse)
Planetenbewegung als Fallvorgang: Planeten fallen um die Sonne herum (als tote und schwere/träge Materiebrocken), einem »Ur-Stoß« folgend. Mathematisierbar (wenigstens näherungsweise). Bewegung »gehorcht« mechanischen »Gesetzen«	Planetenbewegung als Wirkung des »unendlichen Bewegers«, nicht von außen (Stoß oder mechanistisch), sondern von innen – Zentrum des Gestirns. Bewegung nur mittels Fiktionen nach ptolemäischem Muster mathematisierbar
Bewegung als abstrakte Ortsveränderung ohne »Feldänderung«	Kosmische Bewegung als Zustandsänderung des tragenden/durchdringenden Feldes
Methodischer Atheismus. Forschen ohne die »Hypothese Gott«. Gott als Mathematiker	Forscher als Monade integraler Teil der göttlich-unendlichen Immanenz. Schau des göttlichen Abbildes (Schattens) als Fundament der Forschung
Materie materialistisch-»körnig« gedacht. Determinismus und Statistik von Druck- und Stoßprozessen. »Äther« (bis zu Einstein) eher grobstofflich-atomistisch gedacht	Materie »spiritualisiert«, materielle Einheit als (stets beseelte) Schwingungsformen des Feldes (»Äther« sublim-immateriell gedacht)
Trennung von Wissenschaft und Spiritualität, von exakter Forschung und unverbindlicher religiöser Überzeugung	Einheit von Wissenschaft und Spiritualität (in sich spannungsreiche, widersprüchliche Einheit, keine Einerleiheit)
Intellekt (Verstand) als Werkzeug der Erkenntnis des Kosmos und seiner Gesetze	Intellekt als bloßer Ordnungssinn der Sinnenwelt (Erscheinungswelt), blind ohne höhere, holistische Wahrnehmung
Intellekt als machtförmiges Rechnen (kollektiv-ontologisch, nicht unbedingt subjektiv)	Erkennen als erkennende, erleidende Liebe, analog zum Eros. Existentielle Verwandlung des Erkennenden. Hingabe

Orientiert am »Sein«, an der »ewigen Starrheit« (Parmenides). Prinzipiell »endliche« Erkenntnis, wenn »Naturgesetze« mathematisch fixiert sind	Orientiert am ewigen Werden (»Gestaltung, Umgestaltung«), »herakliteische« Erkenntnis: als unabschließbarer Prozeß Richtung Unendlichkeit
Forschung als Verbindung von skeletthaft verdünnter (experimentell zubereiteter) Erfahrung in der Erscheinungswelt und platonisch-abstraktem »Geisterreich«	Forschung als Verbindung von künstlerischer Intuition, kosmischer Schau, Meditation und genauer Beobachtung
Vereinzelung des Objekts, atomisiert (nur mathematisch verbunden)	»Objekt« stets als Gestalt gesehen. Wesenhaft/gestalthaft verbunden
A-priori-Gewißheit: mathematische Ordnungsformen im Universum, erdoberflächenanalog. Reduktionismus. Allgegenwart des »mathematischen Geistes«. Bewußtes Leben eher oasenhaft (noch in der Aufklärungsepoche Gedanke der Allgegenwart auch der menschlichen Vernunft, seit dem 19. Jahrhundert vorstellungsmäßig »toter Kosmos«)	A-priori-Gewißheit der universellen Weisheit im Kosmos. Universum ohne »tote Winkel«. Prinzipielle Allgegenwart des Prinzips Leben. Unendlich viele belebte Himmelskörper
Erdoberflächenverhaftetes, projektives Bewußtsein	Kosmisches Bewußtsein

Bei aller formelhaften Verkürzung: die staunenswerte Brisanz und Aktualität des Brunoschen Denkens wird umrißhaft erkennbar, gerade im Vergleich mit jenen Ansätzen innerhalb der neuesten Naturforschung, die einen grenzüberschreitenden Charakter haben, in denen wirklich das Bemühen durchscheint, das herrschende Muster des toten Geistes aufzubrechen. Dies gilt für die Orgontheorie Wilhelm Reichs genauso wie für die (von asiatischer Spiritualität beeinflußten) Feldtheorien David Bohms, Rupert Sheldrakes und Helmut Friedrich Krauses.

Giordano Brunos Versuch, Naturwissenschaft/Kosmologie und Spiritualität zusammenzudenken, läßt sich beispielhaft an seinen Überlegungen zur Gravitation zeigen, jener rätselhaften kosmischen Bindekraft, die sich in Ursprung und Eigenart bis heute der herrschenden Methodik zu entziehen wußte. Kein Physiker weiß, was Gravitation »eigentlich« ist, genausowenig wie jemand weiß, was jene nur in ihren Wirkungen zu erschließenden Strukturen im Raum sind, die als Felder bezeichnet werden. Bekanntlich hat Galilei den Fallvorgang mathematisiert, die Frage nach der inneren Natur der Schwerkraft jedoch ausgeklammert, ja, für unerkennbar gehalten. Newton postuliert, was strukturell unbeweisbar ist (jedenfalls in der behaupteten Universalität): die allgegenwärtige Massenanziehung. Gravitation wird bei ihm zur Fernwirkung ohne Zeitverlust. In Briefen äußert er die vorsichtige Vermutung, daß die Schwere eine göttliche Energie sei. Das Newtonsche Gravitationsgesetz, in dem der Zeitfaktor nicht auftaucht, dient zur mathematischen Beschreibung von Bewegungsvorgängen im All, kann aber die ihm inhärente Zirkelhaftigkeit nicht verdecken, die offenbar weiter geht, als selbst Ernst Mach und Max Jammer vermutet haben.[8] Über die Manipulation der Dichtewerte der Gestirne können die beobachteten Befunde näherungsweise den Gleichungen angepaßt werden. (Naturgemäß lassen sich die Dichtewerte der Gestirne nicht auf direktem, empirischen Wege feststellen.) Newton wird gemeinhin zugeschrieben, als erster die radiale Form der Schwerefelder der Himmelskörper erkannt zu haben: einer der vielen Mythen der Naturwissenschaft. Richtig ist, daß Giordano Bruno bereits ein Jahrhundert vor Newton in seiner Schrift *Vom Unendlichen, dem All und den Welten* (1584) die Radialität der Gravitationswirkungen herausstellt.[9] Wichtiger noch: obwohl hierdurch Newton partiell vorweggenommen wird, werden zugleich jene mechanistischen Schlußfolgerungen und Verallgemeinerungen vermieden, die später, zunehmend dogmatisiert, den Erkenntnisfortschritt blockierten.

Auch in der Erkenntnislehre Brunos spielen die Kugel und die von der Kugeloberfläche dem Mittelpunkt zustrebenden Radiallinien eine zentrale Rolle, etwa in seinen Gedanken zur meditativen Praxis der »Kontraktion«. In der Schrift *Über die Monas, die Zahl und die Figur* von 1591 heißt es: »Eines ist in jeder Kugel das Zentrum, gleichsam ein Punkt, zu dem hin jede um ihn herum befindliche Kraft direkt dringt, indem sie den Abstand durchbricht.« Und: »In der einen Mitte ist jede Wirkkraft heftiger, da die Geraden wie Strahlen von allen Seiten zum Zentrum hin stehen und alle sich in der Engstelle und im Unteilbaren zusammenbündeln.«[10] »So werden alle zusammengesetzten und koordinierten Dinge auf die Sphäre, auf den Kreis, auf ein unteilbares Zentrum ... und auf eine ihren Kräften gemäß ganz absolute Monas zurückbezogen.«[11] Sieben Jahre zuvor bereits hatte Bruno in seiner kosmologischen Hauptschrift diese Grundfigur auf die Schwerefelder der Himmelskörper übertragen. In jedem Gestirn, so auch in der Erde, schießen die Gravitationswirkungen radial im Erdkern zusammen bzw. verstrahlen von dort in die Unermeßlichkeit des Alls. Daraus folgt – schon aus logischen Gründen, wenn die Prämisse stimmt –, daß sich die Schwerewirkungen im Gestirnzentrum gegenseitig aufheben und/oder unendlich groß werden, was auf das gleiche hinausläuft. Zugleich manifestiert sich in diesem Zentrum die Einheit, die göttliche (unteilbare) Monas. Gravitation ist also nach Bruno das Streben der Vielheit zur Einheit, – ein Gedanke im übrigen, der dann, über die Vermittlung von Schelling, bei Hegel auftaucht. Aus der Radialität und der Gravitationswirkung aus der göttlichen Kraft der Monas folgt, daß Gestirne keine »Schwere« besitzen, kein »Gewicht«, keine aktive und passive Gravitationsmasse im mechanistischen Verständnis. (Selbst in sich seriös gebenden Darstellungen zur Physik und Kosmologie ist verschiedentlich vom »Gewicht« der Gestirne die Rede, was ja auch im Rahmen der Newtonschen Himmelsmechanik schlicht absurd ist.) Giordano Bruno leistet ein Äußerstes an gedanklicher Spiritualisierung der Gestirne; diese sind für ihn gewaltige Organismen, beseelte kosmische Wesen mit einem ganz eigenen Bewußtsein, zu dem der Mensch über die Monas (Monade), also den innersten Seelenkern seiner selbst Zugang hat. Mittels der »Kontraktion« – dem Zusammenziehen der Seelenkräfte in den Einheits- und Zerfallpunkt – hat der Mensch die Möglichkeit, an der kosmischen Kommunikation der Bewußtseinsfelder im Universum teilzunehmen. In jedem Teil, so Bruno, ist das Ganze nicht nur spiegelbildlich oder repräsentativ anwesend, sondern *wirklich*. – In den *120 Thesen gegen die Peripatetiker über Natur und Welt* von 1586 schreibt Bruno: »Der erste Beweger ist nicht außerhalb des Erdumfangs. Sein Hauptsitz ist im Mittelpunkt der Erde (in centro telluris).«[12] Kosmische Bewegung, verbunden mit unaufhörlicher Zustandsänderung im Energieozean des Raums (= Weltseele/Weltäther), geschieht nicht mechanistisch, mittels Druck und Stoß, sondern »geisterhaft«, spirituell: aus dem Einheitspunkt der Gestirnmonade.

Der Philosoph Schelling, hier ganz Brunianer, sieht Schwere als Wirkung der »unendlichen realen Substanz«, als Bewegungsimpuls »gegen das schlechthin Eine«, als Realgrund der Materie.[13]

Trotz manchem Abstrusen, das die Schellingsche Naturphilosophie enthält: sie ist ein großer Versuch, die Einheit von Natur und Geist zu denken und das Rätsel der Schwere zu lösen.

Zugleich ist Schelling der Begründer der elektromagnetischen Feldtheorie, der geistige Wegbereiter Faradays.[14] Das tiefe Wort von Gregory Bateson, Newton habe die Schwerkraft weniger entdeckt als vielmehr *erfunden*[15], läßt sich schon mit Schelling und Faraday verständlich machen: Beide widerstreiten der toten Mathematisierung der Gravitation durch die Newtonsche Mechanik. Faraday, als Kritiker des materialistischen Atomismus in der Linie Bruno – Leibniz – Boskovich stehend, formuliert als erster die Vermutung, daß die Schwere eine Feldwirkung sei, keine abstrakte Fernwirkung. Die ihr zugeordnete Strahlungsenergie – so schloß Faraday – müsse unaufhörlich gespeist werden durch einen Prozeß der Energieumwandlung. Da er die Materie selbst für eine Form subtiler Energie hielt, liegt es durchaus in der Konsequenz dieser Hypothese, die Strahlungsenergie der Gravitation als Wandlung der der Materie zugrunde liegenden Energieform zu begreifen. Richtig verstanden und weiterentwickelt, hätte dies schon im 19. Jahrhundert zu einer Revolution der Physik führen können, die weit über das hinausgeht, was dann als elektromagnetische Materietheorie partiell die Neue Physik vorbereitete. Doch das »komplizierte, zerfaserte, hybrid übersteigerte Begriffsnetz der modernen induktiven Naturexegese« (G. Benn)[16] verstellte (und verstellt) den Blick für die Notwendigkeit, der »völlig auf den Tod ausgerichteten Natursicht« Newtons und der Newtonianer (M. Berman)[17] eine grundstürzend neue, andere Naturwissenschaft entgegenzusetzen. So konnte das mechanistische Paradigma seine (fast) ungebrochene Dominanz behaupten, die Außenseitern und neuen Ketzern nur wenig Wirkungsmöglichkeiten einräumte.

Der Philosoph Helmut Friedrich Krause, einer jener »neuen Ketzer« großen Zuschnitts, versucht die Physik von der kosmischen Ursachenebene und von der eigenen Satori-Erfahrung aus neu zu bestimmen, was zu verblüffenden Resultaten führt, die Krause selbst mit Giordano Bruno in Verbindung bringt. Für Krause ist Gravitation die Wirkung einer masse- und wellenlosen Energieverstrahlung aus dem Gestirnkern heraus, wo die Materie kraft unvorstellbaren

Drucks »reißt« oder »kollabiert« und nun (das Gegenteil der Vorstellung von einem »Schwarzen Loch«) radial nach allen Seiten verstrahlt. Dieses Kernverstrahlungsfeld ist der »Baustoff der Welt«, die sublime immaterielle Substanz der Gestirne, das Ur-Feld, »Raumenergie«. In dieser Energieverstrahlung radialer Struktur, die wir als Schwerkraft registrieren, haben wir nach Krause die energetische Grundlage und das Schwingungsmedium für alle physikalisch erfaßbaren Materie- und Strahlungsvorgänge. Das Raumenergiefeld bewirkt den Zusammenhalt der Materie, des Gestirns sowohl als auch der Galaxien (welch letzteres im übrigen die Annahme der »kalten dunklen Materie« hinfällig erscheinen läßt). Dieses fundamentale Gravitationsfeld hebt sich in seinen Wirkungen im Gestirnzentrum in sich selbst auf, womit der geniale Gedanke Giordano Brunos von der »Schwerelosigkeit« der Himmelskörper aktualisiert wird. Das Raumenergiefeld ist die kosmische Brille für unsere irdische Wahrnehmung; der Großorganismus Erde als kosmisches Subjekt ist eingebettet in »sein« Feld, dessen Zustandsänderungen, durch Wechselwirkungen mit den Feldern anderer Gestirne, die Sinnenwelt der Gestirnoberfläche konstituieren: den kollektiven Traum gleichsam eines kosmischen Bewußtseins. »Unser Auge vermittelt über unser Energiefeld nur eine Welt des Scheins«, heißt es im »Baustoff der Welt«.[18] Außer von Bruno ist H. F. Krause unverkennbar vom Buddhismus und von der Maya-Brahman-Lehre der Upanishaden beeinflußt. Daß damit eine ontologische Grundlegung des Teilchen-Welle-Dualismus und der bekannten Paradoxien der Quantenmechanik geleistet zu sein scheint, gehört zu den staunenswerten »Nebenergebnissen« der von Krause entwickelten Vereinheitlichten Feldtheorie. Werner Heisenberg, mit dem ich darüber sprach (1974), schrieb mir, er habe das Gefühl, daß Krause die Schwierigkeiten der von ihm behandelten Fragen unterschätze. Ob das *so* zutrifft, vermag ich nicht zu sagen.

Wenn ich es richtig verstanden habe, liegt hier wirklich eine »Physik des kosmischen Seins« vor: die Verbindung von Spiritualität, meditativer Erfahrung und der offenen Weite eines transmentalen Bewußtseins, das zugleich das Mentale »bewahrt« und integriert. Wie immer es sich »in Wirklichkeit« und »im letzten« verhält, die *eigentliche* große – und längst fällige – Revolution in der Physik dürfte unausweichlich sein. Mag sein, daß diese erst einmal zu einem noch stärkeren »Abbruch der Kommunikation« führen wird, als ihn etwa David Bohm und David Peat schon für die Vergangenheit feststellten, etwa am Beispiel des gescheiterten Einstein-Bohr-Dialogs.[19] Die »Vorstellungen vom Wesen der Wahrheit und der Wirklichkeit sowie davon, was eine akzeptable wissenschaftliche Theorie sei«, waren schon bei Einstein und Niels Bohr nicht zu überbrücken[20], wieviel mehr ist dies der Fall, wenn die gegensätzlichen Vorstellungen noch fundamentaler und tiefer gelagert sind. – Irgendwann werden wir verstehen, wenn wir den Planeten nicht bereits vorher zerstört haben, daß wir keineswegs in einem lebensfeindlichen und kalten Kosmos leben, wie die herrschende »Zitadelle der Wissenschaft« (R. A. Wilson) unterstellt, sondern in einem lebendigen, multidimensionalen und bis in den letzten Winkel von Bewußtsein geprägten Universum, wie es Giordano Bruno als erster visionär erfaßte. Spätestens dann werden wir Bruno als unseren »Zeitgenossen« begreifen.

Die Philosophin Renée Weber schreibt in ihrem Aufsatz *Feldbewußtsein und Feldethik* über David Bohm (und das liegt sehr nahe an Giordano Bruno, ohne daß dieser erwähnt würde, nahe auch an H. F. Krause und dem, was ich die »Physik des kosmischen Seins« nenne): »Sein (Bohms) Fernziel ist eine Vereinigte Feldtheorie, wie die Naturwissenschaft sie sich bisher nicht hat träumen lassen. In ihr werden der Sucher und das Gesuchte als eins erfaßt, wird die Holobewegung für sich selbst durchscheinend. Dieses Vereinigte Feld ist weder neutral noch wertfrei, sondern eine intelligente und barmherzige Energie, die sich in einem noch nicht geborenen Bereich manifestiert, in dem Physik, Ethik und Religion miteinander verschmelzen. Die weitverbreitete Bewußtheit dieses Bereichs wird das menschliche Leben revolutionieren und uns von der Information zur Transformation und vom Wissen zur Weisheit führen.«[21]

Anmerkungen

1 Ernst Jünger, *Die Schere,* Stuttgart 1990, S. 139.
2 Helmut Friedrich Krause, *Der Baustoff der Welt. Von den bewohnten Gestirnen und der Ursache der Gravitation. Eine einheitliche Feldlehre aus kosmischer Sicht,* Neuausgabe mit einem Vorwort von Jochen Kirchhoff und einem Gespräch mit Werner Heisenberg, Berlin 1991, S. 27.
3 Robert Anton Wilson, *Die neue Inquisition. Irrationaler Rationalismus und die Zitadelle der Wissenschaft,* Frankfurt/Main 1992, S. 9.
4 Friedrich Nietzsche, *Sämtliche Werke,* Kritische Studienausgabe, hg. v. Colli und Montinari, München 1980, Bd. 12, S. 126.
5 Jochen Kirchhoff, *Kopernikus,* Reinbek 1985, S. 119/120.
6 Zitiert in: Kirchhoff, *Kopernikus,* S. 133. Siehe auch: Kirchhoff, *Giordano Bruno,* Reinbek 1980: »Bruno und Galilei oder das Dilemma der neuzeitlichen Physik«, S. 7-20.
7 Ebenda S. 28.
8 Ausführliche Darstellung der erkenntnistheoretischen Implikationen des Massebegriffs bei: Max Jammer, *Der Begriff der Masse in der Physik,* Darmstadt 1974.
9 Siehe Kirchhoff, *Bruno,* S. 97/98.
10 Bruno, *Über die Monas, die Zahl und die Figur,* mit einer Einleitung hg. v. Elisabeth von Samsonow, Hamburg 1991, S. 27/28.
11 Ebenda.
12 Zitiert in: Kirchhoff, *Kopernikus,* S. 132.
13 Kirchhoff, *Schelling,* Reinbek 1982, S. 95 ff.
14 Siehe u. a. Kirchhoff, *Schelling,* S. 52.
15 Zitiert in: Morris Berman, *Die Wiederverzauberung der Welt,* München 1983, S. 106.
16 Gottfried Benn, *Goethe und die Naturwissenschaften,* in: *Gesammelte Werke,* hg. v. Dieter Wellershoff, Bd. 1, Wiesbaden 1962, S. 197.
17 Berman, *Wiederverzauberung,* S. 105.

18 Krause, *Baustoff*, S. 53.
19 David Bohm / David Peat, *Das neue Weltbild. Naturwissenschaft, Ordnung und Kreativität*, München 1990, S. 94 ff.
20 Ebenda, S. 95.
21 Ken Wilber (Hg.), *Das holographische Weltbild*, München 1990, S. 47.

Hans Martin Schönherr-Mann

Das Spiel von Helle und Dunkel
Zum Verhältnis von Mystik und Vernunft

Die Perspektiven der okzidental geprägten Kulturentwicklung werden im planetarischen Maßstab negativ. Ob seiner ungebrochenen Hegemonie gerät das naturwissenschaftlich-technische Weltbild in fragwürdige Zusammenhänge, die jedoch so manche seiner rationalistischen Verengungen weiten sowie seine aufklärerische Hybris läutern. Mit der Notwendigkeit von Grenzüberschreitungen erwächst ein erneutes Interesse für die Grenzen des modernen technischen Rationalismus, Grenzen, die es wieder zu öffnen gilt, möchte man über die negativen Tendenzen der Zivilisation nachdenken und diese nicht nur behandeln. Wenn die Krise der Naturzerstörung das lange zerbrochene Verhältnis zwischen Mensch und Natur markiert und wenn dieser Bruch aus der Differenz zwischen Wissenschaft und Lebenswelt entspringt[1], stellt sich sowohl die Frage nach einer möglichen Heilung derartiger Zerwürfnisse, die Frage nach der Wiederherstellung der verlorenen Einheit von Mensch und Natur bzw. nach deren ganzheitlicher Einbindung als auch das Problem der Grenze von differentiellem wissenschaftlichem Denken und früherer Einheit von Mensch und Welt. Muß der moderne Rationalisierungsprozeß seine Grenzen reflektieren? Stößt er dabei zwangsläufig auf das ihm Andere, das sich als nichtdifferierende Einheit, als unio mystica präsentiert und das er bisher gerade zu verdrängen versuchte? Wohin weist die Vernunft, wenn sie in der ökologischen Krise fragwürdig wird? Zeigt eine solche Vernunft auf der Suche nach den eigenen Grenzen in die Mystik, wenn sie die zer-

1 Anmerkungen siehe Seite 250.

brochene Einheit von Mensch und Natur bedenken möchte? Wohin weist die Vernunft, wenn sie in die Mystik zeigen sollte? Was begegnet einer in der ökologischen Krise fragwürdig gewordenen Vernunft, wenn sich an ihren Grenzen das ihr Andere eröffnet?

Grenzenlosigkeit und Harmonie

Die Öffnung des abendländischen Rationalismus angesichts negativer Perspektiven der Kulturentwicklung ermöglicht einerseits Fragen nach anderen zivilisatorischen Modellen des Umgangs des Menschen mit der Natur. Andererseits lenkt sie den Blick in die Philosophiegeschichte, in der die Konzeptionen philosophischer Mystik in den Jahrhunderten seit der Aufklärung zunehmend verdrängt und schlicht für widerlegt erklärt wurden. Wenn ich also nach dem Verhältnis von Mystik und Vernunft angesichts der ökologischen Krise frage, gilt es zunächst, jene historisch angeblich überholten Vorstellungen zu bedenken, die den Umgang des Menschen mit der Natur entgegen den technizistischen Tendenzen der Aufklärung seit jeher primär von deren Einheit und Verbundenheit begriffen haben. So gilt es zunächst folgende Frage zu klären: Weist eine in der ökologischen Krise fragwürdig gewordene Vernunft, also die ökologische Vernunft, das Denken in Formen der traditionellen Mystik zurück?

Bereits der vermutlich erste Satz der Philosophie, der einzige überlieferte des milesischen Naturphilosophen Anaximander, läßt sich ökologisch deuten und gleichzeitig von den Grenzen der Vernunft ahnen. Denn, so Anaximander: »Der Ursprung der Dinge ist das Grenzenlose. Woraus sie entstehen, darein vergehen sie auch mit Notwendigkeit. Denn sie leisten einander Buße und Vergeltung für ihr Unrecht nach der Ordnung der Zeit.«[2] Im Sinne orphischer Mystik begreift Anaximander die Entstehung der Einzelwesen aus der Einheit des Seins als Unrecht und sieht in diesem Ursprung auch den Grund ihres Vergehens. Das Apeiron des Anaximander zeugt von einem ewigen Kreislauf, der unbestimmt, qualitäts- und grenzenlos ist. Weist eine ökologische Vernunft in eine Mystik unbestimmter Ganzheit, wenn sie nach ihren eigenen Grenzen fragt, um sich von den eigenen Borniertheiten zu befreien? Der Hinweis auf eine Antwort, den eine solche Frage erhalten könnte, beschränkt sich darauf, daß die Idee der Grenze sich womöglich selbst auflöst. Die Bestimmungslosigkeit würde die Idee der Grenze in Frage stellen, aber damit auch sich selbst: Denn Bestimmungslosigkeit präsentiert sich selbst nur im Gegensatz zu Bestimmungen, setzt also Bestimmungen voraus. Das Grenzenlose bedarf der Grenze. Das Mystische bestimmt sich aus dem Rationalen heraus.

Die mystische Position, die derjenigen der Bestimmungslosigkeit entgegensteht, trifft man vor allem in der christlichen Theologie. Augustin begreift die Natur als Lob Gottes und nicht als Lob des Menschen. Die Natur als Ganzes stellt wie in der einzelnen Kreatur ein kunstvolles Geflecht hierarchischer Ordnungen dar, die keine Brüche, höchstens gemäßigte Gegensätzlichkeit kennen. Den Schöpfer lobt die Natur in ihrer Schönheit und Ganzheit. Denn der Mensch, der sie betrachtet und schön findet, preist gleichzeitig ihren Schöpfer. Auch Athanasius sieht in der friedlichen Eintracht der Schöpfung, in ihrer Regelmäßigkeit, in ihrem Ebenmaß, in ihrer Symmetrie und Ordnung das Symbol des Schöpfers. Die Harmonie des Weltalls bringt den Menschen auf den Gedanken, daß an seinem Ursprung ein vernünftiger Gott walten muß.[3] Dieser Rückschluß wäre einer ökologischen Vernunft zweifellos nicht so ohne weiteres möglich. Für sie stände sowohl die Harmonie als auch die Einheit von Mensch und Natur nicht zuletzt ob der ökologischen Krise in Frage und wäre somit nicht vorauszusetzen. Für die Kirchenväter entsprachen derartige harmonistische Vorstellungen problemlos der Natur. Schließlich waren sie sich ob der göttlichen Bedingtheit der Identität von Welt und Mensch sicher. Nach dem heiligen Franziskus integriert die Liebe alle beseelten und unbeseelten Geschöpfe. Damit erhebt er die Natur zum Gebet. Im Sonnengesang des Ordensgründers heißt es: »Gepriesen seist du, mein Herr, durch unsere Schwester, Mutter Erde, die uns ernährt und lenkt und mannigfaltige Früchte hervorbringt und bunte Blumen und Kräuter«.[4] Die christlichen Theologen kannten noch das Zentrum der Welt in der heiligen Schrift, von deren hermeneutischer Mitte erst Galilei die Erde losketten wird, wenn er die Laienauslegung der Bibel fordert. Dadurch, daß sich Galileis Naturwissenschaft als Nukleus des modernen wissenschaftlich-technischen Weltbildes präsentiert, dem der Prozeß der Naturzerstörung wesentlich anzulasten ist, wird indes Galileis Kritik an der Theologie sowie die der Aufklärung nicht falsch: Die Frage der Wahrheit stellt sich unabhängig von ihren Folgen, und auf der Wahrheit seiner Erkenntnisse insistiert Galilei genauso wie Theologie und Mystik. So scheint hinter der mystischen Gewißheit und der theologischen Stärke des Denkens in der Idee des Symbols oder des Lobes der unbedachte Gedanke auf, daß sich diese Übereinstimmung nur hermeneutisch als bibelorientierte Interpretation von Naturerscheinungen entwerfen läßt – eine jugendliche Schwäche, die das christliche Naturdenken bis an den Ausgang des Mittelalters begleiten wird – eine Schwäche, die ob der göttlich gestifteten ursprünglichen Identität zunächst belanglos erscheint, jedoch bis ins hohe Alter Unruhe verbreiten wird. Die Frage nach der Grenze einer fragwürdig gewordenen Vernunft stellt sich auf diese Weise jedenfalls nicht. Harmonie und mystische Identität begreift sich eben nicht als Grenze des Rationalen, sondern entspringt letztlich der göttlich abgesegneten Vernunft.

Von dieser Schwäche des christlichen Naturdenkens ahnte bereits Hildegard von Bingen, die in der Natur eine Offenbarung Gottes sieht, gerade wenn diese im apokalyptischen Kontext steht. Denn während die ganze Natur auf Gott ausgerichtet ist und auf ihn selbstverständlich hinstrebt, bricht der Mensch rebellisch mit dieser Erkenntnis. Anstatt die Einheit der Natur zu bewahren, zerreißt der Mensch sie in eine Vielzahl von Geschöpfen, und mit ihr den Schöpfer selbst.[5] Weist diese apokalyptische Perspektive, wenn nicht zu Grenzen der Vernunft, so doch auf das ihr drohende Andere hin? Trotz derartiger skeptischer Einwände bekräftigen sowohl das christliche als auch das vorchristliche Naturdenken weitgehend eine objektive Teleologie einer natürlichen Überlieferung des Menschen, die schwerlich eine Antwort auf die Frage nach den Grenzen der Vernunft darstellt. Eher scheint die göttliche Vernunft grenzenlos, und mystische Identität behauptet eine Einheit von Mensch, Natur und Vernunft, die heute gerade in Frage steht. Im Sinne einer derartig umfassenden Einheit läßt sich Mystik heute nicht mehr denken, zumindest wenn sich in ihr die Grenzen der abendländischen Vernunft anweisen, genau diejenige Bemühung, die die wissenschaftlich technische Rationalität ökologisch werden läßt.

Unwissenheit am Grunde des Schweigens

Wohin weist die ökologische Vernunft dann, wenn sie an ihre Grenzen zeigt, die traditionelle Mystik ihr darauf aber nur wenig zu antworten vermag? Wird sie statt dessen in der Krise der Kulturentwicklung von Heideggers Idee einer Seinsgeschichte angesprochen, die eine Geschichte als Fortschritt der Vernunft im Sinne Hegels überschreitet und nach dem fragt, was der Unterscheidung von Rationalität und Irrationalität bzw. Mystik vorhergeht. Damit schließt sie auch an bestimmte Traditionen eines mystischen Seinsdenkens an, wie sie vor allem in der negativen Theologie entwickelt werden und die meiner Frage nach den Grenzen der Vernunft doch noch weitere Hinweise geben könnten. Gleichzeitig gerät in der Seinsgeschichte das Sein tendenziell in Vergessenheit. Könnte sich in ähnlichem Maße die Natur entziehen und einer ökologischen Vernunft deren Grenzen im Entzug vorführen? Für Heidegger führt die Seinsgeschichte in die griechische, primär vorsokratische Philosophie; denn mit der Übersetzung des Griechischen ins Lateinische gingen wesentliche Implikationen des Denkens verloren oder wurden verstellt. Daher spürt der Seinsphilosoph der ursprünglichen Bedeutung der griechischen Worte nach. Was trägt Heideggers Denken zum Verhältnis von Mystik und ökologischer Vernunft bei, wenn sein hermeneutischer Ansatz die Sprache zum Haus des Seins erklärt, wenn die Dinge erst in den Worten in ihr Sein gelangen, wenn der Mißbrauch der Sprache den Menschen um den authentischen Bezug zu den Dingen bringt? Könnte sich im Entzug des Seins das Andere als das rational unzugängliche Mystische präsentieren? Physis, das griechische Wort für das Seiende, das man ins Lateinische mit natura übersetzte, bedeutet nach Heidegger im Griechischen ursprünglich dasjenige, was von sich aus aufgeht, »das sich eröffnende Entfalten, das in solcher Entfaltung in die Erscheinung-Treten und in ihr sich Halten und Verbleiben, kurz, das aufgehend-verweilende Walten«. Damit ist nach Heidegger keinesfalls das bloße Wachsen als ein Zunehmen und Größerwerden gemeint, sondern »das Sein selbst, kraft dessen das Seiende erst beobachtbar wird und bleibt«[6]. Dieser griechische Begriff für Natur ist freilich nicht auf eine materielle Natur beschränkt, wie sie heute von den Naturwissenschaften gedacht wird. In diesem Begriff des »Seienden als solches im Ganzen« steckt vielmehr die griechische Grunderfahrung, daß das Sein sich dichterisch und denkend erschließt. In ihm zeigt sich die Einheit von Mensch, Natur und Gott. Weist eine ökologische Vernunft in die Mystik, wenn sie Natur als ein Problem der Sprache bzw. des Seins versteht? Das Sein, so Heidegger, gibt sich nicht im einzelnen Seienden zu erkennen. Es gibt sich höchstens in seiner jeweils geschicklichen Prägung, beispielsweise als Logos, als Idee, als Substantialität, als Objektivität oder Subjektivität, als Wille zur Macht. In seiner geschicklichen bzw. epochalen Prägung ist das Sein primär in der Sprache anwesend, d. h. das Sein des Seienden spricht den Menschen in der Sprache an.[7] Das Physische im Sinne des Physis-Begriffs wirft dem Menschen in der Sprache bestimmte Eigenschaften der Natur hin. Eine solche Natur enthält eine Hermeneutik, die sich z. B. unter dem Einfluß der Technik verändern kann. Beschreibt Heidegger damit nicht den differentiellen Charakter der abendländischen Rationalität? Markiert er damit ihre Grenzen, und zwar in einer mystischen Perspektive?

Ist Natur in der Krise der Kulturentwicklung der Urgrund von allem, auch der Kultur, und insofern das umfassende Sein des Seienden, dann könnte Natur sich nicht mehr im Seienden zeigen, sondern nur noch in einem Sein, das sich entzieht. Gerät Natur in der Umweltkrise nicht mit dem Sein in Vergessenheit? Zeigt sich Natur höchstens noch in bestimmten Entzugserscheinungen, die sich im Sein reflektieren? Wird in einer Seinsgeschichte des Niedergangs die Natur als das aus sich selbst heraus sich Entfaltende negativ? Markiert insofern die abendländische Vernunft ihren differentiellen Charakter in der Natur selbst? Ist in einer Seinsgeschichte als Geschichte von Schwächungen der stabilen Strukturen des Seins die Vernunft übermächtig und grenzenlos ausgeufert, somit jegliche Mystik an ihr Ende gelangt?[8]

Damit könnte sich das Verhältnis von Vernunft und Mystik genauer formulieren lassen. Eine ihrer philosophiegeschichtlichen Tendenzen, die negative Theologie, hat davon bereits geahnt. Sie thematisiert das Problem der Einheit der Schöpfung vor dem Hintergrund des Verhältnisses zwischen Schöpfer und Sein. So stellt sich die Frage, ob das Sein als

Natur im Sinne der negativen Theologie als Einheit gedacht werden kann. Die große mystische Idee des Einen als Ursprung des Vielen und damit der Einheit des Ganzen formuliert bereits der Begründer der negativen Theologie, Pseudo-Dionysios Areopagita. Doch im Gegensatz zu Augustin und Boethius – und interessant im Hinblick auf eine vergessene Natur – spricht er dem göttlich Einen keine weiteren Eigenschaften zu, auch nicht die des Seins, des Denkens oder der Liebe. Sein Ansatz läßt nur das Gute zu, das dem Einen am nächsten kommt, da vom Einen alles ausgeht, vergleichbar mit dem Licht, das von der platonischen Sonne herkommt. Dieses Eine ist selbst die Grundlage des Ganzen, Urgottheit, erste Ursache, Identität des dreigeteilten Gottes.[9] Allerdings scheinen diese Vorstellungen heutigem Naturdenken nicht fernzuliegen. Vom Zusammenhang der Biosphäre über Kreislauf- bis hin zu Systemmodellen, in denen Natur als Supersystem erscheint, findet sich im ökologischen Denken die Natur als die Konstitution von neuer Einheit, als Lebensgrundlage wie auch als unhintergehbarer Gesamtzusammenhang. Damit tritt Natur zwar nicht an die Stelle des göttlichen Einen. Umgekehrt geht diese Einheit eher auf die Natur als Sein und als Urgrund von allem über, in der am Ende das Gute selbst sich erfüllt, jedoch ebenfalls übergeordnet bleibt. Die Natur ökologisch als Einheit gedacht hat dann im Sein des Seienden beinahe auch die Position Gottes als des Guten übernommen und auf die Schöpfung übertragen. Aber weist eine fragwürdig gewordene Vernunft in die Natur als übergreifende Einheit? Markiert sie damit ihre Grenzen, hinter denen sich eine mystische Einheit verbirgt? Wäre die Natur, als Einheit gedacht, wirklich der Ort der Mystik? Enthüllt sich in der Natur als Einheit nicht vielmehr eine platonische Idee, die in die Differenz zurückführt? Drückt sich in einer solchen Vorstellung nicht eher ein Bedürfnis nach Einheit, nach Behaustheit aus, das zwar legitim und menschlich sein mag, aber in der beschränkten Erfahrungswelt sich nicht einlösen läßt und schon gar nicht als Grundlage einer Einheit von Mensch und Welt zu fungieren vermag? Kann eine fragwürdig gewordene Vernunft von der Einheit der Natur überhaupt ausgehen, oder begegnet der Mensch nicht eher einer haltlosen Pluralität von Naturerscheinungen? Präsentiert sich Natur als Einheitsbegriff also in Form ihrer Vergessenheit als chaotische Pluralität? Vermag darin auch das vergessene Sein als Einheit des Seienden nicht mehr aufzutauchen?

Aber das Sein ist doch nicht wie bei Hegel nichts. Seine Bestimmungslosigkeit zeigt indes die Geschichte des Denkens als einen Prozeß der Seinsvergessenheit an.[10] Einerseits tritt bei Pseudo-Dionysios die Seinsvergessenheit ein, wenn das Sein und der Gott auseinandertreten. Andererseits antizipiert der unbekannte Römer damit das Problem des Seins als Einheit des Seienden, wenn das Gute als Gott darübersteht. Deutet sich darin nicht die Gefährdung des Seins im Vergessen an, so daß das Sein einen Augenblick lang in der Geschichte des Abendlandes beim unbekannten Christen etwas weniger als üblich der Vergessenheit anheimgegeben ist? In der vorherrschenden metaphysischen Tradition wird das Sein dagegen als ursprünglichste Sache, als Ursache oder auch als Causa sui gedacht, für Heidegger die angemessene Bezeichnung für den Gott in der Philosophie.[11] Mit diesem Gott als ursprünglichste Sache, als Sein des Seienden, als das Seiende im Ganzen hat die Metaphysik das Sein selbst vergessen. Das gilt nach Heidegger noch für die moderne Technik, die heute an die Stelle der abendländischen Metaphysik getreten ist. So begegnet der Mensch sich nach Heidegger im technischen Denken nirgendwo mehr selber, sondern nur noch dem Gestell als dem hermeneutischen Wesen der Technik. Damit gerät nicht nur das Sein sondern ebenfalls die Seinsvergessenheit in Vergessenheit,[12] worin die eigentliche Gefahr der Kulturentwicklung liegt. In der technisch scheinbar beherrschten Welt erfährt der Mensch die Welt nicht mehr in ihrem Sein, und das hieße im Zeitalter der Naturzerstörung nicht mehr als Natur, sondern er erfährt sie in ihrer technischen Bedeutung. Diese Seinsvergessenheit bedenken die Menschen nicht. Statt dessen versuchen sie, bloß technisch besser zu handeln. Das Denken verfällt dem technischen Berechnen und beachtet das menschliche Geschick nicht mehr. So formuliert Heidegger in seiner Schrift »Was heißt Denken?« den leitmotivischen Satz: »Das Bedenklichste in unserer bedenklichen Zeit ist, daß wir noch nicht denken«[13]. Der Mensch, der von der Geschichte der abendländischen Metaphysik bis heute geprägt ist, bedenkt nicht das Sein und damit die wichtigste Dimension, um dieser Metaphysik der Technik, also dem Gestell, ihrem Wesen, gerecht zu werden. Aber kann der Mensch das Sein bedenken? Kann der Mensch überhaupt denken? Heidegger zufolge geht es darum, daß der Mensch das Denken lernt. Das aber ist kein Akt des Wollens. Vielmehr muß der Mensch sich vom Denken selbst erfassen lassen, anstatt daß er versucht, das Denken zu be-herrschen. Im Denken findet sich denn auch jene anfängliche Dimension, die den menschlichen Wesensraum kennzeichnet. Weist Heideggers Seinsgeschichte die ökologische Vernunft ins Denken? Findet es dort seine Grenze sowie das ihr Andere, das Mystische?

Heideggers Vorschlag, zu denken anstatt zu handeln, erscheint im Angesicht der ökologischen Krise und des Geschicks der abendländischen Vernunft als eine der Naturvergessenheit angemessene Reaktion. Allerdings fragt sich, ob in der bedachten Seinsvergessenheit das Sein wieder einkehrt, wie Heidegger es hofft. Bleibt nicht die Natur auch dann in Vergessenheit, wenn der Mensch das bedenkt? Zeigt die fragwürdig gewordene Vernunft etwa ins Denken, wenn sie ökologisch an ihre Grenzen stößt und dabei in die Mystik gelangt? Ist Heideggers Perspektive des Denkens mystisch oder weist diese in eine andere Richtung als meine Leitfrage? Setzt diese ontologisch hermeneutische Reflexion die mystische Perspektive der negativen Theologie fort?

Bei Meister Eckhart findet die Seele im Erkennen als ihrer wichtigsten Tätigkeit ihr höchstes Sein. Doch der göttliche Schöpfungsgrund als Urgrund bleibt wie bei Pseudo-Dionysios unbegreiflich. Vielmehr muß der Mensch nur begreifen, um vom Wissen zur Unwissenheit und damit schließlich zur göttlichen Offenbarung zu gelangen. Gott stellt keine beredte Disputation, auch kein gleichnishaftes Abbild dar. Der Mensch findet Gott nur in der Einheit und im Schweigen auf dem Grund der Seele. Denn der Mensch, so Eckhart, sucht die Einheit mit und in Gott, nicht die Differenz zu ihm. Daher genügt ihm auch kein Bild, das immer nur auf etwas anderes als es selbst verweist und das der Mensch auch nur mit Hilfe seiner Sinne in sich aufnehmen kann. Mit einem Bild kann der Mensch nicht eins werden, sondern nur in der Stille und im Schweigen, in der Gott ursachenlos spricht und wirkt. So taucht die Schöpfung als Unmittelbarkeit und zugleich im Unterschied zum Bild auf. Denn die Differenz zwischen dem Werk und seiner Ursache erhält sich im Schweigen und in der Unbestimmtheit. Damit wird an einen anderen Unterschied, nämlich jenen zwischen Sein und Seiendem als Differenz schweigend erinnert, wenn man den Meister heute liest. Mystische Identität formuliert Eckhart mit den Worten, die diese Differenz erahnen lassen: »Im Grund herrscht das größte Schweigen«[14]. Im Schweigen, das die Unauffindbarkeit Gottes festhält, könnte die negative Theologie nicht nur Heideggers ontologische Differenz markieren, sondern das Schweigen könnte den Ort erahnen lassen, auf den eine fragwürdig gewordene Vernunft hinweist. Das Schweigen präsentiert die mystische Perspektive der Vernunft in der ökologischen Krise, wenn der Entzug der Natur den Frühling verstummen läßt und damit die Grenze markiert, die die technische Vernunft höchstens destruktiv überschreitet. In dem, worüber er entschlossen schweigt, könnte der Mönch, der 1328 kurz vor seinem Inquisitionsprozeß in Avignon starb, Vorläufer eines negativen ökologischen Denkens sein, das sich seiner mystischen Implikationen bewußt ist.

Im Gegensatz zur traditionellen Metaphysik taucht in seinem beredten und sicherlich essentialistischen Schweigen das vergessene Wesen der Differenz auf, wie sie Heidegger erläutert.[15] In der Metaphysik wird das Sein des Seienden sowohl im Sinne des Allgemeinen als auch im Sinne des Höchsten gedacht. Denn das Sein erscheint der Metaphysik dabei als Grund des Seienden. Das höchste Seiende stellt als Begründendes gar die erste Ursache dar. Die Metaphysik – im Sinne eines allgemeinen Grundes des Seienden gedacht – ist die Onto-Logik. Denkt jedoch die Metaphysik das Seiende als solches im Ganzen, nennt sie Heidegger Theo-Logik; denn damit enthält sie das höchste, alles Seiende begründende Sein. Diese onto-theologische Struktur der Metaphysik entspringt der Differenz, die Sein und Seiendes im Sinne des Begründens und des Begründeten unterscheidet und gleichzeitig damit aneinander anbindet.[16] Will eine ökologische Vernunft der onto-theologischen Struktur ansatzweise entgehen, müßte sie die Idee des Urgrundes als Schweigen im Hinblick auf ihre eigene Fragwürdigkeit bedenken: Die Perspektive einer Vernunft in der Krise der Kulturentwicklung weist in die Mystik. Trotzdem – oder besser deswegen – versucht eine fragwürdige Vernunft sich der Sache von Ontologie und Theologie zu enthalten, nämlich das Seiende als solches und im Ganzen zu erfassen und dabei die ontologische Differenz zu vergessen. Diese Vergessenheit liegt für Heidegger in der Sache der Metaphysik selbst und ist keinesfalls nur ein Akt des Menschen oder des Denkens.

Einem Denken der Differenz bzw. einer negativen Ökologie steht in der negativ-theologischen Traditionslinie auch Nikolaus von Kues nicht fern, sieht man von seinen harmonistischen Vorstellungen ab, die der neuplatonischen Naturvergessenheit im Renaissancedenken anheimfallen. In seinem Universum waltet die göttliche Harmonie. Bezeichnenderweise folgt dann die Schöpfung den Gesetzen der Arithmetik, der Musik und der Geometrie. Durchflutet derart der göttliche Geist das Universum gar mit dem Licht der Mathematik? Öffnet der Cusaner das Denken der galileischen Mathematisierung? Zweifellos steht er nicht allein. Bereits Pseudo-Dionysios nimmt die Welt des Sichtbaren als Zeichen für das Unnennbare. Vom sinnlich Gegebenen soll der menschliche Geist zum Nicht-Gegebenen gelangen. Nikolaus von Kues beginnt diesen Weg zu wenden. Galilei wird diese Wende vollenden, wenn die Natur von der idealen Welt mathematischer Zeichen aus betrachtet wird. Trotzdem, als negativer Theologe hält der Cusaner ein Wissen um das Wesen Gottes und damit auch um die letzten Wesensgründe der Schöpfung für unmöglich. Insofern, wenn auch vor einem anderen Hintergrund, ist er skeptischer als der Begründer der neuzeitlichen Naturwissenschaften. Über diese Standpunkte, die seinen Vorläufern noch ähneln, geht Nikolaus jedoch hinaus, wenn er danach fragt, inwieweit negative oder affirmative Aussagen wahr sein können. Im Hinblick auf Gott sind verneinende Aussagen regelmäßig wahrer als positive, wenn mit ihnen gegen Unvollkommenheiten am grundsätzlich Vollkommenen argumentiert wird. Die genaue Wahrheit verbleibt jedenfalls im Dunkel bzw. in der menschlichen Unwissenheit, und zwar als eine Weise des Nichterfassens.[17] Während Areopagita noch die vollständige Unbestimmtheit propagierte, zeigt sich in des Cusaners Unterscheidung der Relevanz von negativen und affirmativen Aussagen die sprachliche Behaustheit des Seins. Wenn das Sein als sich entziehendes im Nicht-Verstehen und im Nicht-Erfassen in der Vergessenheit aufleuchtet, dann weist die negative Theologie die in der ökologischen Krise fragwürdig gewordene Vernunft in das ihr Unzugängliche, Unverstehbare, in das Mystische, das ihre Grenze markiert.

Die Technik der Lichtung

Aber wohin wird eine fragwürdig gewordene Vernunft gelenkt, wenn sie an ihren Grenzen in die Mystik gerät? Was gibt ihr zu denken, wenn das Mystische sie in die Besinnung rufen sollte? Für Heidegger zeigt sich das von der Differenz aus zu denkende Sein des Seienden als ein Sein, das in das Seiende übergeht, das dieses Seiende ist. Das ist jedoch kein dialektischer Prozeß. Sein und Seiendes sind dasselbe und zugleich unterschieden. Darin steckt das Wesen der Differenz als das Zwischen, in dem Sein als Überkommnis und Seiendes als Ankunft miteinander auftreten und zueinander ins Verhältnis gesetzt werden. In der Differenz von Sein und Seiendem sind beide zugleich verborgen und werden als solche auch entborgen. Die Differenz zeigt sich somit als ein Prozeß von Enthüllung und Verhüllung. Heidegger spricht in diesem Zusammenhang von Lichtung, in der die Differenz bedacht wird, sich zeigt, sie natürlich nicht in der Identität verschwindet, sondern im Gegenteil als Austrag erscheint, d. h. als Sache des Denkens, die das Sein denkt und zwar aus der Differenz heraus.[18]

Wohin gelangt eine fragwürdige Vernunft, wenn das hinter ihren Grenzen aufscheinende Mystische sie in die Lichtung weist? In seiner 1969 erschienenen Schrift *Das Ende der Philosophie und die Aufgabe des Denkens* scheidet Heidegger die Problemstellungen von Philosophie und Denken. Was letzteres antreibt, ist etwas anderes als der Gegenstand der Philosophie. Trotzdem, will man nach der Sache des Denkens suchen, muß man sich mit der Geschichte der Philosophie befassen, muß man nach dem fragen, was der Philosophie eine Geschichte gab. Die technisch beseelte, politische Öffentlichkeit interessiert sich für ein solches Denken noch weniger als für die traditionelle Philosophie. Ein Denken, das seine Aufgabe aus der Geschichte der Philosophie heraus entwickelt, entwirft nämlich keinerlei Zukunftserwartungen, die allemal die Neugier der Öffentlichkeit erregen. Das Denken, das Heidegger der Philosophie entgegenstellt, will die Gegenwart nur auf etwas aufmerksam machen, das am Beginn der Philosophie bereits angesagt worden ist, was aber seitdem keine Beachtung fand. Von Hegel bis Husserl ertönt die Aufforderung an die Philosophie, zur Sache selbst zurückzukehren, also sich mit der Subjektivität zu befassen. Heidegger fragt dagegen, was bei dieser Aufforderung nicht beachtet wird. Sei es die Phänomenologie Husserls oder die Dialektik Hegels, beide befassen sich mit der Sache der Philosophie, indem sie diese Sache präsentieren, anschaulich und begreifbar werden lassen. Sie bringen die Sache zum Scheinen: Dazu bedarf es jedoch der Helle, in der das Scheinen erst möglich ist. Helle gibt es nur im Offenen und Freien, in der Lichtung, mit der Heidegger die philosophische Lichtmetaphorik sowie die traditionellen Wahrheitsbegriffe hintergeht. Denn das Licht einer Lichtung ist nicht mit dieser identisch, obwohl sich beide aufeinander beziehen. Die Lichtung als Ort in Raum und Zeit ermöglicht dem Licht erst, ein Spiel zwischen Helle und Dunkelheit zu inszenieren. Keinesfalls schafft das Licht die Lichtung. Gleichzeitig bietet sie jedoch einen Freiraum für den Hall und den Klang von Tönen. Sie ermöglicht die Offenheit, in der man das, was ist, als An- und Abwesendes hören und sehen kann. Die Aufgabe des Denkens fragt nach dieser Lichtung, in der das raumzeitlich Seiende sich in seinem Sein zeigt. Aus der Lichtung heraus präsentiert sich das Ekstatische des Seins, das die Sache der Philosophie erst zum Vorschein bringt, während sich die Philosophie mit der Lichtung nie befaßt hat. Ihr Licht der Vernunft leuchtet zwar in dieser Lichtung. Diesem Ort ihres Scheinens schenkt sie jedoch keine Aufmerksamkeit.[18] Die abendländische Vernunft mag nach den erkenntnistheoretischen Bedingungen ihrer Möglichkeit oder nach ihren historisch-sozialen Voraussetzungen fragen, nach dem unmittelbaren, existenziellen Zusammenhang von

Sprache und Sein sucht sie nicht. Nominalistisch oder sprachphilosophisch bleibt der Sinn von Sein bzw. der Ort des Denkens unbefragt. Anstatt nach Fragen, die die Möglichkeiten dessen, was ist, erst aufwerfen, sucht die wissenschaftliche und die philosophische Vernunft nach Antworten. Gelangt Heidegger mit der Idee der Lichtung an die Grenzen der abendländischen Vernunft? Gelangt er mit dem ekstatischen Zusammenhang von Mensch und Sein, der sich aus der Lichtung heraus entwirft, in das Mystische? Präsentiert sich das Verhältnis von Vernunft und Mystik in der Lichtung?

Das griechische Wort der Idee impliziert das Äußere, Sichtbare, in dem sich das Seiende präsentiert, d. h. anwesend ist. Für Platon ist dazu Licht notwendig – man denke an Platons Gleichnisse in der *Politeia*[20]. Heidegger geht darüber hinaus und fragt nach der Lichtung, die die abendländische Vernunft nicht beachtet hat. Im Gedicht des Parmenides wird sie zuerst formuliert, wenn er ihr auch besondere Aufmerksamkeit schenkt. Heidegger versteht den folgenden Auszug im Sinne eines Denkens der Lichtung:

> du sollst aber alles erfahren:
> sowohl der Unverborgenheit, der gutgerundeten, nichtzitterndes Herz
> als auch der Sterblichen Dafürhalten, dem fehlt das Vertrauenkönnen auf Unverborgenes.

Heidegger übersetzt das Wort »Aletheia« nicht mit Wahrheit, sondern mit dem Wort »Unverborgenheit«. Im Gegensatz zur Wahrheit als Übereinstimmung von Aussage und Sachverhalt stellt die Unverborgenheit etwas Abgerundetes dar, das in sich geschlossen ist, in dem sich Anfang und Ende überall zugleich darbieten. Die parmenideische Drehung des Kreises sperrt sich für Heidegger jeglicher Verdrehung und Verzerrung, ist nicht zu verstellen und nicht zu verschließen. Die Unverborgenheit als Lichtung läßt sich nicht verdrehen.

Sie geht der Möglichkeit jeglicher Drehversuche voran. Die Unverborgenheit stellt die Voraussetzung der Wahrheit bzw. der Idee dar. In ihr gründet die Verbindlichkeit des Denkens.[21] Ohne die lichtende Verbindlichkeit bleibt Platons Idee wie Hegels absoluter Geist oder jener des Positivismus bodenlos. Die Lichtung ermöglicht erst die Rede von der Wahrheit, eine Bedingung, die in der Philosophie bisher unbedacht blieb, die zu bedenken jedoch die Sache einer Philosophie sein könnte, die an ihrem Ende angelangt ist, vor allem auch die Sache einer Vernunft, die in der ökologischen Krise fragwürdig wurde. Die Unverborgenheit ist die unbedingte Voraussetzung jeglichen Denkens und Sprechens, in dem sich das, was ist, ausspricht. Daraus stellt sich die Aufgabe des Denkens. Obwohl er es relativieren wird, kehrt Heidegger damit ein Fundament des Denkens hervor, das man weniger deshalb hinterfragen kann, weil das Sein sich als Natur eher zu entziehen scheint, als vielmehr, weil das Wort »Boden« die Nachfrage unvermeidlich herausfordert. Weist dieses Wort etwa in die Mystik als eine Voraussetzung jeglichen Denkens?

Doch mit der Lichtung ist Heidegger noch nicht an das Ende der Denkmöglichkeiten gelangt. Die Lichtung könnte als das Mystische die Voraussetzung des Denkens ergeben. Darin erschöpft sich indes der Begriff der Unverborgenheit nicht. In der Lichtung verbirgt sich etwas, das den Mystik-Verdacht noch näher legt: Das Herz der Unverborgenheit ist für Heidegger ihr innerster Kern, die Drehung in Heideggers Denken, die die Lichtung nach innen weiterdenkt. Parmenides denkt die Lichtung als Voraussetzung des Lichts noch nicht. In der Wahrung des Verborgenen endet Heideggers Analyse der Lichtung. Für Parmenides kommt das Herz hier zur Ruhe. Heidegger nennt das den Ort der Stille, die die Unverborgenheit erst eröffnet. Im Inneren der Lichtung ist es still, eine Stille, die einerseits klingen läßt und andererseits an Meister Eckharts Schweigen erinnert, in dem Gott sein

Wort ausspricht. In der Stille ist das Verborgene versammelt. Von hier aus, durch das Herz der Lichtung, durch die Verborgenheit gelangt das in ihr Verborgene ins Licht, in die Offenheit, wird es offensichtlich. Die Lichtung ermöglicht das philosophische Denken, das selbst die Lichtung nicht beachtet, ermöglicht die Vernunft, die erst ihre ökologische Fragwürdigkeit einsehen muß, um die Frage nach ihrer Herkunft und ihren Grenzen zu stellen.

In der Stille entsteht die Existenz, die nicht nur den Menschen in das Sein herausragen läßt, sondern die in dieser Ekstase die Frage nach den Grenzen der Vernunft aufwirt: »als auch der Sterblichen Dafürhalten, dem fehlt das / Vertrauenkönnen auf Unverborgenes.« Was entbirgt die Stille, dem die Menschen nicht vertrauen, dem sie ihre Meinungen entgegensetzen? Wie zeigt sich das Verborgene in der Unverborgenheit? Aristoteles schreibt in der *Metaphysik*, daß es von mangelhafter philosophischer Ausbildung zeugt, wenn man nicht weiß, was man beweisen muß und was selbstverständlicherweise nicht.[22] Heidegger hält es durchaus für möglich, daß die dialektische Vermittlung Hegels oder Husserls Evidenz keines weiteren Beweises bedürfen. Allerdings weist die Frage nach dem, was keines Beweises bedarf, auf etwas, das den Menschen vor allem anderen angeht. Dies scheint für Heidegger wiederum über Hegels absoluten Geist und Husserls Phänomenologie hinauszugehen und auf jenen Kreis zurückzudeuten, den Parmenides im Hinblick auf die Aletheia anspricht. Es könnte somit die Lichtung sein, genauer die Stille in der Lichtung, die Verborgenheit, die erst die Unverborgenheit ermöglicht und die nicht anders als im Hinblick auf die Unverborgenheit angesprochen werden kann. Hinter der Verborgenheit öffnet sich für Heidegger kein neuer Kreis des Denkens, sondern das Denken erhält aus dem Kreis der Lichtung heraus seinen Antrieb. Ist das Verborgene die Grenze des Denkens, die keine weitere Hinterfragung mehr zuläßt, mit dessen Jenseits der Mensch ekstatisch Eins wird und das den Menschen ins Denken ruft?[23] Gibt das Verborgene, das Unzugängliche, das Unbekannte, zu denken?

Vor dem Hintergrund, daß die Stille und die Verborgenheit des Unverborgenen den Kern der Lichtung ergeben, der nicht weiter hintergehbar ist, fragt Heidegger selbst, ob das nicht eine grundlose Mystik bzw. einen Fall von Irrationalismus darstellt. Doch die Vernunft und das Rationale selbst sind bisher nicht hinlänglich durchdacht worden. Sie müssen vor dem Hintergrund parmenideischer Unverborgenheit sowie von Heideggers Lichtung des Sichverbergens aus untersucht werden. Daher bleibt der Vorwurf des Irrationalismus grundlos und unbedacht. Das ändert sich nicht dadurch, daß sich die Technik immer intensiver durch ihre Erfolge legitimiert; denn der Effekt der Technik bleibt von den Voraussetzungen der Vernunft und des Rationalen unabhängig, holt diese nicht ein, kann diese nicht begründen. Die Erfolge der Technik mögen ihre Richtigkeit belegen. Doch das Unverborgene läßt sich durch keinen Beweis beweisen.[24] Heidegger fragt statt dessen, ob das Beharren auf dem Beweis im wissenschaftlichen Denken den Blick in das Sein verhindert. In Hinsicht auf die Unterscheidung des Aristoteles muß sich die Philosophie mit der Frage befassen, was eines Beweises bedürftig ist und was nicht: An dieser Stelle gelangt Heideggers Spätphilosophie an den Rand der Mystik, vielleicht auch an den Rand des Denkens. Die Aufgabe des Denkens stellt sich jenseits der technischen Rationalisierung, deren angeblich fortschreitende Bewegung umgekehrt irrational sein könnte, weil sie sich gerade nicht um ihre Voraussetzungen kümmert. Insofern müßte eine ökologische Vernunft, die mehr als Technik sein will, sich vom Spiel zwischen Verborgenheit und Unverborgenheit ins Denken rufen lassen. Sie müßte sich auf das ihr Andere, das ihr Verborgene wie auf das ihr Unverborgene besinnen, das sich also durchaus mit dem Namen des Mystischen beschreiben ließe. Ähnlich wie

Heidegger sich der Scheidung von Rationalismus und Irrationalismus zu entziehen trachtet, so müßte sich eine fragwürdig gewordene Vernunft dem technisch-instrumentellen Denken entziehen.[25] Verhilft die Mystik der Lichtung dem Denken, aus dem Bannkreis der Metaphysik herauszutreten, sei es der der Scholastik oder der der Technik?

Allerdings öffnet sich die Fragwürdigkeit der Vernunft im Hinblick auf die Lichtung noch aus einer anderen Perspektive, die die Frage nach der Grenze aufwirft und insoweit das Verhältnis von Vernunft und Mystik weiter eruiert. Heidegger erwähnt als Gegenteil der Lichtung die Waldung. Die Frage nach dem Ort der Lichtung hat er jedoch nicht gestellt, sowenig wie er dem Problem nachging, ob sich der Ort der Lichtung überhaupt näher bestimmen läßt. Wenn das auch nicht der Fall zu sein scheint, so stellt sich doch die Frage, was es für die Lichtung bedeutet, nicht geortet werden zu können. Muß man an den Rand der Lichtung gehen, um hinter den Grenzen der ökologischen Vernunft das ihr Andere, das Mystische, die Wildnis zu erahnen, die jeglichem ökologischen Denken vorausgeht? Muß es darin seine eigene Negativität begreifen? Ist die Lichtung nicht zu verorten, weil sie sich im Unbekannten, in der Wildnis befindet? Selbst wenn es keinen Sinn haben sollte, nach der Bedingung der Lichtung zu fragen, stellt sich trotzdem die Frage nach ihrer Umgebung, nach dem ihr Anderen, so daß sich auch Lichtung und Unverborgenheit in einem fragwürdigen Zustand – vielleicht umgeben von der Waldung oder der Wildnis – befinden, ein Zustand, der nicht nur die Schwäche der ökologischen Vernunft reflektiert, sondern das Sein aus einem unsteten Spiel von Lichtung und Waldung, Stadt und Land, Dichtung und Rechnung bestimmen könnte. Im Sinne eines nach außen gerichteten Wechselspiels zwischen Helle und Dunkel, Offenheit und Geschlossenheit, Lichtung und Waldung hat Heidegger die Lichtung nicht weiter verfolgt. Doch dabei zeigt sich zumindest, daß sich die Lichtung aus dem

Zusammenspiel von Hell und Dunkel ergibt und dieser Zusammenhang die Stille erst verortet und zwar keineswegs auf eine bestimmte Stelle hin, sondern auf wechselnde Verortungen: Warum sollte sich die Unverborgenheit immer an derselben Stelle ereignen? Warum sollte die Lichtung nicht durch die Wildnis wandern? Auch die Stille bedarf des Schreis, der sie konstituiert, die Grenzenlosigkeit der Spur, die sie als solche jenseits der Grenzen öffnet. Die Vernunft präsentiert darin die Beschränktheit ihrer wechselnden Horizonte. Ihr Fortschreiten hinterläßt Spuren, die das Seiende in gewissen rationalen Bestimmungen erfassen, während sie dem Sinn dieser Spuren nicht nachforscht, in denen sich der Rationalisierungsprozeß ereignishaft auflöst. Erst wenn sie diese Fragwürdigkeit, diese Orientierungslosigkeit im Spiel von Helle und Dunkel einsieht und danach fragt, wird die Vernunft ökologisch, d.h. sie erkennt in der wandernden Lichtung den Ort des ihr Anderen, ohne das sie nichts ist und nur sich selbst begegnen würde.[26] Ohne dieses Andere, das sich als eigene Orientierungslosigkeit der Vernunft, als Schwäche des Seins, als Instabilität der Wirklichkeit, als Existenz des Menschen anweist, ohne das Mystische also, das die abendländische Vernunft immer wieder zu verdrängen sucht, also ohne das Unbewußte, das ins Denken hineinhapert, existierte nichts, das den Menschen zu denken gäbe.[27] In der Einsicht in das Spiel von Helle und Dunkel öffnet die abendländische Vernunft ihre wissenschaftlich technische Beschränktheit und somit ihre Grenzen für vielleicht noch völlig unbekannte Einflüsse und Verbindungen.

Mit der abendländischen Vernunft gelangt die Philosophie für Heidegger im technischen Zeitalter an ihr Ende. Wenn die Vernunft die ihr eigene Mystik einsieht, geschieht ihr dasselbe. Ende bedeutet für Heidegger jedoch nur den Ort einer Versammlung. Bereits in der antiken griechischen Philosophie entwickeln sich aus ihr einzelne, eigenständige Wissenschaften heraus, ein Prozeß, den Heidegger heute als dominant ansieht und der für ihn nicht eine einfache Auflösung der Philosophie, sondern deren Vollendung ansagt. Die Philosophie wird zu einer empirischen Wissenschaft vom menschlichen, d. h. technischen Umgang mit der Welt. Heidegger erwartet daher, daß die Kybernetik die Rolle der Philosophie übernimmt als Theorie von der Steuerung der Welt vermittels einer planetarischen Technik. Derart geht die Philosophie als Wissenschaft in die Technik ein, findet in ihr ihre Vollendung und ihr Ende, wenn der Mensch sich nur noch als technisches Wesen begreift, das die Welt wissenschaftlich angeleitet handelnd verändert. Nach der Technik selbst wird um so weniger gefragt, je mehr die Technik die Welt und die Stellung des Menschen in ihr bestimmt. Denn die Wissenschaften technisieren ihre Arbeitsweisen nicht nur. Sie bestimmen sich selbst bzw. die Wahrheit ihrer Ergebnisse durch das Kriterium der Effizienz. Haben sich in ihrer Geschichte die Wissenschaften schon selten genug mit der Frage des ontologischen Sinns ihrer Gegenstandsbereiche wie ihrer Ergebnisse befaßt, so treten im Zuge der Technisierung der Wissenschaften diese Bemühungen gänzlich in den Hintergrund. Sie werden durch ein quantifizierendes, paradigmatisches und operationales Vorstellen ersetzt. Jedoch entgehen die Wissenschaften ihrem unbedachten Ursprung in der Philosophie nicht. Sie reden, ohne es zu ahnen, weiterhin vom Sein des Seienden im Sinne der Metaphysik. Ende und Vollendung der Philosophie sieht Heidegger somit in der planetarischen Herrschaft der Technik angekommen. Dieses Ende transformiert die abendländische Kultur in eine Weltzivilisation,[28] zu der auch die Vernunft dann noch zählt, wenn sie sich ökologisch geriert, ohne ihre Beschränkung durch die Mystik und ihre damit verbundene Öffnung einzusehen.

Diese Öffnung kann natürlich keinen Ausschluß der Technik bedeuten, stellt jedoch die Frage nach den Grenzen der technischen Performativität. Im Zeitalter des naturwissenschaftlich technischen Weltbildes geht es auch einer mystischen Perspektive der ökologischen Vernunft letztlich um die Frage nach dem Verhältnis zwischen Mensch, Natur und Technik: Könnte die moderne Technik das Spiel von Helle und Dunkel bestimmen? Entsteht heute die Lichtung vermittels der Technik? Schließt sich hier der Kreis einer fragwürdig gewordenen Vernunft, wenn sie einsieht, daß die Mystik sie erneut zurück in die Technik weist? Doch gegen Bergson, für den das mystische Bedürfnis nach Weltbeherrschung erst den Weg in die Technik öffnete, um ihn heute im Zuge technischer Sinnentleerung wieder zurückzugehen, dreht sich die Denkbewegung auch mystisch inspiriert im Kreis.[29] Umgekehrt könnte die Lichtung die Performativität der Technik in Frage stellen. In diese Richtung wäre im Zeichen der ökologischen Krise mystisch weiterzudenken.

Anmerkungen

1 Vgl. Edmund Husserl, *Die Krisis der europäischen Wissenschaften* (Husserliana Bd. 6), Den Haag 1954, S. 3 f.

2 Anaximander; in: *Die Vorsokratiker,* hg. v. Wilhelm Nestle, Jena 1929, S. 109.

3 S. Augustinus; in: *Texte der Kirchenväter,* hg. v. Alfons Heilmann u. a., Bd. 1, München 1963, S. 165; Athanasius; in: ebd., S. 206.

4 Franz von Assisi, *Die Schriften,* Coelde 1982, S. 214.

5 Vgl. Hildegard von Bingen, *Der Mensch in der Verantwortung – Das Buch der Lebensverdienste,* Salzburg 1972, S. 133.

6 Martin Heidegger, *Einführung in die Metaphysik,* Werke Bd. 40, Frankfurt 1983, S. 16 f.

7 Vgl. Heidegger, *Identität und Differenz,* Pfullingen 1957, S. 59.

8 Vgl Gianni Vattimo, Vorwort zu: Hans Martin Schönherr(-Mann), *Die Technik und die Schwäche – Ökologie nach Nietzsche, Heidegger und dem schwachen Denken,* Wien 1989.

9 Vgl. Pseudo Dionysios Areopagita, Textauszüge; in: Kurt Flasch (Hg.), *Geschichte der Philosophie,* Bd. 2 – Mittelalter, Stuttgart 1982, S. 152 f.

10 Vgl. Heidegger, *Einführung in die Metaphysik,* S. 4 f., 21.

11 S. Heidegger, *Identität und Differenz,* S. 64.

12 S. Heidegger, *Die Technik und Die Kehre,* Pfullingen 1962, S. 37.

13 Heidegger, *Was heißt Denken?*, Tübingen 1954, S. 3.
14 Meister Eckhart, *Deutsche Predigten und Schriften*, Paderborn 1936, S. 33, 36.
15 Vgl. Jacques Derrida, *Wie nicht sprechen*, Wien 1989, S. 17.
16 S. Heidegger, *Identität und Differenz*, S. 62 f.
17 S. Nikolaus Cusanus, *Vom Wissen des Nichtwissens*, Hellerau 1919, S. 51 f.
18 S. Heidegger, *Identität und Differenz*, S. 56 f.
19 S. Heidegger, *Das Ende der Philosophie und die Aufgabe des Denkens;* in: *Zur Sache des Denkens*, Tübingen 1969, S. 68 ff., 71 ff.
20 Vgl. Platon, *Politeia*, Hamburg 1958, S. 220, 225.
21 S. Heidegger, *Das Ende der Philosophie*, S. 74 ff.
22 S. Aristoteles, *Metaphysik*, Stuttgart 1970, S. 90.
23 S. Heidegger, *Das Ende der Philosophie*, S. 80.
24 Vgl. Jean-Francois Lyotard, *Das postmoderne Wissen*, in: Theatro Machinarum 3/4, Wien 1982, S. 90 ff.
25 S. Heidegger, *Das Ende der Philosophie*, S. 79.
26 Vgl. Heidegger, *Sein und Zeit*, Tübingen 1986, S. 393 f.; ders., *Was heißt Denken?*, S. 1.
27 Vgl. Jacques Lacan, *Die vier Grundbegriffe der Psychoanalyse*, in: Das Seminar, Bd. 11, Freiburg 1978, S. 42.
28 S. Heidegger, *Das Ende der Philosophie*, S. 62 ff.
29 Vgl. Henri Bergson, *Die beiden Quellen der Moral und der Religion*, Olten, Freiburg 1980. S, 308.

Elizabeth Philipov

Zwischen Mikrokosmos und Makrokosmos
Einführung in die Transpersonale Psychologie

Seit der Mensch zu Bewußtsein kommt, seit er sich dem Makrokosmos gegenübersieht und sich selbst als Mikrokosmos erkennt, ist er auf der Suche nach der Wahrheit und dem Sinn des Lebens. Doch wohin soll er sich wenden? In Raffaels berühmtem Fresko »Schule von Athen« zeigt Platon mit dem Finger zum Himmel, Aristoteles weist in die Welt. Der Gegensatz ist offenkundig. Platon, so heißt es, habe die »Welt von Einem«, vom Geist her, deduktiv, zu denken versucht. Aristoteles geht den Weg andersherum, induktiv: er hält sich an die empirische Realität, an die Sinneswahrnehmung, um von dort aufzusteigen zur ursprünglichen Gestalt, zur Idee. Beide, der Idealist und der Empiriker, bewegen sich auf einer Kreisbahn, die der zyklischen Grundform des griechischen Denkens entspricht, und treffen trotz verschiedener Perspektiven im letzten wieder zusammen. Die Einheit des Ganzen ist durch den *einen Geist* garantiert, an dem wir, die Menschen, Anteil haben.

Die neuzeitliche Wissenschaft wandelt auf den Spuren des Aristoteles; doch steigt sie auf, ohne den Kreis zu schließen. Sie glaubt an eine *Evolution,* deren Fortgang, wie Carl Friedrich von Weizsäcker sagt, in der unbegrenzten Schaffung von neuen Gestalten besteht und deren Ausgang offen ist. Alles *verändert* sich in der Zeit, ist auf Zukunft orientiert und entwickelt sich irreversibel. Zugleich basiert die moderne Wissenschaft auf Naturgesetzen und mathematischen Axiomen, die sie im platonischen Sinn als ewig, d. h. *unveränderlich* ansieht. Sie fügt damit zwei Erkenntnismodelle zusammen, die auf den ersten Blick unvereinbar erscheinen.

Das Erkenntnismodell der Evolution geht historisch auf die altjüdische Vorstellung einer sich kontinuierlich entwikkelnden Geschichte zurück. Der Begriff »Evolution«, ursprünglich eine Bezeichnung für die Entwicklung des individuellen Lebewesens (Ontogenese), wird von Darwin auf die stammesgeschichtliche Entwicklung (Phylogenese) übertragen. Der Gedanke der Zielgerichtetheit (»Entelechie«) wird dabei negiert. Statt eines teleologischen Prinzips, das die *Richtung* der Entwicklung angibt, herrscht in der Theorie der natürlichen Selektion das Prinzip »Zufall und Notwendigkeit« (Monod).

Was aber passiert, wenn die unbewußte Materie plötzlich zu *Bewußtsein* kommt? Das Auftreten eines reflektiven Selbstbewußtseins ist ein qualitativer Sprung, der den ganz auf die Materie fixierten Deterministen große Schwierigkeiten macht. Sie flüchten sich in die Behauptung, menschliche Erkenntnis sei eine Steigerung tierischer Erkenntnis, also lediglich ein quantitativer Zuwachs an Erkenntnisfähigkeit. Sie erklären damit freilich nicht das Verhältnis und die Differenz von Materie und Geist und den Prozeß, der zur Entstehung des reflektiven Selbstbewußtseins führt. Bewußtsein wird reduktionistisch auf Materie zurückgeführt. Ein Denken, das die Einheit der Evolution im Blick hat, muß dagegen versuchen, Materie und menschliches Bewußtsein als Teile eines größeren Ganzen zu begreifen, in dem die verschiedenen Ebenen von Realität vernetzt sind.

Der Begriff der Evolution wurde in jüngster Zeit auf alle Erscheinungsweisen des Universums übertragen. Die moderne Kosmologie betrachtet das Universum als *evolutionäres System*; allgemein kann jede Art der Weiterentwicklung vom Einfachen zum Komplexen, sei sie mikro- oder makrokosmisch, als Evolution bezeichnet werden. Teilhard de Chardin hat die Evolution vor allem als geistigen Prozeß beschrieben, als Aufstieg zum Bewußtsein; diese zielgerichtete Entwicklung gipfelt im *höchsten Bewußtsein*, in dem sich das Menschliche vollendet.

Ich möchte die *Evolution des Bewußtseins* im folgenden als ein zentrales Geschehen menschlicher Entfaltung betrachten, das zugleich auf der ontogenetischen und der phylogenetischen Ebene abläuft. Meine These: Die Evolution des Bewußtseins ist ein Prozeß progressiver entwicklungsbedingter Wahrnehmung, der letztlich zu der Erkenntnis der unveränderlichen, ewigen Wahrheit führt. Mit dieser These läßt sich der scheinbare Gegensatz des alten und neuen Weltbildes dialektisch vereinigen, nämlich die platonische *Einsicht des ewig Wahren* auf der einen Seite, und der *Gedanke der Entwicklung in der Zeit* auf der anderen. Wenn wir annehmen, daß die biologische Evolution und die Evolution des Bewußtseins eine gemeinsame Richtung haben, einem inneren *Telos* folgen, dann verbindet dieses Telos nicht nur das Ewige mit dem Veränderlichen, sondern auch Geist und Materie.

Mit dem Gedanken der *Selbstorganisation,* der in neueren Denkmodellen zunehmend an Bedeutung gewinnt, kehrt das teleologische Prinzip in die Wissenschaft zurück. Angesichts einer Materie, die sich nicht nur in Randphänomenen, sondern von Grund auf selbstorganisiert, entsteht die Frage: *Wozu* organisiert sie sich? Die Frage nach dem Wozu oder Wohin weist auf ein Ganzes, auf einen höheren Zweck, der über die kurzfristigen Mittel-Zweck-Verhältnisse hinausgeht. Die informationstragende und sich selbst organisierende Materie muß neu definiert werden. Sie ist zumindest partiell indeterminiert und nichtlinear. Die selbstevolutierende Materie wird zum Vehikel für das *Numinose.*

Ich gehe bei dem hier vorgestellten Evolutionsmodell von der Annahme aus, daß die Organisationstendenz der Materie und das Entwicklungspotential des Bewußtseins schon im *»Urkern«* angelegt sind. Er bestimmt den Prozeß des Werdens auf der phylogenetischen und auf der ontogenetischen Ebene. Die Richtung, die die Entwicklung des Bewußtseins nimmt, ist vorgezeichnet. Das teleologische Prinzip, das die Entwicklung vorantreibt, ist demnach wesensimmanent.

Zur Erläuterung der geschichtlichen und der ihr entsprechenden individuellen Genese des Selbstbewußtseins hat Ken Wilber auf die Arbeiten von Hegel und Habermas verwiesen. Entscheidend ist darin der Gedanke, daß die *Identität des reflektiven Selbstbewußtseins* nicht von vornherein im Menschen vorhanden war, sondern sich schrittweise *entwickelt*. Hegel begreift die Weltgeschichte als Prozeß der Ganzheitsbildung, bei dem das Denken über Widerspruch und Argument (These und Antithese) dialektisch fortschreitet und sich allmählich seiner Freiheit bewußt wird. Die Evolution des Denkens ist freilich nur ein Teil des Bewußtwerdungsprozesses, den ich im folgenden zu skizzieren versuche.

Das Entwicklungsmodell des Bewußtseins

Das Entwicklungsmodell der transpersonalen Psychologie baut auf allgemeine erkenntnistheoretische, kulturanthropologische, religionswissenschaftliche und psychologische Erkenntnisse und im besonderen auf die Ansätze von Wilber, Neumann, Gebser und Piaget. Es beschreibt den individuellen und kollektiven Prozeß der Bewußtwerdung, der sich als eine stufenweise Veränderung der Bewußtseinsstruktur vollzieht. Als drei Hauptstufen werden unterschieden: die *präpersonale*, die *personale* und die *transpersonale* Stufe.

A. *Die präpersonale Stufe*

Vor-logische und vor-individuelle Denk- und Gefühlsweisen sind für diese Stufe charakteristisch. Affekte, Wahrnehmungen und Handlungen sind vorwiegend unbewußt motiviert; d. h. sie entstehen aus dem Bereich des »Es« (Freud) bzw. des »kollektiven Unbewußten« (Jung).

Am Anfang der Entwicklung des Kindes als auch des prähistorischen Menschen steht das »ozeanische Bewußtsein«; zu ihm gehört die unbewußt erfahrene grenzenlose »paradiesische« Einheit mit der Umgebung. Die präpersonale *Körper-Ich-Identität* kennt noch keine Trennung von der Mutter Natur. Erst beim Übergang zur nächsten Evolutionsstufe bildet sich ein ichhaftes Bewußtsein heraus, das um sich Grenzen zieht.

Das sogenannte *Unbewußte* ist auch in späteren Stufen der Entwicklung eine weitgehend verdeckte Schicht der Bewußtseinsstruktur. Es ist einerseits der Schatten, der alle verdrängten Bewußtseinsinhalte aufnimmt und im Bewußtwerdungsprozeß durchleuchtet wird. Das Unbewußte ist andererseits auch eine *Quelle der Intuition und Imagination*, ein Ort schöpferischer Kräfte und Hort verborgener Möglichkeiten. Es ist das Tor zur archetypischen Welt des kollektiven Unbewußten. Das Bewußtwerden der Inhalte dieser Welt kann auf einer späteren Stufe des Erkennens den Zugang in die makrokosmische Dimension eröffnen. Doch sind auch schon von der präpersonalen Stufe aus spontane Einblicke in höhere Stufen des Bewußtseins möglich.

Dem präpersonalen Bewußtsein entspricht kulturanthropologisch die archaisch-magische und mythische Periode, die an den Zyklen der Natur orientierte Zeit der *Großen Mutter* und der *Großen Göttin*. Es ist die Zeit des Ackerbaus und magischer Opferhandlungen, mit denen die Fruchtbarkeit beschworen wurde. Sie ist geprägt von einem starken, mythisch bedingten Gefühl der Gruppenzugehörigkeit und des *Einsseins*. Dies sollte jedoch nicht mit der Erfahrung der Einheit auf der transpersonalen Stufe verwechselt werden.

Bestimmte Eigenschaften dieser Entwicklungsstufe, *gefühlsbetonte und körperbewußte Wahrnehmungs- und Ausdrucksformen, Verbundenheit mit der Erde, ernährende Zuwendung und Hingabe, Mitgefühl, Gemeinschaftsgefühl, Kooperationsfähigkeit, Intuition und Aufnahmebereit-*

schaft, sind auch auf allen späteren Entwicklungsstufen, wo sie ihres magisch-mythischen Charakters entkleidet sind, als »weibliches Prinzip« wirksam. Wenn nicht verdrängt oder unterdrückt, sondern integriert mit dem männlichen Prinzip, sind sie ein wichtiger Bestandteil des androgynen Menschen, der reifen, selbstbewußten Persönlichkeit, und schließlich der »transpersonalen Identität«.

B. *Die personale Stufe*

> *Das Selbstbewußtsein, das reflektive Ich-Bewußtsein, die Entdeckung des Intellekts und der Logik, kritische und rational-analytische Verfahren, individuelle Denk- und Gefühlsweisen und Selbstverwirklichung* sind einige Charakteristika dieser Stufe.

Der Übergang zur Personalität bedeutet eine einschneidende Veränderung, die nach Auffassung von Ken Wilber vor allem durch das männliche Prinzip vorangetrieben wurde. *Das mentale Ich entstand im Patriarchat.* Es fand seinen mythologischen Ausdruck im Bild des über allem herrschenden Himmels mit seinen Helden und Sonnengöttern. Die Sonne steht dabei für das klare Licht des Verstandes und später für das *Licht der Aufklärung.* Noch später, auf der transpersonalen Stufe, symbolisiert der Himmel dagegen das überbewußte oder kosmische Bewußtsein und die Sonne das *Licht der Erleuchtung.*

Ein archetypisches Bild der frühpersonalen Entwicklung des mentalen Ichs ist der Kampf des Helden mit dem Drachen. Dieser symbolisiert die Instinkte und Gefühle als die Mächte der Nacht. Der Held wird als siegreiche Sonne (sol invictus) wiedergeboren. Joseph Campbell hat gezeigt, wie am Ende der dramatischen Abfolge von Gefahr, Kampf und Sieg das Licht zum Kernsymbol des Helden wird und zur Vater-Sonnenseite der neuen Epoche des Patriarchats.

Mit der Transformation des präpersonalen Bewußtseins ist ein Unterdrückungsprozeß verbunden, dessen Nachwirkungen heute noch erkennbar sind. Wenn der *homo rationalis* den Drachen der Instinkte bezwingt und wenn das mentale Licht des Ego über die Nacht der Gefühle siegt, werden wichtige Anteile der Persönlichkeit in den Schatten gedrängt. In der Folge kommt es zur Entfremdung von der Natur und zur Loslösung von den eigenen Wurzeln, zur Trennung von Kopf und Körper, Geist und Materie. Am Ende steht die Unterwerfung und Ausbeutung der Natur im wissenschaftlich-technischen Zeitalter.

Angesichts dieser Situation erscheint jedes weitere Streben nach Wachstum sinnlos. Doch eine nur regressive Sehnsucht nach der Zeit vor der Selbstbewußtheit führt nicht weiter. Der Prozeß der Zivilisation ist nicht rückgängig zu machen. Der Weg der Evolution des Bewußtseins weist vielmehr nach vorne, in die Zukunft; die Überwindung von Dualität und Trennung könnte ein Ausweg sein aus der Krise. Der präpersonale Garten Eden ist verloren und damit die Unschuld der unbewußten Einheit mit Gott und der Natur; doch die beim Übergang zur personalen Ebene begonnene Reise geht weiter; auf ihrer langen und nicht immer siegreichen Strecke führte sie den Menschen in eine Welt des Lichts, die zugleich eine Welt des Schattens ist, der Mühsal, des Leidens, des Wissens um den Tod und des Sterbens. Dieser Weg ist trotz allem ein Fortschreiten in der Geschichte und auch ein Fortschritt für die Menschheit; wenn es ihr gelingt, über eine eschatologische Hoffnung ihre Krise zu überwinden, kann der Weg zu einem neuen Eden führen, zum universalen Bewußtsein und zur Einheit, die transpersonal und *bewußt* vollzogen wird.

Solcher Fortschritt erfordert allerdings eine große individuelle und globale Verantwortung. Auf der personalen Stufe der Entwicklung muß das Individuum zunächst einen *Wachstums- und Reifeprozeß* durchleben, der eine Bewußtwerdung, Integration und Durchlichtung des Schattens verlangt. C. G. Jung nennt ihn den *Individuationsprozeß*. Dieser Prozeß kann im konkreten Fall dazu führen, daß Personen mit Problemen und Pathologien therapeutische Hilfe erfahren. Er führt auch zur Überwindung von Gefühlen der existentiellen Leere, Sinnlosigkeit, Angst, Entfremdung und Isolierung, die für unser Zeitalter typisch sind. Die Existenzkrise des modernen Menschen wurde erstmalig in den »Existentialphilosophien« von Kierkegaard, Heidegger und Sartre formuliert, in der Daseinsanalyse von Binswanger und Boss aufgegriffen und schließlich auch in existentiellen Therapieformen zum Thema gemacht, z. B. in der Logotherapie von Viktor Frankl. Im Mittelpunkt steht immer die Frage nach dem *Sein* und die Suche nach dem *Sinn* des Seins.

Die Krise des modernen Bewußtseins hat neben dem gesellschaftlichen auch einen spirituellen Aspekt, der in der Vergangenheit entweder negiert oder ganz der Religion überlassen wurde. Weniger die »unterdrückte Libido« (Freud) als vielmehr die »unterdrückte Religio« (Frankl) könnte sich als die Hauptneurose unserer Zeit erweisen. Aber der Glaube an die *Selbstbestimmung*, die das Individuum weitgehend unabhängig von seinem gesellschaftlichen und religiösen Kontext betrachtet, ist für die Frühentwicklung auf der personalen Ebene von Bedeutung.

Gegen diese Tendenz stehen ein paar deterministische Modelle; die Verhaltenspsychologie z. B. begreift den Menschen als Produkt seiner Umgebung und sein Bewußtsein als »black box«. Die Entwicklungs- und Persönlichkeitspsychologie setzt dagegen, daß der Wachstumsprozeß nicht nur von außen, sondern auch von innen bestimmt ist. Die Fähigkeit zur Veränderung ist inhärent.

Das Konzept der Selbstbestimmung hat seinen deutlichsten Ausdruck in der Humanistischen Psychologie gefunden, die in der Mitte unseres Jahrhunderts in den USA entstand.

Sie ist der Überzeugung, daß jeder Mensch in sich über ein natürliches *Potential zur Selbstverwirklichung* verfügt. Die Persönlichkeitstheorie der Humanistischen Psychologie geht von einem gesunden Individuum aus, das seine Möglichkeiten frei entfalten kann. Sie betont vor allem die *Selbsterfahrung*, die die Gefühle und den Körper mit einbezieht, und versteht die Persönlichkeitsentwicklung als Entfaltungs- und Lernprozeß, der ein Leben lang andauert.

Nach Ansicht von Bugental ist die *Intentionalität* des Menschen das Fundament für die Formung seiner Identität. Die Intentionalität, die den Menschen von anderen Lebewesen unterscheidet, äußert sich in seiner Zielgerichtetheit, in Werten und Sinngebungen. Für einen humanistischen Psychologen ist der Mensch von Natur aus *gut*. Wenn es ihm gelingt, sein natürliches Potential zu verwirklichen, wird er zu einer *bewußten, verantwortlichen* und *interaktiven* Persönlichkeit, der sich nicht re-aktiv und angepaßt verhält, sondern *pro-aktiv* und *zukunftsorientiert*. Nach Auffassung von Gardner Murphy ist der intellektuelle Forschungsdrang des Menschen und seine Tendenz zur Selbstbehauptung gegenüber der Tradition der Weg, auf dem er seine Möglichkeiten freisetzt und zur Entfaltung bringt.

Die humanistische Perspektive ist von Grund auf optimistisch. Sie neigt dazu, den Menschen zu überschätzen, ihn als eine Art »Prometheus« in seiner mikrokosmischen Welt alleinzulassen. Die Selbstverwirklichung ist der höchste Punkt in der personalen Entwicklung. Zugleich stößt hier die »Selbstmächtigkeit« des Ich-Bewußtseins an ihre natürlichen Grenzen.

Innerhalb der humanistischen Bewegung bildete sich eine neue Richtung, als einige Vertreter der humanistisch-existentiellen Linie mit ihren Arbeiten eine transpersonale Perspektive eröffneten. Frankl und andere beschrieben die Fähigkeit zur *Selbsttranszendenz* als das Wesensmerkmal der menschlichen Existenz. Ist der Mensch aber ein selbsttranszendentes

Wesen, kann die Selbstverwirklichung nicht das Endziel seiner Entwicklung sein.

Der humanistische Psychologe Abraham Maslow kam bei seinen Persönlichkeitsstudien zu dem scheinbar paradoxen Ergebnis, daß wahre *Selbstverwirklichung durch Selbsttranszendenz* erreicht wird. Bei einigen der von ihm untersuchten »selbstverwirklichten« Personen, darunter Whitman, Thoreau, Lincoln, Eleanor Roosevelt, Einstein und Schweitzer, entdeckte er langfristige, konstruktive Veränderungen der Persönlichkeitsstruktur; Merkmale ihrer Selbstverwirklichung waren unter anderem:

> Selbstachtung, gegenseitige Anerkennung, Selbstständigkeit und Unabhängigkeit von Kultur und Umgebung, Spontaneität, freier, kommunikativer Austausch, Mitgefühl, Gemeinschaftsgefühl und eine sogenannte »Meta«-Motivation, die nicht mehr auf die eigenen Bedürfnisse zentriert ist.

Schließlich fand Maslow heraus, daß die entscheidenden Persönlichkeitsveränderungen durch *mystische Erfahrungen,* sog. Gipfelerlebnisse, ausgelöst wurden. Sie führten zur Verwirklichung höherer Möglichkeiten und Ziele, die von geistigen Werten getragen waren. Die derart »selbstverwirklichten« Frauen und Männer zeigten eine tiefe *Identifikation mit der ganzen Menschheit;* in ihnen spiegelten sich die Züge eines *kosmischen Bewußtseins*, die charakteristisch für die nächste Stufe der Entwicklung sind, auch wenn diese Menschen nicht die Vollkommenheit eines Christus oder Buddha erreichten.

Mit der Erforschung der Selbsttranszendenz verhalf Maslow der humanistischen Psychologie zum richtungsweisenden Durchbruch; zusammen mit Sutich und Grof gründete er die neue Schule der TRANSPERSONALEN PSYCHOLOGIE.

C. *Die transpersonale Stufe*

> *Transpersonales Einheitsbewußtsein, Selbsterkenntnis durch Selbsttranszendenz, Meta-Motivation, geistige Werte, selbstlose Liebe, Allverbundenheit, ganzheitliche Wahrnehmung der Wirklichkeit, reine Erkenntnis und Weisheit* charakterisieren u. a. diese Stufe.

Das transpersonale Bewußtsein ist in der Evolutionshierarchie eine höhere Form des zuvor nur personalen Bewußtseins, über das es in wesentlichen Punkten hinausgeht. Auf der transpersonalen Stufe emanzipiert sich das Bewußtsein von den personalen Begrenzungen, die seine Wahrnehmung und sein Verstehen bestimmt haben, und erreicht eine neue Wahrnehmungsqualität und Integrationsfähigkeit, ohne seinen kritischen Verstand aufzugeben, der als prüfende Instanz erhalten bleibt.

Im Einheitsbewußtsein erfährt das *Selbst* die vollständige Partizipation mit seiner Umgebung. Nach der vorbewußten Einheitserfahrung auf der präpersonalen Stufe und dem Einheitsverlust auf der personalen Stufe wird der partizipative Bezug zur Umwelt auf der transpersonalen Stufe wiederhergestellt, diesmal allerdings, wie Christian Brehmer betont, in bewußter und individualisierter Form.

In der transzendenten Erfahrung der Einheit kommt es zur Begegnung mit dem Numinosen, die das Ich-Bewußtsein transformiert. Das neue transpersonale Bewußtsein läßt sich nach drei Hinsichten beschreiben, als Zustand, Prozeß und Entwicklungsstufe. Mit *Zustand* ist der Augenblick gemeint, in dem die Ich-Entgrenzung und die Transzendenz von Raum und Zeit erfahren wird. Der *Prozeß* läuft ab in der Entfaltung und Erweiterung des Bewußtseins, an deren Ende das integrale Einheitsbewußtsein steht. Die Erfahrung der kosmischen Einheit war in der historischen Vergangenheit einzelnen Mystikern und Heiligen vorbehalten. Von einer evolutionären *Stufe* kann man erst dann sprechen, wenn das transpersonale Bewußtsein zu einer kollektiven Erscheinung geworden ist. Jedes Individuum gewinnt dann eine »transpersonale Identität«, womit die Evolution des Bewußtseins sowohl phylogenetisch als auch ontogenetisch vollzogen ist.

Der Augenblick der *Ich-Entgrenzung* selbst ist nur ein flüchtiges Geschehen. Nach der transpersonalen Erfahrung bleibt das Ich als psychodynamische Instanz bestehen, doch wird durch das Entgrenzungserlebnis die ganze Wahrnehmung neu ausgerichtet und die Integrationsfähigkeit des Individuums verbessert. Letztlich geht es im Prozeß der transpersonalen Entwicklung nicht darum, das »Ich« aufzugeben, sondern nur das »Ego«, jene Instanz also, die unter anderem durch eine Überidentifikation mit unseren Bedürfnissen entstanden ist. Fixierungen auf der präpersonalen oder personalen Ebene können zu Basisstörungen führen, die eine gesunde Ich-Entwicklung und Persönlichkeitsreifung verhindern. Narzißtische Allmachtgefühle etwa führen nicht selten zu einer sogenannten »Ich-Inflation«.

Die Entgrenzung verläuft bei einem starken und gesunden »Ich« unproblematischer als bei einem schwachen und unreifen. Daran zeigt sich, daß die individuelle Entwicklung von der präpersonalen zur transpersonalen Ebene auf allen Stufen vollzogen werden muß. Bei einem unreifen, von Ängsten getriebenen »Ich« kann die Entgrenzung zum Zusammenbruch führen; ein starkes Ich wird die Transzendenzerfahrung eher als *Durchbruch* erleben, als ekstatische Befreiung und Neubeginn.

Hinter einem »Zusammenbruch« verbirgt sich häufig auch eine existentielle oder *spirituelle Krise*. In der psychiatrischen Behandlung aber fehlt das Wissen und die Erfahrung, um den spirituellen Sinn solcher Krisen zu erkennen und den Krisenprozeß angemessen zu begleiten. Evolutive Bewußtseinsphänomene werden entweder negiert oder als »Regressionen« mißverstanden und entsprechend behandelt. Tatsächlich aber kann eine spirituelle Krise, wenn sie richtig unterstützt wird, ein Weg sein zur ganzheitlichen Heilung und zu personalem und transpersonalem Wachstum. Von C. G. Jung wissen wir, welche heilende Wirkung die Begegnung mit dem Numinosen haben kann.

Zur Erfahrung des Durchbruchs gehört auch für das starke Ich die Konfrontation mit dem »Schatten«, der »dunklen Nacht der Seele«. Johannes vom Kreuz erlebte vor der Vereinigung mit Gott die »Gottverlassenheit«. Bevor es zum Durchbruch kommt, erfahren viele Menschen Angst, Einsamkeit, Ausgeliefertsein und »Wahnsinn«. Sie erleben eine Art Tod und erst dann in der »unio mystica« die »Wiedergeburt« im Licht.

Für Karlfried Graf Dürckheim führen solche Erlebnisse über eine innere Transformation zum unendlichen Sein; sie geben Zeugnis ab für den *göttlichen Ursprung des Menschen* in seinem endlichen Dasein. Maria Hippius-Gräfin Dürckheim, die zusammen mit ihrem Mann die »Initiatische Therapie« ins Leben gerufen hat, vertrat in einem Dialog mit der Autorin anläßlich des »Zweiten Europäischen Transpersonalen Kongresses« 1990 in Straßburg die Auffassung, daß der Durchbruch in die Transzendenz eine lange, vorbereitende Arbeit erfordert. Der Weg zur Initiation führt über die Erweiterung, Vertiefung und Durchlichtung des Bewußtseins. Nur wenn der Mensch bereit ist, seine natürliche Geborgenheit aufzugeben, sich vollkommen fallen zu lassen und wirklichen *Mut zum Durchbruch* zu entwickeln, wird er erleben, wie der Vorhang reißt. Die Transformation kommt aus der *Kraft des Kerns,* des Ursprungs und führt zu einer wesentlichen Neustrukturierung seiner Existenz. So manifestiert sich im Menschen der innere *Christus,* der immanente Logos, der, eschatologisch gesehen, *homo totus et maximus* ist. Erkennen wird man den neuen transpersonal verwandelten Menschen an seiner außergewöhnlichen *Erkenntnis-, Liebes- und Gestaltungskraft.*

Auf dem Weg der inneren Wandlung und des sich neu

bildenden Bewußtseins formt sich schrittweise die – von Francis Vaughan erstmals so definierte – *Transpersonale Identität,* deren wichtigste Qualitätsmerkmale ich noch einmal zusammenfassen möchte: *Selbstlose Liebe, geistige Werte, Zuwendung, Hingabe und Mitgefühl, Verbundenheit mit der ganzen Menschheit, der Erde und dem Universum, Kreativität, Erkenntnis, Intuition und Weisheit.*

Die Transpersonale Psychologie versteht sich vor allem als *Wissenschaft des Bewußtseins.* Sie erforscht Bewußtseinsphänomene auf der präpersonalen, personalen und transpersonalen Ebene. Als solche hat sie ihre Wurzeln in der Arbeit des amerikanischen Psychologen William James, der bereits um die Jahrhundertwende die »Vielfalt der religiösen Erfahrung« und das mystische Bewußtsein untersuchte.

Die transpersonale Richtung hat sich in den letzten beiden Jahrzehnten durch die systematische Kooperation auf den Gebieten der Psychologie, Psychiatrie, Religion, Philosophie, Kunst und anderen zu einer interdisziplinären Bewußtseinsforschung ausgeweitet. Als *grenzüberschreitende Bewegung* bietet sie eine hoffnungsvolle Alternative zum mechanistisch-materialistischen Hauptstrom der modernen Zivilisation.

Was leistet nun die Transpersonale Therapie? – Erstens schafft sie ein Umfeld für das Verständnis und die Unterstützung transpersonaler Phänomene. Zweitens versucht sie die verschiedensten Therapieformen und spirituellen Praktiken zu vereinen, des Westens wie des Ostens, z. B. verschiedene Arten der Meditation. Und drittens bringt sie eigene Methoden hervor. Neben der in den USA in den 60er Jahren entstandenen Schule der Transpersonalen Psychologie und Therapie stehen die in Europa entwickelten transpersonalen Ansätze der Jungianischen Therapie, der Psychosynthese von Assagioli und der Initiatischen Therapie von Graf Dürckheim und Maria Hippius-Gräfin Dürckheim. Neue transpersonale Techniken, z. B. das von Christina und Stanislav Grof entwickelte holotrope Atmen, finden zur Zeit in der alten

Welt großes Interesse und ergänzen dort ein wachsendes Spektrum transpersonaler Therapieformen, die weiter erprobt und erarbeitet werden.

In meiner Arbeit bemühe ich mich um ein ganzheitliches Verständnis von der Entfaltung des Menschen und insbesondere um eine ganzheitliche Psychologie des Lernens und der Bildung, die neben den psychologischen auch die biologischen und spirituellen Dimensionen mit einbezieht. Auf dieser Grundlage entstanden neue Therapieformen und Lernmethoden, die den transpersonalen Ansatz aufgreifen und weiterführen. So z. B. entwickelte ich die EDS-Methode, die therapeutische Arbeit mit Meditationen integriert und den ganzen Menschen in seiner geistigen und seelisch-leiblichen Dimension versucht zu umfassen.

In der globalen Krisensituation der Gegenwart weist die transpersonale Perspektive mit ihrem Versuch, auch die nationalen, rassischen, sexuellen, kulturellen und politischen Grenzen zu überwinden, einen einzigartigen Weg. Bei allen nötigen Anstrengungen, die individuellen Probleme zu lösen, brauchen wir eine planetarische *Vision*. Es geht weniger um schnell wirksame Methode und Techniken als um die *Zukunftsgestaltung* der gesamten Menschheit. Die Sicht auf das Ganze verlangt von uns eine neue *Kreativität* und ein neues *Engagement* für unseren Planeten.

Der Mikrokosmos, der wir sind und in dem wir leben, steht in direkter Verbindung zu einer makrokosmischen Welt, deren kollektive Entdeckung durch die Menschheit noch aussteht. Doch schon jetzt schöpfen wir aus ihrem Licht die Kraft für eine evolutionäre Veränderung. »Wenn meine Seele dieses Licht sieht und kostet«, sagt Hildegard von Bingen, die große Mystikerin des 12. Jahrhunderts, »dann werde ich so verwandelt, daß ich allen Schmerz und Kummer vergesse. Und was ich dann in der Vision schaue und höre, das schöpft meine Seele wie aus einem Quell, der doch voll und unerschöpflich bleibt.«

Literatur

Assagioli, R., *Psychosynthesis,* New York 1965 (dt. Handbuch der Psychosynthese).
Binswanger, L., *Being-in-the-World,* New York 1963 (dt. Grundformen und Erkenntnisse menschlichen Daseins).
Bucke, M., *Cosmic Consciousness,* New York 1901 (dt. Kosmisches Bewußtsein, Frankfurt/Main: insel taschenbuch 1993).
Cramer, F., *Chaos und Ordnung – die komplexe Struktur des Lebendigen,* Stuttgart 1992 (4. Aufl.) (Frankfurt/Main: insel taschenbuch 1993).
Dürckheim, K. Graf, *Durchbruch zum Wesen,* Bern 1972.
Grof, S., *Realms of the human unconscious,* New York 1975.
Grof, S., *The human encounter with death,* New York 1978.
Grof, S., *Geburt, Tod und Transzendenz. Neue Dimensionen in der Psychologie,* München 1985.
Grof, Ch. und S., *The Stormy Search For The Self,* Los Angeles 1990.
Hegel, G., *Phänomenologie des Geistes* (The Phenomenology of Mind), Oxford 1952.
Hippius-Gräfin Dürckheim, *Der Weg von der Initiation zur Individuation,* in: Graf Dürckheim, K. (Hg.), *Der zielfreie Weg,* Freiburg 1982.
James, W., *The Principles of Psychology,* New York 1950.
James, W., *The varieties of religious experience,* New York 1961.
Jung, C. G., *Symbole der Wandlung,* CW, Bd. 5, Princeton 1953.
Maslow, A., *Religions, values and peak experiences,* New York 1964.
Maslow, A., *The farther reaches of human nature,* New York 1971.
Neumann, E., *The origins and history of consciousness,* Princeton, New York 1973.
Philipov, E., *The arts of healing and learning,* in: *Dimensions in Holistic Healing – New frontiers in the treatment of the whole person,* hg. v. H. Otto, J. Knight, Chicago 1979.
Philipov, E., *Ganzheitliches Lernen mit Kopf, Herz und Hand,* in: *Weiterbildung,* Offenbach 1989.
Philipov, E., Rede zu Ehren von Maria Hippius-Gräfin Dürckheim, in: Opus Magnum-Stufengang der Menschwerdung, Stuttgart 1991.
Spalmann, R. und Löw, R., *Die Frage wozu?,* München 1984.
Tart, C. (ed.), *Altered states of consciousness,* New York 1969.
Tart, C., *States of consciousness,* New York 1975.
Tart, C. (ed.), *Transpersonal psychologies,* New York 1975.
Tart, C., *Hellwach und bewußt leben,* Bern, München 1988.
Teilhard de Chardin, P., *The Future of Man,* New York 1964 (dt. Die Zukunft des Menschen, Ges. Werke Bd. 5).

Teilhard de Chardin, P., *The Phenomenon of Man,* New York 1964 (dt. Das Auftreten des Menschen).
Vaughan, F., *Awakening intuition,* New York 1979.
Walsh, R. und Shapiro, D. (ed.), *Beyond health and normality. Explorations of extreme psychological well-being,* New York im Druck.
Walsh, R. & Vaughan, F. (ed.), *Beyond ego. Transpersonal dimensions in psychology,* Los Angeles 1980.
v. Weizsäcker, C. F., *Der Mensch in seiner Geschichte,* München 1991.
Wilber, K., *The spectrum of consciousness,* Wheaton, Ill. 1977.
Wilber, K., *No boundary,* Los Angeles 1979.
Wilber, K., *Up from eden: A transpersonal view of human evolution,* New York 1981.
Wilber, K., *Wege zum Selbst. Östliche und westliche Ansätze zu persönlichem Wachstum,* München 1984.
Zundel, E. und Fittkau, B. (Hg.), *Spirituelle Wege und transpersonale Psychotherapie,* Paderborn 1989.

Tschuang-Tse

Der Geist des Meeres und der Flußgeist

Es war die Zeit der Herbstfluten. Hundert Bäche ergossen sich in den Ho, der in seinem stürmischen Laufe schwoll. Die Ufer wichen so weit auseinander, daß man einen Ochsen nicht von einem Pferd unterscheiden konnte.

Da lachte der Herr des Flusses laut auf vor Freude, daß die Schönheit der Erde sich zu ihm sammelte. Mit dem Strome fuhr er gen Osten, bis er das Nordmeer erreichte. Als er da ostwärts blickte und keine Grenzen der Wasser sah, änderten sich seine Mienen. Er schaute über die Fläche hin, seufzte und sprach zum Herrn des Nordmeers: »Ein Volksspruch sagt, wer hundert Abschnitte der Wahrheit empfing, vermeine, keiner komme ihm gleich. Solch einer war ich. Nun aber habe ich deine Schrankenlosigkeit geschaut. Wehe mir, hätte ich dein Haus nicht erreicht. Ich wäre auf ewig das Gelächter aller Erleuchteten geworden!«

Darauf antwortete der Herr des Nordmeers: »Man kann vom Meere nicht zu einem Brunnenfrosch sprechen: er sieht nicht über sein Loch hinaus. Man kann vom Eis nicht zu einer Sommerfliege sprechen: sie weiß nur ihre Jahreszeit. Man kann von Tao nicht zu einem Schulmann sprechen: er ist in seiner Lehre eingemauert. Nun aber, da du aus deiner Enge herausgekommen bist und das große Meer gesehen hast, kennst du deine Unerheblichkeit, und ich kann zu dir von den Urgründen sprechen.

Da ist kein Wasser unter dem Himmel, das sich dem Meere vergleichen könnte. Wasser ohne Maß ergießt sich darein, und doch fließt es nicht über. Wasser ohne Maß wird ihm entzogen, und doch nimmt es nicht ab. Frühling und Herbst bringen keine Änderung hervor; Überschwemmung und Dürre sind ihm gleicherweise unbekannt. Und so ist es allen Flüssen und Strömen unermeßlich überlegen. Dennoch würde ich niemals wagen, mich dessen zu rühmen. Denn ich empfange meine Gestalt von Himmel und Erde, meinen Lebensatem von Yin und Yang. Vor Himmel und Erde bin ich wie ein Stein oder ein Bäumchen auf einem großen Berge. Ich kenne meine Unerheblichkeit, – was bleibt mir, dessen ich mich rühmen könnte?

Das Land zwischen den vier Meeren ist in Himmel und Erde wie ein Steinhäuflein in einem Moor. Das Reich der Mitte ist in dem Land zwischen den Vier Meeren wie ein Reiskorn in einem Speicher. Von allen Myriaden geschaffener Wesen ist der Mensch nur eines. Von allen Menschen, die in den neun Sphären der Erde wohnen, von ihren Früchten sich nähren und in Booten und Wagen fahren, ist der einzelne nur einer. Ist er in der Fülle der Dinge nicht wie die Spitze eines Haares in einem Pferdefell?«

»Soll ich also«, fragte der Herr des Flusses, »Himmel und Erde als unbedingt groß, die Spitze eines Haares als unbedingt klein ansehen?«

»Durchaus nicht«, antwortete der Herr des Meeres.

»Ausdehnung kennt keine Grenze; Zeit kennt kein Stillestehn; Schicksal kennt kein Gleichmaß; Werden kennt keine Sicherheit. So schaut der Weise den Raum und erachtet das Kleine nicht für gering, das Große nicht für erheblich; denn er weiß, daß Ausdehnung keine Grenze kennt. Er schaut den Ablauf und grämt sich nicht um das Ferne, jubelt nicht über das Nahe; denn er weiß, daß Zeit kein Stillstehn kennt. Er schaut Fülle und Mangel und entzückt sich nicht am Gelingen, verzagt nicht am Mißlingen; denn er weiß, daß Schicksal kein Gleichmaß kennt. Er schaut die Wechselbahn der Dinge und berauscht sich nicht am Leben, verzweifelt nicht am Tode; denn er weiß, daß Werden keine Sicherheit kennt.

Darum rechnet der Vollendete, daß er andern nicht übeltut, sich nicht zu Barmherzigkeit und Wohlwollen. Er sucht keinen Gewinn, aber er verachtet nicht, die es tun. Er strebt nicht nach Besitz, aber er rechnet es sich nicht zugute. Er verlangt von niemandem Hilfe, aber er rechnet es sich nicht nur zur Selbständigkeit und verachtet nicht, die sich fördern lassen. Er handelt anders als die Menge, aber er rechnet es sich nicht zur Ungewöhnlichkeit; und weil andere mit der Mehrheit gehen, verachtet er sie nicht als Heuchler. Die Ehren und Vorteile der Welt sind für ihn kein Anreiz, ihre Strafen und Schanden keine Hemmung. Er weiß, daß Recht und Unrecht nicht unterschieden, Groß und Klein nicht umgrenzt werden können.

Dieses hörte ich sagen: Der Mann von Tao hat keinen Ruf; vollkommene Tugend kennt kein Gelingen; der Vollendete weiß nichts von sich; – das ist der Gipfelpunkt der Selbstbestimmung.«

»Aber«, fragte der Herr des Flusses, »wie geschieht es dann, daß wir die inneren und äußeren Gegensätze von Wert und Wertlosigkeit, von Größe und Kleinheit scheiden?«

»Vom Tao aus gesehen«, antwortete der Herr des Meeres, »gibt es die Gegensätze des Wertes und der Wertlosigkeit nicht. Der einzelne aber schätzt sich hoch und die andern gering, und die Gesamtheit spricht dem einzelnen das Recht des Schätzens ab, um es sich zuzusprechen.

Vom Verhältnis: wenn wir sagen, ein Ding sei groß oder klein, nur weil es im Verhältnis zu andern groß oder klein ist, so gibt es in der Welt nichts, was nicht groß, nichts, was nicht klein ist. Wissen, daß Himmel und Erde ein Reiskorn, die Spitze eines Haares ein Gebirge ist, – dies heißt Erkenntnis der Verhältnismäßigkeit.

Von der Beziehung: wenn wir sagen, ein Ding sei wirklich oder es sei nicht wirklich, nur weil es eine Beziehung leistet oder nicht leistet, so gibt es in der Welt nichts, was nicht wirklich ist, nichts, was wirklich ist. Wissen, daß Osten und Westen vertauschbar und doch notwendig sind, – dies heißt Anordnung der Beziehungen.

Vom Wert: wenn wir sagen, ein Ding sei gut oder böse, nur weil es in unseren Augen gut oder böse ist, so gibt es in der Welt nichts, was nicht gut ist, nichts, was nicht böse ist. Wissen, daß der Kaiser Yao und der Tyrann Khieh jeder von sich aus gut, jeder vom anderen aus böse war, – dies heißt Aufstellung des Richtmaßes.

Daher: die da Recht setzen wollen ohne sein Gegenspiel, Unrecht, oder die das Guttun setzen wollen ohne sein Gegenspiel, das Übeltun, – die fassen die Urgründe von Himmel und Erde nicht und nicht die Beschaffenheit der Dinge. Ebensogut könnte einer das Dasein des Himmels ohne das Dasein der Erde oder das Dasein des Yin ohne das Dasein des Yang annehmen, was deutlicherweise eine Undenkbarkeit ist. Wenn jene trotz der Darlegung der Wahrheit ihre Rede weiterführen, müssen sie Narren oder Schelme sein.

Herrscher haben unter verschiedenen Bedingungen dem Throne entsagt, Dynastien sind unter verschiedenen Bedingungen fortgesetzt worden. Die nicht den richtigen Augenblick trafen und im Gegensatz zu ihrem Zeitalter standen, wurden Thronräuber genannt. Die den richtigen Augenblick trafen und im Einklang mit ihrem Zeitalter standen, wurden Vaterlandsfreunde genannt. Gib dich zufrieden, o Herr des Ho: wie könntest du wissen, was wertvoll und was wertlos, was groß und was klein ist?«

»Wenn dem so ist«, sagte der Herr des Flusses, »was soll ich tun und was soll ich nicht tun?

Wie soll ich mein Ablehnen und Annehmen, mein Ergreifen und Lassen ordnen?«

»Vom Tao aus gesehen«, antwortete der Herr des Meeres, »sind Wert und Wertlosigkeit so wandelbar wie Hebung und Senkung, je nachdem, wo man steht. Irgendeins als beharrend betrachten heißt Tao widerstreben. Wenig und Viel sind wandelbar wie Geschenke, je nachdem sie der Gebende oder der Empfangende betrachtet. Sie als beharrend betrachten heißt sich an Tao vergehen. Sei einsichtig wie ein Herrscher, der unparteilich waltet. Sei gelassen wie ein Schutzgeist, der unparteilich austeilt. Sei weit offen wie der Raum, dem keine Schranke gesetzt ist. Umfange alle Dinge in deiner Liebe, und keines sei besser beherbergt als ein anderes. Dies heißt unbedingt sein, geeinten Blickes sein, außer aller Scheidung sein.«

ÜBER GRENZEN

Lewis Carroll

»Erkläre dich!«

Das schien Alice eine gute Gelegenheit, sich aus dem Staub zu machen; sogleich lief sie los und rannte, bis sie ganz matt und atemlos war und den Hund nur noch schwach in der Ferne bellen hören konnte.

»Aber es war trotzdem ein sehr liebes Hündchen!« sagte Alice, gegen eine Butterblume gelehnt, um sich auszuruhen, griff nach einem Blatt und fächelte sich damit Luft zu. »Ich hätte ihm gerne ein paar Kunststückchen beigebracht, wenn – wenn ich die richtige Größe dazu gehabt hätte! Ja, richtig! Ich hätte fast vergessen, daß ich wieder größer werden muß! Was das betrifft – wie soll ich das nur anstellen? Wahrscheinlich müßte ich dazu wieder irgend etwas essen oder trinken; die große Frage ist nur: Was?«

Ja, was? Das war wirklich die große Frage. Alice sah sich überall unter den Blumen und Gräsern in ihrer Nähe um, aber sie konnte nichts Eß- oder Trinkbares entdecken, was ihr unter den gegebenen Umständen dazu geeignet erschien. Nicht weit von ihr wuchs ein großer Pilz, ungefähr so groß wie sie selbst; und als sie ihn von unten, von hinten und von beiden Seiten betrachtet hatte, fiel ihr ein, daß sie ebensogut einmal nachsehen könnte, was obendrauf war.

Sie stellte sich auf die Zehenspitzen und spähte über den Rand, und alsbald traf ihr Blick den einer großen blauen Raupe, die mit verschränkten Armen dort oben saß und ruhig aus einer langen Wasserpfeife schmauchte, ohne von ihr oder von irgend etwas anderem auch nur die geringste Notiz zu nehmen. Alice und die Raupe sahen sich eine Zeitlang schweigend an; endlich nahm die Raupe die Wasserpfeife aus dem Mund und sprach Alice mit müder, schleppender Stimme an. »*Wer bist denn du?*« sagte sie.

Als Anfang für eine Unterhaltung war das nicht ermutigend. Alice erwiderte recht zaghaft: »Ich – ich weiß es selbst kaum, nach alldem – das heißt, wer ich *war*, heute früh beim Aufstehen, das weiß ich schon, aber ich muß seither wohl mehrere Male vertauscht worden sein.«

»Wie meinst du das?« fragte die Raupe streng. »Erkläre dich!«

»Ich fürchte, ich kann mich nicht erklären«, sagte Alice, »denn ich bin gar nicht ich, sehen Sie.«

»Ich sehe es nicht«, sagte die Raupe.

»Leider kann ich es nicht besser ausdrücken«, antwortete Alice sehr höflich, »denn erstens begreife ich es selbst nicht; und außerdem ist es sehr verwirrend, an einem Tag so viele verschiedene Größen zu haben.«

»Gar nicht«, sagte die Raupe.

»Nun, vielleicht haben Sie diese Erfahrung noch nicht gemacht«, sagte Alice.

»Aber wenn Sie sich einmal verpuppen – und das tun Sie ja eines Tages, wie Sie wissen – und danach zu einem Schmetterling werden, das wird doch gewiß auch für Sie sehr sonderbar sein, oder nicht?«

»Keineswegs«, sagte die Raupe.

»Nun, vielleicht empfinden Sie da anders«, sagte Alice; »ich weiß nur: für *mich* wäre das sehr sonderbar.«

»Für dich!« sagte die Raupe. »Wer bist denn *du*?«

Mathias Bröckers

Nachrichten aus dem Untergrund des Übernatürlichen

»Wunder geschehen nicht im Gegensatz zur Natur, sondern im Gegensatz zu dem, was wir von der Natur wissen.« *Augustinus*

»Wenn das menschliche Gehirn so simpel wäre, daß wir es verstehen könnten, wären wir so simpel, daß wir es nicht könnten.«
Emerson Pugh

I

Im August 1986 wurde der Schriftsteller Robert Anton Wilson in Boulder (Colorado) eingeladen, einige »brain machines« auszuprobieren, Geräte, die mit elektromagnetischen, optischen oder akustischen Signalen auf die Gehirnwellen einwirken. Sie machen sich die Eigenschaft zunutze, daß das menschliche Hirn sich nach kurzer Zeit auf eine von außen vorgegebene Frequenz einschwingt und daß mit unterschiedlichen Hirn-Frequenzen unterschiedliche geistige Zustände einhergehen. So löst eine hohe Beta-Frequenz (um 40 Hertz) Euphorie aus, Alpha-Frequenzen (um 10 Hertz) wirken entspannend und beruhigend, eine Dominanz von Theta-Wellen (4-8 Hertz) entspricht einem Zustand tiefer Meditation. Viele Probanden schlafen bei dieser Frequenz ein. Auch Wilson, angeschlossen an ein Gerät namens »Pulstar« und gleichzeitig an ein EEG, hatte im Theta-Bereich mit dem Schlaf zu kämpfen:

> Bei 7,5 Hertz befand ich mich in einem Zustand, den ich normalerweise nur mit großen Schwierigkeiten erreiche, einem entspannt-wachen Bewußtsein, das ein Zen-Meister einmal als »ganz wie im gewöhnlichen Leben, aber ungefähr ein Fuß

über dem Boden« beschrieben hat. Beim weiteren Absinken der Frequenz wurde ich immer entspannter, aber immer weniger aufmerksam, und es war schwer, nicht einzudösen. Gleichzeitig begann ich ein Kaleidoskop vager psychedelischer Bilder zu sehen, in denen das Ich wie eine dauernd wechselnde Funktion erschien. Ich konnte den speziellen Vorwurf des Zen an den Buddhismus mit Händen greifen, der besagt, daß Reinkarnation (»sterben« und wiedergeboren« werden) etwas ist, das tausend Mal pro Sekunde stattfindet.

Bei 4,0 Hertz hatte ich eine klassische »Out of Body«-Erfahrung und fühlte mein Bewußtsein als beweglichen Punkt, der sich aus dem Labor bewegte, über die Rocky Mountains hoch an den Nordpol flog, über Island hinwegglitt und die Halbinsel Howth in Irland erforschte (wo ich fast das ganze Jahr verbracht hatte.) Das Aufregendste an diesem Trip kam für mich, nachdem ich in das Labor »zurückgekehrt« war. Michael Hercules hatte ein EEG gemacht: kein Alpha, kein Beta, kein Delta, kein Theta, keine einzige Gehirnwelle. Das EEG eines toten Mannes ... Ich habe »Out of Body«-Erfahrungen seit 1963 und wußte nie genau, was ich davon halten sollte. Als ich mir die flache Linie, die »toten« Gehirnwellen während meines Pulstar-»Ausflugs« anschaute, hatte ich das Gefühl, zwar mehr zu wissen, aber immer weniger zu verstehen. Was immer diesen Trip über den Pol nach Irland verursacht hat, mein Gehirn war offensichtlich nicht beteiligt.[1]

II

Es geschah in einer Nacht Mitte der fünfziger Jahre: Robert Monroe, Leiter einer großen Produktionsfirma, hatte sich in letzter Zeit etwas seltsam gefühlt – immer wieder hatte er merkwürdige kleine Vibrationsstöße gefühlt, die wie schmerzlose Elektroschocks durch seinen Körper hindurchschossen. Auch jetzt, im Bett neben seiner schlafenden Frau,

1 Anmerkungen siehe Seite 294.

hinderten sie ihn am Einschlafen. Um sich nicht weiter zu ängstigen, richtete er seine Gedanken auf den nächsten Tag, da stieß seine Schulter plötzlich an einen harten Gegenstand. Er drehte sich um und streckte die Hand aus, um den Gegenstand zu befühlen, – und stellte fest, daß er unter der Zimmerdecke schwebte: Zwei Gestalten lagen da unten auf dem Bett. Die eine war seine Frau. Ein komischer Traum, dachte Monroe, mit wem liegt sie denn da im Bett? Er sah genauer hin: Der Mann im Bett war er selbst.

Zum Glück war Bob Monroe kein Wissenschaftler, sonst hätte er seine erste Reise außerhalb des Körpers vermutlich als rein ›subjektive‹ Halluzination abgetan und nicht weiter ernstgenommen. Er war auch keine empfindsame Persönlichkeit, die das Ereignis als Trauma aufgefaßt und beim Psychoanalytiker Rat gesucht hätte, und zum Glück auch kein spirituell oder mystisch bewanderter Mensch, dem dieser Zustand als selbstverständliche »Astralreise« vorgekommen wäre. Monroe war ein bodenständiger amerikanischer Unternehmer, der beschloß, der außergewöhnlichen Sache auf den Grund zu gehen und – nach dem Motto: »Wenn's funktioniert, nehmen wir's« – etwas Praktisches daraus zu machen. Er versuchte, die Vibrationen, die sich oft vor dem Einschlafen einstellten, zu kontrollieren und lernte, sich gezielt in diesen »zweiten Zustand« zu versetzen. Seine Erlebnisse auf diesen Reisen notierte er in einem Tagebuch, und erst, als er sich überzeugt hatte, daß er nicht verrückt war, berichtete er Freunden davon. Anfang der siebziger Jahre veröffentlichte Monroe ein erstes Buch über seine Erfahrungen und gründete ein Institut, an dem er die Möglichkeit der Induzierung seiner außerkörperlichen Erfahrungen durch akustische Schwingungen untersuchte. Diese, so hoffte er, könnten vielleicht zu den Vibrationen führen, die für ihn wie eine Startbahn zum Verlassen des Körpers fungierten. 1975 wurde ein am Monroe-Institut entwickeltes Verfahren patentiert, mit dem das Gehirn über Klänge aus einem Stereokopfhörer auf bestimmte Frequenzen eingeschwungen werden kann; durch Schwingungen im Theta-Bereich, so fand man heraus, werden außerkörperliche Erfahrungen wesentlich erleichtert. Diese Entdeckung brachte für das Institut den Durchbruch – für Robert Monroe hat es nicht nur »funktioniert«, er hat auch etwas Praktisches aus seiner Erfahrung gemacht und ist heute ein erfolgreicher ›Bewußtseins-Unternehmer‹. Und immer noch, seit jener Nacht in den Fünfzigern, ein anderer Mensch. Einer, der am Eingang seines High-Tech-Ashrams in Virginia in Jeans und kariertem Farmer-Hemd freundlich die Reporter empfängt, von denen er weiß, daß sie ihm seine Geschichte garantiert nicht glauben. Sie wollen uns doch nicht im Ernst weismachen, daß jeder Mensch lernen kann, in diesen Parallel-Welten herumzureisen? »Es ist ganz leicht, sie werden ja sehen«, sagt Monroe – und lächelt.[2]

III

Im selben Augenblick, als John und Lisa in einem Hotel in San Diego mit dem Liebesakt begannen, schlug fünf Meilen entfernt, in einem Labor in der Innenstadt, ein Zeiger aus. Er gehörte zu einem Meßgerät, das die elektrische Aktivität einer Lösung weißer Blutkörperchen überwachte, die Lisa einige Stunden vorher dort gespendet hatte. Nach Beendigung der Zärtlichkeiten im Hotel, gingen die Fluktuationen in der elektrischen Spannung zurück. In der Nacht, während die beiden schliefen, zeigte der Ausdruck keinerlei Aktivität, um dann wieder abrupt anzusteigen – genau zu dem Zeitpunkt, als sich das Versuchspaar der sexuellen Morgengymnastik hingab.

Was klingt wie der Anfang einer Science-Fiction-Story, gehört zum Laboralltag im Institut von Cleve Backster. In den sechziger Jahren war Backster Angestellter der amerikanischen Regierung; er hatte den *Polygraphen* mitentwickelt, ein als »Lügendetektor« bekannt gewordenes Gerät, das Veränderungen des elektrischen Widerstands der Hautoberfläche registriert. Als führender Experte auf diesem Gebiet unterrichtete er Polizei- und Sicherheitsbeamte aus aller Welt im Gebrauch von Lügendetektoren, so auch an jenem Tag im Jahr 1966, der sein Leben von Grund auf verändern sollte. In seinem Büro am New Yorker *Times Square* hatte er die Elektroden eines Lügendetektors an die Blätter einer Zimmerpflanze angeschlossen – und einen Ausschlag registriert, als er nur daran *dachte,* die Pflanze zu gießen. Sie zeigte dieselben Reaktionen wie ein Mensch, der bei einem Lügentest eine starke Emotion empfindet. Um sicher zu gehen, führte Backster sofort ein weiteres Experiment durch: Er beschloß, eines der Pflanzenblätter mit einem Streichholz zu verbrennen. In dem Moment, wo er diesen Entschluß faßte, und bevor er ein Streichholz greifen konnte, sprang die Spannungskurve steil nach oben. Der Lügendetektor-Experte hatte den »Backster-Effekt« entdeckt, die sinnliche Wahrnehmungsfähigkeit von Pflanzen – und er gab seinen Job auf, um zu einem Erforscher der Biokommunikation zu werden. Zahlreiche Experimente in den vergangenen 25 Jahren haben Backsters erstaunliche Resultate bestätigt, viele davon beschreiben Peter Tompkins und Christopher Bird in ihrem klassischen Buch *Das geheime Leben der Pflanzen,* ohne dabei zu verschweigen, daß diese Experimente bei einigen Forschern absolut nicht funktionieren wollten. Zwar führen Backster und seine Kollegen dies auf mangelnde Einfühlung gegenüber den Pflanzen zurück, weil aber »Empathie«, »Gefühl« oder »Liebe« als Parameter naturwissenschaftlicher Experimente nicht zugelassen sind, ist der »Backster-Effekt« heute kein Hauptfach der Botanik, sondern gilt nach wie vor als Parapsychologie.[3]

IV

> Übersinnliche Wahrnehmung und ähnliches ist in meinen Augen mit Wissenschaft *grundsätzlich* unvereinbar. Sie ist so indiskutabel, daß für mich Leute, die ihre Zeit damit verbringen, sie zu erforschen, von Wissenschaft nicht viel verstanden haben. Und daher habe ich auch keine Geduld mit ihnen. Anstatt sie in wissenschaftliche Gesellschaften aufzunehmen, würde ich sie lieber rauswerfen. (Douglas Hofstadter)

> Die Ergebnisse der in diesem Buch sorgfältig und deutlich beschriebenen telepathischen Experimente stehen sicher weit außerhalb desjenigen, was ein Naturforscher für denkbar hält. Andererseits aber ist es bei einem so gewissenhaften Beobachter und Schriftsteller wie Upton Sinclair ausgeschlossen, daß er eine bewußte Täuschung der Leserwelt anstrebt. ... Keinesfalls also sollten die psychologisch interessierten Kreise an diesem Buch achtlos vorübergehen. (Albert Einstein)

Der amerikanische Schriftsteller Upton Sinclair veröffentlichte 1930 ein Buch über die telepathischen Fähigkeiten seiner Ehefrau, *Mental Radio* (*Radar der Psyche*). Daß Albert Einstein, ein Freund der Familie, ein Geleitwort dazu schrieb, war mehr als nur ein Freundschaftsdienst – er hatte sich selbst von Craig Sinclairs merkwürdigen Fähigkeiten überzeugt. Und er zeigte sich ihnen gegenüber ebenso interessiert und aufgeschlossen wie einige Jahre später gegenüber der Katastrophen-Theorie des Kosmologen Immanuel Velikovsky. Während das amerikanische Wissenschafts-Establishment Velikovskys Verlag unter Druck setzte, um das Erscheinen seines Buches (*Welten im Zusammenstoß*) zu verhindern, trat der Physiker mit ihm in einen ausführlichen Briefwechsel. Auch wenn Velikovkys These die allgemein anerkannte Evolutionsgeschichte der Erde auf den Kopf stellte – Neugierde und Offenheit waren für einen Naturforscher wie Einstein selbstverständlich. Und sie haben auch nicht getrogen – viele von Velikovskys 1950 verketzerten Thesen, etwa über die Beschaffenheit der Nachbarplaneten, wurden von den Raumsonden später bestätigt. Eine neue Generation von Wissenschaftlern hält das indes nicht davon ab, Querdenker wie Velikovsky nach wie vor als »Störer« zu empfinden und, wie Douglas Hofstadter, für Rausschmiß zu plädieren. Ob es nun eine Theorie über die Zusammenstöße mit Himmelskörpern oder die Wahrnehmungsfähigkeit von Pflanzen, ob es die Gedankenübertragung von Menschen oder die Reisen in einem zweiten Körper betrifft – wenn etwas über das »Normale« hinausgeht, bleibt nichts anderes, als den Gordischen, nein, natürlich den *Goedelschen Knoten* »sauber durchzuhauen«; auf daß die Wissenschaftler-Welt fein sauber und weiterhin mit ein paar Logeleien und Paradoxerchen kolumnenweise erklärbar bleibe. »Ich bin nicht offen für das Paranormale«, erklärt Hofstadter, »hier offen zu sein ist meiner Meinung nach ebenso falsch wie die Frage, ob die Nazis im Zweiten Weltkrieg sechs Millionen Juden umgebracht haben.« Der Psychologe Wilson, der Unternehmer Monroe, der Polizeibeamte Backster, der Gewerkschaftler Sinclair, der Physiker Einstein – alles Lügner? Eher scheint Douglas Hofstadter mit diesem Totschlagargument an der akademischen Rampe zu stehen, um die wissenschaftlichen von den nichtwissenschaftlichen Ideen zu trennen – Phänotyp einer ans Ende gekommenen Aufklärung, die gegenüber der eigenen Skepsis unskeptisch geworden, eines Rationalismus, der in seinem Glauben an die Absolutheit der bekannten Naturgesetze der Irrationalität verfallen ist.[4]

V

Über der Eingangstür zum Landhaus des Quantenphysikers Niels Bohr war ein Hufeisen an die Wand genagelt. Einen Besucher regte dies zu der Frage an, ob der Professor im Ernst daran glaube, daß ein Hufeisen über der Haustür

Glück bringe. »Nein«, war die Antwort Bohrs, »ich halte bestimmt nichts von diesem Aberglauben. Aber wissen Sie«, fügte er hinzu, »man sagt, es bringt auch dann Glück, wenn man gar nicht daran glaubt.«

Neben ihrer erstaunlichen Fähigkeit, subtile Angelegenheiten des Lichts und der Atomstruktur vorherzusagen, hat die Quantentheorie einen ganzen Berg philosophischer Probleme aufgeworfen, oder besser gesagt: ins Rutschen gebracht. Denn die Physiker haben darüber ihre Grundlage verloren, den Halt in der Wirklichkeit. Sie wurden aus einem jahrtausendealten, dualistischen Denkmuster gerissen, der Annahme einer außerhalb des Menschen existierenden ›objektiven Realität‹. Die realitäts-nostalgischen Beschwörungen Albert Einsteins – »Wirklichkeit ist das wirkliche Geschäft der Physik« – halfen nichts, die Quantentheorie war keine kurzfristige, bizarre Verirrung, sie wurde wieder und wieder bestätigt. Daß dies den Physikern das Geschäft mit der ›wirklichen‹ Wirklichkeit grundlegend verdorben hat, ist eines der bestgehüteten Geheimnisse der Wissenschaft.[5]

»Das Atom ist kein Ding!« – 1927 hatte Werner Heisenberg entdeckt, daß die Bahn eines Elementarteilchens erst dadurch entsteht, daß man nach ihr Ausschau hält. Sucht der Beobachter statt dessen nach einer Frequenz, verhält sich das »Teilchen« plötzlich als »Welle«, als eine im Raum ausgebreitete Schwingung oder Frequenz, die über keinen definierbaren Ort, geschweige denn eine exakte »Bahn« verfügt. Dieser fundamentale Unterschied aber – und dies brachte den Berg ins Rutschen – liegt nicht im Quantenstoff selbst begründet, sondern in dem, was der Beobachter zu sehen beliebt. Im unbeobachteten Zustand existieren sowohl Teilchen als auch Wellen, in einer Art »Wahrscheinlichkeitswolke«, einem virtuellen Set von Möglichkeiten, aus dem sich erst dann eine Wirklichkeit kristallisiert, wenn ein Beobachter Maß nimmt. Dieser erkenntnistheoretische Schock – »Wer von der Quantentheorie nicht entsetzt ist, hat sie nicht verstanden« (Niels Bohr) – wird auch noch nach 60 Jahren in leutseliger Form als »Meßproblem« an den Mann gebracht: die subatomaren Ereignisse seien eben so subtil, daß unsere groben Instrumente sie zwangsläufig beeinflußten, in der makrokosmischen Welt hingegen sei alles nach wie vor in bester, newtonisch-einsteinscher Ordnung.[6]

Tatsächlich kann von einer Welt »da draußen« nicht mehr die Rede sein: auch Lastwagen oder Wolkenkratzer zeigen im Prinzip Quanteneigenschaften, nur machen ihre kurzen Wellenlängen es unmöglich, diesen Effekt zu beobachten. Über das, was »da draußen« wirklich ist, kann die Physik keine eindeutige Antwort geben, selbst wenn es sich um gewöhnliche, materialistische Objekte wie Wolkenkratzer handelt: unbeobachtet können sie nicht als Objekt, sondern nur als Welle von Möglichkeiten beschrieben werden, ein vibrierendes Potential »zwischen Idee und Faktum« (Heisenberg), das erst im Augenblick der Beobachtung aus seinem halbrealen Dämmerzustand in eine konkrete Form springt.[7] »Ist der Mond noch da, wenn niemand hinsieht« – was wie der Titel eines phantastischen Kindermärchens klingt, ist die Pointierung einer Konsequenz (»Bewußtsein erzeugt Realität«), die einige Theoretiker aus dem Quanten-Dilemma gezogen haben. Etwa der strenge Logiker John von Neumann – viele halten ihn für *das* mathematische Genie des Jahrhunderts – der sich nach den Ableitungen seiner *Mathematischen Grundlagen der Quantenmechanik* (1955) plötzlich auf einer erkenntnistheoretischen Linie mit dem idealistischen Bischof Berkeley sah. Erzürnt über die sich ausbreitende Uhrmachersicht des Universums hatte der philosophierende Gottesmann dem mechanistischen 18. Jahrhundert die Formel »Esse est percipi« (Sein heißt wahrgenommen werden) entgegengestellt: »All die Körper, die das große Gefüge der Welt bilden, haben ohne einen Verstand keine Substanz.« Ganz so weit gehen selbst die extremsten Vertreter der »beobachtererzeugten Realität« heute nicht, eine »Substanz« gestehen sie der unbeobachteten Welt durchaus zu; wenn auch nur als ein Bündel ko-existierender Zustände, aus dem erst das menschliche Bewußtsein konkrete Attribute herauszieht. Kaum 25 Jahre nachdem Einstein den Äther abgeschafft hatte, war plötzlich ein noch viel mysteriöseres Fluidum in die Naturwissenschaft eingezogen: die Kraft des Bewußtseins, der Geist, als konstituierendes Moment jeder Wirklichkeit. Verglichen damit war der wundersame Äther, den man vor Einstein für alle möglichen Merkwürdigkeiten verantwortlich gemacht hatte, relativ harmlos: Im beobachter-abhängigen Quanten-Universum befinden sich die Menschen in einer ähnlichen Rolle wie der legendäre König Midas, der alles, was er berührte, in Gold verwandelte – sobald unser Bewußtsein Maß nimmt, verwandelt sich die *Möglichkeits*-Welt der Quanten in die *Wirklichkeits*-Welt der Materie.[8]

VI

Ein Toter »fliegt« nach Irland. Ein Mann »schwebt« an der Decke, Pflanzen »lesen« Gedanken. Es kann nicht darum gehen, rätselhafte Ereignisse wie diese mit den rätselhaften Merkwürdigkeiten der Quantenphysik zu erklären. Wer aber diese Merkwürdigkeiten, das Bodenlose hinter der Frage »Was ist Wirklichkeit«, ernst nimmt, kann den Riß nicht immer nur nach einer Seite, der Seite alten mechanischen Materialismus hin, zu stabilisieren versuchen. Mit dem Argument, der »Einbruch des Irrationalen« auf der anderen Seite brächte die Brücke endgültig zum Einsturz. Sie ist, spätestens seit 1927, zusammengestürzt. Und sie wird sich auch mit immer kleineren Teilchen nicht wieder aufbauen lassen – die Realitätskrise der Naturwissenschaft wird nicht in den Beschleunigertunneln behoben. Das Universum ist mehr als die Summe seiner materiellen Teile – die Quantenphysik entdeckte wieder, was die Mystik aller Zeiten immer behauptet hat: die integrale Rolle des Bewußtseins im sogenannten physikalischen Universum. An diesem Punkt wird auch der aggressive Dogmatismus verständlich, mit dem moderne Rationalisten wie Hofstadter ihre »saubere« Wissenschaft verteidigen: Wo im Zentrum des naturwissenschaftlichen Weltbilds plötzlich ein empirisches Unding wie »Bewußtsein« steht, ist dem Obskurantismus Tür und Tor geöffnet – und dem klassischen Empiristen bleibt nichts anderes als der blinde Rundumschlag gegen jede Art von Eindringling. Daß dabei die Suche nach Wahrheit nur zu leicht einem Festhalten an Vorurteilen geopfert wird, liegt auf der Hand. Als der Freud-Schüler Wilhelm Reich behauptete, die Psychoanalyse heile nicht von selbst, sondern müsse durch »Körperarbeit« ergänzt werden, wurde er nur aus der psychoanalytischen Vereinigung ausgeschlossen. Als er, in die USA emigriert, in den fünfziger Jahren behauptete, er habe eine Art Bio-Energie, das sogenannte *Orgon,* entdeckt, die von immenser Bedeutung für das Wohlbefinden nicht nur des Körpers, sondern der gesamten Natur sei, startete man eine Verleumdungs-Kampagne gegen ihn. Als er begann, mit seinen Orgon-Apparaturen Regen zu machen, wurde sein Institut von Polizeiagenten gestürmt, sämtliche Schriften beschlagnahmt und verbrannt, seine Laborausrüstung mit der Axt zerschlagen und Reich ins Gefängnis geworfen, wo er nach wenigen Monaten starb. Seine Experimente wurden nie ernsthaft überprüft – Reich wurde zum Opfer eines Einschüchterungsverfahrens, das sich weder in der Geisteshaltung noch in den Umgangsformen von der Inquisition des Mittelalters unterschied. Angeführt wurde die Kampagne seinerzeit von Martin Gardner, Hofstadters Vorgänger als Kolumnist des ›Scientific American‹, einem hochgebildeten Intellektuellen, der seine Leser jederzeit auch gern mit paradoxen Bizarrheiten bekannt macht – solange sie sich im keimfreien Bereich abstrakter Mathematik abspielen.[9]

VII

Wirklichkeit ist ein dynamischer Prozeß: Sie entsteht jeden Augenblick neu. Und legt man die neuesten Erkenntnisse der Neuro-Wissenschaften und der Kognitions-Forschung zugrunde, ist das menschliche Gehirn kein passiver Empfänger dieses Prozesses, sondern ein Organ zur Erzeugung von Echtzeit-Simulationen. Die *Farbe* des Apfels ist keine Eigenschaft des physikalischen Universums, sondern die von meinem Gehirn produzierte Eigenschaft eines inneren *Modells* des Apfels: in der Welt »da draußen« existieren keine Farben. Genausowenig wie dort »Teilchen« und/oder »Wellen« existieren – Unschärfe und Undeterminiertheit der Quantenphysik haben ihren Ursprung im menschlichen Gehirn und Nervensystem. Wahrnehmung, so der Kognitions-Forscher Francisco Varela, ist keine widerspiegelnde *Repräsentation*, sondern *aktive Inszenierung*. Der Physiker David Bohm hat es so ausgedrückt: »Raum und Zeit werden von uns zu unserer Bequemlichkeit konstruiert ... es sind Konventionen.« Keine starren Naturgesetze, sondern Konventionen – Gewohnheiten des Bewußtseins, Realitäts-Tunnel. Ist die Schwerkraft ein Glaubenssystem? Ist die Entfernung zwischen Boulder (Colorado) und Howth (Irland) nur eine dem Verstand dienstbare Fiktion? Ist der Lauf der Zeit nicht mehr als eine schlechte Angewohnheit? Ist der Tod nicht wirklich, sondern nur ein Fake, ein »Kunstgriff, um viel Leben zu haben?« Hängt am Ende alles von uns selbst ab?

Als C. G. Jung seine Theorie der Archetypen entwickelte, warnte ihn Freud vor der »Schlammflut des Okkulten«, die das hehre Haus der Wissenschaft überschwemme. Es ist bis heute sauber geblieben – man erforscht die »Einheit der Vernunft in der Vielheit ihrer Stimmen« und wundert sich ernsthaft darüber, warum der esoterische Büchertisch in der Mensa immer länger wird. William S. Borroughs hat unsere kulturellen Sehgewohnheiten einmal mit einem Autofahrer verglichen, der dauernd in den Rückspiegel schaut. Die Rückspiegelseher haben sich angewöhnt, alles Neue erst einmal gar nicht wahrzunehmen; wenn es sich dann partout nicht mehr vermeiden läßt, erklären sie es erst einmal für unwichtig. Dummerweise hindert das aber die neuen Ideen und Gegenstände nicht am Erscheinen und auch nicht am Wachsen. Am Ende, wenn sie sogar im Rückspiegel unübersehbar geworden sind, werden diese Leute sagen: »Aber was wollt ihr denn, das ist ja gar nichts Neues!«[10]

VIII

Drei Revolutionen – die Relativitätstheorie, die Entdeckungen der Quantenphysik und die in jüngster Zeit erforschten Prinzipien der Selbstorganisation und der Rolle des Chaos – haben zu einer Grundlagendebatte in der Naturwissenschaft geführt, die alle Anzeichen einer fundamentalen Wende trägt. Vor diesem Hintergrund scheint die Kosmologie eines Stephen Hawking (*Eine kurze Geschichte der Zeit,* 1988), mit der reinen Singularität eines Schwarzen Lochs am Anfang und am Ende, wie das letzte Aufbäumen einer überkommenen Vorstellung: der guten alten Weltmaschine, deren definitive Formel denn auch alsbald gefunden sein soll. Daß ein Wissenschaftler mit der Behauptung, kurz vor der Entdeckung der Weltformel zu stehen, auf so phänomenalen Zuspruch beim Publikum stößt, zeigt, wie wenig sich seit den Zeiten verändert hat, als die Alchimisten noch dem Stein der Weisen auf der Spur waren. Hawking kann denn auch als Rückspiegel-Beschwörer der alten, objektivistischen Konzepte – der ewigen Naturgesetze – gelesen werden – während die drei Revolutionen unübersehbar auf etwas Neues deuten: die Dynamik eines Naturgeschehens, das von den Wirbeln der Galaxie bis in die Psyche des Einzelmenschen tief ineinander verschränkt ist. Die Kosmologen von morgen werden deshalb nicht aus der Schule von Hawking kommen, sondern eher aus Instituten wie dem des Robert Monroe – als Experte für kosmologische Fragen wird sich hinfort nur noch äußern dürfen, wer mindestens drei Forschungssemester Psychonautik hinter sich hat.

Als Leeuwenhoek, der Erfinder des Mikroskops, behauptete, im Speichel jedes Menschen lebten Bakterien, erklärten seine Zeitgenossen ihn für verrückt; wenig anders erging es Freud, als er erstmals von einem Bereich des Unbewußten sprach. Zu allen Zeiten hatten Pioniere gegen ein tiefes Bedürfnis der Wissenschaft zu kämpfen, den Glauben, daß bereits alles entdeckt sei. Daß vor der Angst, über gesichertes Terrain hinauszugehen, selbst große, offene Geister nicht gefeit sind, zeigte Albert Einstein, als er sich standhaft weigerte, die Quanten-Schlußfolgerungen aus seinen Relativitäts-Gedanken auch wirklich zu ziehen. Heute ist die Lage kaum anders: Zwar stimmen nahezu alle Naturforscher überein, daß der Kern aller Dinge im Akt der Beobachtung liegt, aber sie weigern sich, die Schlußfolgerung daraus zu ziehen, sich nämlich dem zuzuwenden, was da beobachtet: dem Bewußtsein; sich selbst. »Bewußtsein ist ein Singular, dessen Plural wir nicht kennen« (Erwin Schrödinger) – man kann es nicht in verschiedenen Exemplaren draußen erforschen, sondern nur innen, auf der Wildbahn der eigenen Psyche. Es geht nicht um die Erforschung des Paranormalen, es geht um das Abenteuer der Selbstentdeckung; nicht um eine neue Wissenschaft, sondern um neue Wissenschaftler, Experimentatoren, die Teil des Versuchs werden.

Wo Metaphysik zur Erfahrungswissenschaft wird, ist Mystik keine Sache des Glaubens mehr, sondern eine des Wissens. Als der Bewußtseinsforscher John C. Lilly 1973 den Quantenphysiker Richard Feynman kennenlernte, führte er sich mit der Bemerkung ein: »Der Beobachter ist der große Unsichtbare in der Physik, sie sollten den Beobachter erforschen – und ich habe die Methode dazu.« Lilly hatte einen

Isolations-Tank entwickelt, der die »Beobachtung des Beobachters« durch außerkörperliche Erlebnisse wesentlich erleichterte. Als ihm Feynman nach einigen Sitzungen ein Exemplar seiner berühmten *Lectures on Physics* mit der Widmung »Thanks for the hallucinations« schenkte, schoß Lilly sofort zurück: »Danke für das Buch, aber Du hast in dem Moment aufgehört, Wissenschaftler zu sein, als Du das Wort ›Halluzinationen‹ verwendet hast.« Es entspann sich eine vierzehn Jahre lange Diskussion und Freundschaft, bei der es Lilly freilich nicht gelang, den Nobelpreisträger von seiner Methode der *Meta-Programmierung* des Gehirns durch veränderte Bewußtseinszustände zu überzeugen.[11]

Das detaillistische, reduktionistische Denken hat an der Schwelle zum 21. Jahrhundert zwar einen unschätzbaren Fundus an Wissen und an Technologien geschaffen, gleichzeitig aber auch eine globale Krise heraufbeschworen, die tiefer geht als alle vorangegangenen Krisen der Geschichte. Entsprechend drastisch werden die Lösungen ausfallen. Nie hat sich der Abgrund »zwischen Affe und Übermensch«, von dem Nietzsche sprach, schärfer aufgetan: Was angesichts der ökologischen Katastrophe zur Disposition steht, ist nicht weniger als die Lebensweise – das Glaubenssystem – der westlichen Zivilisation. Und doch, wie bereits der frühe Chaostheoretiker Friedrich Hölderlin erkannt hat, wächst mit der Gefahr stets auch das Rettende. Was früher nur seltenen Persönlichkeiten – Schamanen, Asketen, Mystikern – offenstand, die Erfahrung der »anderen Seite« – ist heute, dank medizinischer Forschung, mit den unterschiedlichsten Hilfsmitteln auch dem Normalsterblichen erreichbar: »Man kann heute sterben und anschließend in die Disco!« – mit Sätzen wie diesem wollte der erleuchtete Witzbold Wolfgang Neuss sein Publikum darauf hinweisen, daß es durch Meditation oder die erfolgreiche Einnahme psychedelischer Substanzen möglich ist, den Körper zu verlassen, das Sterben zu üben, neu geboren zu werden, die Angst vor dem Tod zu überwinden. Und warum hinterher ausgerechnet in die Disco? – Worüber man nicht sprechen kann, darüber muß man tanzen.[12]

Anmerkungen

1 Robert Anton Wilson, *Adventures with Head Hardware,* in: Magical Blend 23 (1989); ein Bericht Wilsons (*Meine Erfahrungen mit Brainmachines*) findet sich auch in: Lutz Berger, Werner Pieper (Hg.), *Brain Tech, Mind Machines & Bewußtsein* (1989); alles weitere zum Thema Brain Tech bei Michael Hutchinson, *Mega Brain – Geist und Maschine* (1989); alles weitere zum Thema Wilson in: ders., *Cosmic Trigger* (1982), und *Der neue Prometheus* (1989).

2 Robert Monroe, *Der Mann mit den zwei Leben – Reisen außerhalb des Körpers* (1981) und ders., *Der zweite Körper* (1987). Auf die Frage, ob es sich bei dem Raum, in dem er seine Reisen außerhalb des Körpers unternehme, nur um einen mentalen und nicht den physikalischen Raum handelt, antwortet Monroe: »Ich stimme zu, daß dies eine Möglichkeit sein könnte, außer bei bestimmten Dingen. Wie könnte ich im ›Out-of-body‹-Zustand jemanden in 200 Meilen Entfernung besuchen und ihn ›kneifen‹ ... und wenn er zurückkehrt, hat er genau an dieser Stelle einen blauen Fleck?« Aus einem Interview mit Nevill Drury, in: Nevill Drury, *The Visionary Human – Mystical Consciousness* & *Paranormal Perspectives* (1991). Kontakthof: The Monroe Institute, Route 1, Box 175, Faber, Virgina VA 22938, USA, Tel. (804) 3621252.

3 Die Geschichte von John und Lisa erzählt Brian O'Leary, *Exploring Inner and Outer Space* (1989); das Experiment beschreiben Cleve Backster/Stephen G. White, *Biocommunications Capability: Human Donors and In Vitro Leukocyts,* in: International Journal of Biosocial Research 7 (1985); in der deutschen Ausgabe von Peter Tompkins/Christopher Bird, *Das Geheime Leben der Pflanzen* (1977) fehlt das Kapitel über das Findhorn-Wunder aus der englischen Originalausgabe. Es war offenbar zu viel für die teutonischen Skeptiker: Im schottischen Findhorn ist es einer Kommune gelungen, auf einem als absolut unfruchtbar geltenden Boden einen blühenden Garten und Kohlköpfe von übergewaltigem Ausmaß sprießen zu lassen. Zur Erklärung gaben sie an, in Kontakt mit Naturgeistern zu stehen, die ihnen Anweisungen gäben. Vgl. David Ash/Peter Hewitt, *Wissenschaft der Götter – Zur Physik des Übernatürlichen* (1991).

4 Douglas Hofstadter, *Metamagicum – Fragen nach der Essenz von Geist und Struktur* (1988), die Ausfälle des Einfallsreichen finden sich auf Seite 119 ff.; Upton Sinclair, *Radar der Psyche* (1990); einen Überblick über die Velikovsky-Affäre gibt Alfred de Grazia, *Immanuel Velikovsky – Die Theorie der kosmischen Katastrophen* (1979); der Briefwechsel Einstein/Velikovsky in: *Neues Lotes Folum* 2 (1976).

5 Vgl. Nick Herbert, *Quantenrealität – Jenseits der neuen Physik* (1990).

6 Sir Karl Popper etwa sieht keinen Grund, »von der klassischen, naiven und realistischen Auffassung abzuweichen, daß Elektronen und andere subatomare Partikel eben nichts anderes sind als Partikel (Teilchen)...« (Karl Popper, *»Ausgangspunkte«* [1979] S. 132) – was aber nur bedeutet, daß dem »Kritischen Rationalismus« allenfalls noch soviel Sympathie gebührt wie einem zurückgebliebenen Verwandten, der seine Zeit überlebt hat. Über den Rückschritt, den Poppers (irrationaler) Rationalismus gegenüber den in den zwanziger Jahren von Bohr und Heisenberg entwickelten erkenntnistheoretischen Positionen bedeutete vgl. Paul Feyerabend, *»Irrwege der Vernunft«* (1989), S. 236 ff. Daß die »Poppersche Pidgin-Wissenschaft« (Feyerabend) zu philosophischen Groß-Ehren gelangte, während Bohrs ›Kopenhagener Deutung‹ zur fixen Idee weg»rationalisiert« wurde, lag an dem Erkenntnis-Schock der Quantenrealität selbst: Wer diesen doppelten Boden der Tatsachen noch ›kritisch rationalistisch‹ beschreiben wollte, mußte reden wie ein Mystiker oder Irrer. Weiter »Realist« zu bleiben und ›kritisch-rationalistische‹ Diskurse zu führen, ging nur um einen Preis: Die Wissenschaft hatte den Boden der Naturtatsachen zu verlassen und dem *Glauben* zu verfallen, etwa dem Dogma, daß Teilchen eben Teilchen sind und sonst gar nichts.

7 Hätten wir mehr Zeit, wäre es durchaus möglich, die Quantensprünge eines Granit-Massivs zu beobachten: »Selbst die starrsten Materialien können ihre Formen oder ihre chemischen Strukturen nicht über (lange) Zeiten erhalten... in einem Zeitraum von 10^{65} Jahren verhält sich jedes Felsstück wie eine Flüssigkeit, und nimmt unter dem Einfluß der Gravitation Kugelform an. Seine Atome und Moleküle werden endlos damit fortfahren, wie die Moleküle in einem Tropfen Wasser herumzuschwirren.« Freeman Dyson: *»Zeit ohne Ende – Physik und Biologie in einem offenen Universum«* (1989), S. 37. »Als Individuen verfügen wir niemals über ausreichend Zeit. Daher können unsere Reisen eigentlich nur phantastisch sein – eine Form des Reisens, die heute eher in Vergessenheit zu geraten und deren Aufleben nicht gerade in der exakten Naturwissenschaft erwartet wird. Aber den Gesetzen der Relativitätstheorie zu gehorchen, stellt einen zeitaufwendigen Luxus dar, den sich das bewußte Denken nicht leisten kann.« (Rolf Herken im Nachwort) Mit

Chuck Berry zu sprechen: *»Roll over Einstein ... and tell Podolsky the News«* – zusammen mit Boris Podolsky und Nathan Rosen hatte Einstein 1932 versucht, die Quantenmechanik mit einem Experiment ad absurdum zu führen: Entweder war sie falsch bzw. unvollständig, oder aber unter zwei atomaren »Teilchen«, die in entgegengesetzte Richtungen des Universums geschossen werden, besteht eine über-lichtschnelle, quasi telepathische Verbindung. Daß ein solcher Spuk unmöglich sein müßte, war Einsteins feste Überzeugung, doch die Ergebnisse zeigten das Gegenteil: Die »geisterhafte Fernwirkung« existierte. Dreißig Jahre lang haben Physiker und Philosophen sich daran die Köpfe wundgestoßen, bis John Bell 1965 mathematische Klarheit in die Sache brachte. *Bells Theorem* löste das Einstein-Podolsky-Rosen-Paradoxon so, »wie es sich Einstein am wenigsten gewünscht hätte« (Bell): Es bewies die logische Notwendigkeit nicht-lokaler Wechselwirkungen, d.h. »natürlicher« Informationsübertragungen, die nicht an die gültige Raum-Zeit gebunden sind. Vgl. P.C.W. Davies/J.R. Brown, *Der Geist im Atom,* Frankfurt/Main: Insel Verlag 1993 (insel taschenbuch). Seitdem zeichnen sich Physikertagungen zu diesem Thema wieder durch frappante Ähnlichkeit mit den »Kongressen mittelalterlicher Theologen« (Nick Herbert) aus.

8 Die vom Beobachter-Bewußtsein erzeugte Wirklichkeit ist *eine* Variante der von Niels Bohr in den dreißiger Jahren entwickelten »Kopenhagener Deutung« der Quantenmechanik, deren Kernaussage (»Es gibt keine tiefe Realität«) heute von den meisten Physikern geteilt wird. Die Realitäts-Modelle, die sie daraus entwickelt haben, unterscheiden sich allerdings erheblich, gemeinsam ist ihnen nur die zentrale Bedeutung des Beobachters sowie die Tatsache, daß sie dem sogenannten gesunden Menschenverstand allesammt unzumutbar erscheinen. (Nick Herbert, a.a.O., S. 193 ff.)

9 Weitere aufgeklärte Liberale, die sich in Sachen Wissenschaftshygiene gebärden wie ein Lynchmob in Mississippi, finden sich in: Robert Anton Wilson, *Die neue Inquisition – Irrationaler Rationalismus und die Zitadelle der Wissenschaft* (1992).

10 Das Interview mit David Bohm: Ken Wilber (Hg.), *Das holographische Weltbild* (1990); zur Erweiterung und Vertiefung empfiehlt sich grundsätzlich Michael Talbot, *Das holographische Universum* (1992); über die Zirkularität zwischen erkennendem Subjekt und erkanntem Objekt: Francisco Varela/Evan Thompson, *Der Mittlere Weg der Erkenntnis* (1992); Goethes ganzheitliche, von den Reduktionisten jahrhundertelang verlachte Farbenlehre darf mittlerweile dank der Chaos-Mathematik als prinzipiell rehabilitiert gelten: vgl. James Gleick, *Chaos – die Ordnung des Universums* (1988), S. 236 ff.

11 Der Mediziner John Lilly (geb. 1915), den die New York Times wegen seiner bedeutenden Beiträge zur Psychologie, Neurologie, Delphinforschung, Interspezies-Kommunikation und Computertheorie als »wandelndes Kompendium der westlichen Zivilisation« bezeichnete, beschreibt sich selbst als »Studenten des Unerwarteten«, Francis Jeffrey/John Lilly, *John Lilly, so far...* (1990) – ein Astronaut im Weltraum der Seele, der stets die Füße auf dem Boden behält, Pionier einer neuen, nicht nur trans-disziplinär, sondern auch trans-personal forschenden Wissenschaft. Vgl. John C. Lilly, *Man and Dolphin* (1961), *Programming and Meta-Programming in the Human Biocomputer* (1967), *Das Zentrum des Zyklon* (1981), *Der Scientist* (1984), *Simulationen von Gott* (1986), *Das tiefe Selbst* (1988): »In der Provinz des Geistes, der im Tank isoliert ist, ist das, was man für wahr hält, entweder wahr, oder es wird innerhalb bestimmter Grenzen wahr. Diese Grenzen müssen experimentell oder durch Erfahrung gefunden werden. Dann wird man feststellen, daß es nur weitere Überzeugungen sind, die transzendiert werden müssen. Die Provinz des Geistes kennt keine Begrenzungen...«; zur Methodologie der neuen Wissenschaft: Ken Wilber, *Die drei Augen der Erkenntnis* (1988).

12 Wolfgang Neuss' verrückte Weisheiten, *Der gesunde Menschenverstand ist reines Gift* (1985), sind vergriffen; erhältlich ist aber der Beleg, daß er mit kryptischen Sätzen wie dem zitierten an Autoren wie Platon oder Sophokles anknüpft. In: *Der Weg nach Eleusis – Das Geheimnis der Mysterien* (1990) haben Albert Hofmann, Gordon Wasson und Carl Ruck gezeigt, daß im Zentrum der griechischen Religion ein halluzinatorisches Erlebnis stand: Der heilige Trank in Eleusis bestand aus Mutterkorn, dem Grundstoff des starken Psychedelikums LSD. Den Initianten war es verboten, über ihre Erfahrung zu sprechen, und so raunen die Schriftsteller nur: vom »Heiligen«, daß sie »Ende des Lebens und seinen gottgeschenkten Anfang« gesehen, »den Tod überwunden« hätten. Sophokles schreibt: »Dreifach glücklich sind jene unter den Sterblichen, die, nachdem sie diese Riten gesehen, zum Hades schreiten; ihnen allein ist dort wahres Leben vergönnt.« – Die eminente Bedeutung psychedelischer Drogen für die Entstehung von Religionen und Kulturen belegen Terrence McKenna, *Food of the Gods* (1992), sowie zuletzt *dpa,* am 7. Juli 1992: *Ötzi war high*: »Der im September 1991 im Tiroler Ötztal gefundene Gletschermann, eine 5300 Jahre alte Mumie, hatte urzeitliche Rauschmittel bei sich. Innsbrucker Wissenschaftler identifizierten die bei ihm gefundenen Pilze als Halluzinogene.«

Vladimir Delavre

Signale aus anderen Welten
Das Rätsel der Transkommunikation

> Wissenschaft kann die letzten Rätsel der Natur nicht lösen. Sie kann es deswegen nicht, weil wir selbst ein Teil der Natur und damit auch ein Teil des Rätsels sind, das wir lösen wollen. *Max Planck*

Über Bewußtsein und Realität

Wenn wir über die Existenzmöglichkeit anderer Realitäten und deren Natur nachdenken wollen, erscheint es nützlich, zunächst einige Aspekte der eigenen Realität genauer zu betrachten. Obwohl wir uns in der alltäglichen Realität im allgemeinen so sicher bewegen, daß wir sie nicht in Frage stellen, gibt es dennoch Erlebnisbereiche, die auf eine andere, geheimnisvollere Welt hinzudeuten scheinen. Das gilt vor allem für alle Arten der außersinnlichen Wahrnehmung, wie zum Beispiel Telepathie und Präkognition. Auch wenn solche Erlebnisse für die meisten einen Ausnahmecharakter haben, spricht vieles dafür, daß es sich hier um grundlegende menschliche Fähigkeiten handelt, die latent vorhanden sind, aber nur selten aktiviert werden. Hinzu kommt das physiologische Problem, sehr schwache Informationsreize, wie sie für paranormale Wahrnehmung typisch sind, inmitten zahlreicher intensiver Sinnessignale noch bewußt wahrzunehmen. Psychologische Experimente deuten aber darauf hin, daß auch solche schwachen Signale nicht verlorengehen, sondern unbewußt registriert und gespeichert werden.

Auch die Denkmodelle und Theorien der sogenannten ›Neuen Physik‹ sprechen dafür, daß unser Bewußtsein seine Informationen nicht nur über die physischen Sinne bezieht, sondern auch eine unmittelbare Verbindung zu Dimensionen außerhalb der Raumzeit hat. Wenn sich die verschiedenen später zu besprechenden Hypothesen über holographisch verbundene Informationsfelder und -speicher als zutreffend erweisen sollten, dann müßte es uns prinzipiell möglich sein, aus dem universalen Informationsnetz jede benötigte Nachricht aufzunehmen. Der Attraktionsfaktor für die gesuchte Information wäre dabei um so größer, je wichtiger die Nachricht für uns ist und je präziser wir unsere Frage stellen. Eine zusätzliche Beteiligung unseres Gefühls scheint für derartige Informationskopplungen nützlich zu sein, um die normalerweise aktiven Bewußtseinssperren besser überwinden zu können. Diese Sperren erscheinen als notwendige und sinnvolle Einrichtung, weil sonst die für unsere physische Existenz erforderliche Stabilität der Umweltwahrnehmung durch unzählige nicht-relevante Signale überdeckt werden würde.

Die Monotonie, Trägheit und relative Voraussagbarkeit unserer normalen Realität ergibt sich einmal aus dem Aspekt der statistischen Berechenbarkeit großer Ereigniszahlen, zum anderen durch die ständige Wiederholung einander ähnlicher Beobachtungen, Handlungen und Erwartungen. ›Die‹ Realität kann es nicht geben; es gibt nur bestimmte Sehgewohnheiten und die Wiederholung von Ereignissen, deren Wiederholung wir erwarten. Aus diesem Grund ist auch eine einzelne neue Beobachtung noch sehr instabil, sie kann durch eine andere Beobachtung Widerspruch erfahren. Durch den Akt der Wiederholung wird sich aber schließlich eine der beiden Beobachtungen durchsetzen, d. h. sich als angeblich ›richtig‹ erweisen und damit unsere wahrgenommene Realität erweitern und verändern. Beobachtungen, die schon vorhandene Erwartungen bestätigen, oder wenigstens nicht im Widerspruch zu ihnen stehen, sind von vorneherein wahrnehmungsstabiler als solche, die keine erkennbare Übereinstimmung mit früheren Realitätserfahrungen aufweisen.

In dieses Konzept paßt auch die in der neu-esoterischen Literatur verbreitete Hypothese, daß unseren Gedanken eine realitätsverändernde Kraft zukommt. Vor allem die Wiederholung ein und desselben Gedankens über längere Zeit könnte die zuvor postulierten Speicherfelder mit Information aufladen, so daß ab einer gewissen Intensitätsschwelle quasi-energetische Effekte entstehen, die in unsere Realität durchbrechen. Schon allein durch unsere Gewohnheiten im täglichen Denken, Fühlen und Handeln prägen wir im Laufe des Lebens ein individualtypisches Informationsfeld, das aufgrund seiner Eigenresonanz wesentlich zu unserer persönlichen geistigen Stabilität beitragen müßte.

Es sind die gleichförmigen Funktionen menschlicher Sinnesorgane und der gemeinsam erlebte Zeitablauf, die unser Wahrnehmungsfeld als Spezies stabilisieren. Die relative Umweltkonstanz wird somit durch die Vielzahl der gegenwärtigen und früheren Beobachter mitgetragen; sie ist nicht nur das Ergebnis einer kausal ablaufenden Kette von Naturereignissen. Zugespitzt ließe sich formulieren, daß unsere erlebte Realität letzten Endes das Ergebnis eines gemeinsam geschaffenen und verfestigten Illusionsfeldes ist, das seine ›Wirklichkeit‹ in Resonanz zu unseren bewußten und unbewußten Wahrnehmungsmöglichkeiten entfaltet.

Resonanzen zu anderen Existenzebenen, die über einen unterschiedlichen Zeitfluß und andere Wahrnehmungsmuster verfügen, sind für uns nur schwer herzustellen und haben in der Regel einen flüchtigen Charakter. Diese Instabilität ist z. B. typisch für viele PSI-Effekte, aber auch für Grenzphänomene wie UFO-Sichtungen oder Transkommunikation. Es scheint, daß die Wahrnehmung anderer Realitäten erst durch Resonanzeffekte aus dem ›Rauschen‹ unserer Außen- und Innenwelt herausgehoben werden muß. Die Aufrechterhaltung solcher Resonanzbedingungen über längere Zeit erfordert die Überbrückung alle normalen Bewußtseinssperren und gelingt daher nur wenigen von uns.

Ob ein derartiger Zustand überhaupt wünschenswert sein kann, ist eine andere Frage. Langdauernde Kopplungen an andere Realitäten verfremden unsere gewöhnliche Wahrnehmung und können uns in gefährlicher Weise von der sonst gemeinsam erlebten Realitätsebene entfernen.

Die umgekehrte Erfahrung, daß man sich durch zuviel Skeptizismus paranormale Erfahrungsmöglichkeiten verbaut, ist sicher häufiger. Auch Angst vor anderen und neuartigen Erkenntnissen kann dazu führen, daß die psychischen Sperren intensiviert werden und nichts durchlassen, was die oft mühsam erworbene Daseinsstabilität gefährden könnte. Wenn es durch Zufall oder das Drängen wohlmeinender Freunde dennoch zur Konfrontation mit paranormalen Erscheinungen kommt, können akute Destabilisierungen und Krisen auftreten.

Der letzte Gedankenschritt beim Nachdenken über Bewußtsein und Realität gilt der Frage eines möglichen Weiterlebens nach dem Tod. Wenn es ein Leben in ›Jenseitswelten‹ und anderen Dimensionen gibt, wäre auch ein Informationsaustausch mit unserer Realität denkbar. Tatsächlich gibt es neue experimentelle Beobachtungen, die darauf hinweisen, daß auch eine vom Physischen losgelöste Identitätsstruktur mit unserer Welt und ihrer Kommunikationstechnik in Verbindung treten kann. Wir wollen versuchen, den Hypothesen, Theorien und Erscheinungen die auf andere Existenz-Dimensionen hinweisen, nachzugehen und die Möglichkeit einer Transkommunikation zu erläutern.

Andere Realitäten.
Leben auf anderen Sternen

Niemand, der sich den Sinn für die Wunder des Lebens bewahrt hat, kann die Unendlichkeit eines Sternenhimmels betrachten, ohne dabei ein schwaches Schaudern vor den

Geheimnissen der fernen und fremden Lichtwelten zu spüren. Die Fortschritte der Astronomie, mehr noch die Erfahrungen der Raumfahrt, haben die Rätsel des Universums nicht gelöst, sondern neue und geheimnisvollere Fragen nach der Vergangenheit und Zukunft des Universums aufgeworfen. Auch die Frage, ob das Leben auf der Erde ein singuläres Ereignis ist oder ob es sich auch auf anderen Planeten entwickeln konnte, bleibt immer noch der Spekulation überlassen. Die Suche nach Signalen außerirdischen Lebens ist in den letzten Jahrzehnten mit hohem technischen Aufwand betrieben worden. Das aktuellste Projekt trägt den Namen Cyclops und besteht aus einem kreisförmigen Feld mit 1500 Antennen mit jeweils 100 m Durchmesser und den dazugehörigen Empfängern, die jeweils über 1 Million Frequenzen im Zeitsprungverfahren abhören werden. Bis heute sind jedoch noch keine Signale aufgefangen worden, die als Hinweis auf außerirdisches Leben gelten könnten. Man muß sich fragen, ob die technische Gigantomanie, die hier betrieben oder geplant wird, der richtige Weg zum Erfolg ist. Solange wir keine vernünftige Vorstellung davon haben, welche Form eine solche interstellare Nachrichtenübermittlung haben könnte, werden wir auch mit zufällig aufgenommenen Signalen wenig anfangen können. Und selbst dann, wenn wir mit einer hochentwickelten fremden Zivilisation in Verbindung kämen, stellte sich die Frage, ob unsere eigene Intelligenz ausreicht, um die Nachricht aus der Galaxis inhaltlich verstehen zu können. Ausführlicheres über das Grundproblem, eine Kommunikation mit jemandem aufzubauen, ohne sich vorher über die Kommunikationswege und -zeiten verständigt zu haben – was ja schon Kommunikation voraussetzt –, läßt sich bei Paul Watzlawick (27) nachlesen.

Einen anderen Weg, sich der Frage nach außerirdischen Intelligenzen zu nähern, bietet das Studium der Berichte über seltsame unidentifizierte Flugobjekte und Lichterscheinungen, die man unter dem Kürzel UFO zusammenfaßt. Zu viele

Menschen in allen Ländern der Welt haben von solchen Sichtungen berichtet, als daß man das Thema als Unfug oder halluzinatorisches Erlebnis abtun könnte. Allerdings bleibt die Frage nach der hinter diesen Beobachtungen stehenden Realität bis heute unbeantwortet. Während die UFOs zunächst für hochentwickelte materielle Flugkörper von anderen Sternen gehalten wurden, die dank ihrer überlegenen Technik von einem Moment zum anderen unsichtbar werden konnten, ist die heutige Diskussion, an der sich auch Wissenschaftler beteiligen, wesentlich differenzierter. Dabei darf man aber nicht übersehen, daß auch die Vertreter der extraterrestrischen Hypothese beachtliche Argumente vorzuweisen haben, so z. B. verschiedene physikalisch meßbare Anomalien im Bereich vorgeblicher UFO-Landeplätze. In der seriösen grenzwissenschaftlichen Literatur (unseriöse gibt es reichlich), wie z. B. den multidisziplinären Zeitschriften ›Journal of Scientific Exploration‹ (1, 26) oder ›Grenzgebiete der Wissenschaft‹, bewegt sich die UFO-Diskussion vor allem in zwei Richtungen: Die eine sieht in den Erscheinungen Produkte eines multidimensionalen Universums, dessen Hyperraumphysik gleichsam ›Kurzschlüsse‹ unserer Raumzeit mit entsprechenden paranormalen Phänomenen ermöglicht; eine Meinung, die vor allem von dem französischen Astronomen Jacques Vallee vertreten wird. Die andere geht noch einen Schritt weiter in der Abstraktion und betrachtet UFOs als ein Phänomen, das von unserem Bewußtsein in Wechselwirkung mit dem kollektiven Unbewußten erzeugt wird.

Unsichtbare Informationsfelder

»Ich bleibe dabei, daß das Mysterium des Menschen vom wissenschaftlichen Reduktionismus in unglaublicher Weise herabgewürdigt wird, wenn er beansprucht und verspricht, die gesamte spirituelle Welt letzten Endes auf materialistische Weise mit Mustern neuronaler Aktivität erklären zu können. Dieser Glaube muß als Aberglaube betrachtet werden. Wir müssen erkennen, daß wir sowohl spirituelle Wesen sind, die mit ihrer Seele in einer spirituellen Welt existieren, als auch materielle Wesen, die mit ihrem Körper und Gehirn in einer materiellen Welt existieren.«(7)

Dieses Zitat des Neurophysiologen und Nobelpreisträgers Sir John Eccles wirft ein Schlaglicht auf die Diskussion über die Beziehung von Geist und Materie, insbesondere auch auf die Frage, ob der Geist mit dem Gehirn gleichgesetzt werden kann. Es erübrigt sich fast zu erwähnen, daß Eccles' wissenschaftliche Kollegen dessen Gedanken über die Seele im Hinblick auf das hohe Alter des Gelehrten ›gütig‹ übersehen und sich nicht weiter damit auseinandersetzen wollen. Sie halten sich nach wie vor lieber an seine klassischen Forschungsergebnisse über die Natur der Reizübertragung im Nervensystem.

Wenn also der menschliche Geist, den man in erster Annäherung auch als organisierte Information bezeichnen könnte, nicht im Gehirn lokalisiert ist, wo ist er dann zu suchen? Darauf gibt es verständlicherweise nur vorläufige Antworten, von denen hier einige erwähnt werden sollen. Es ist dabei dem Leser überlassen, seine eigene Definition von Geist zu verwenden, da die Diskussion darüber, was unter Begriffen wie Geist, Bewußtsein oder Seele zu verstehen sein soll, einen eigenen ausführlichen Beitrag darstellen würde. Der Ausdruck ›organisierte Information‹ kann aber einen Einstieg in die anfangs gestellte Frage bieten. Es ist offensichtlich, daß Information auch ohne physischen Träger existieren kann, sie ist kein Ding, sondern etwas, das die Beziehung von Dingen und anderen Nicht-Dingen erfaßt. So wäre z. B. der Informationskomplex, den eine Symphonie darstellt, immer noch vorhanden, auch wenn kein Orchester mehr spielen würde und alle Noten und Schallplatten der

Welt verbrannt wären; auch wenn kein Musiker mehr lebte, der sich an die Partitur erinnern würde, sollte sich die Musik immer noch wiederfinden lassen, verborgen in immateriellen Speichern, wie sie z. B. von Rudolf Steiner (Akasha-Chronik), David Bohm (Implizite Ordnung), Karl Pribram (Holographisches Gedächtnis), Nicholas Greaves (Duplication Theory), Rupert Sheldrake (Morphogenetische Felder), Thomas Bearden (Zero Point Fields) oder Ervin Laszlo (Subquantendynamik) postuliert wurden.

Während die Akasha-Chronik in der Anthroposophie Steiners als ein Speicheraspekt des Weltäthers angesehen wird, in der alle Ereignisse und Gedanken abrufbar registriert sind, gehen die zeitgenössischen wissenschaftlichen Hypothesen von verschiedenen Formen eines interaktiven Universums aus, in dem Ereignisse nicht nur registriert, sondern auch aktiv beeinflußt werden. Der Physiker David Bohm, der mit seinem 1980 veröffentlichten Buch *Wholeness and the Implicate Order* auch außerhalb der Fachwelt große Aufmerksamkeit fand, befaßt sich in seiner Theorie mit Korrelationen subatomarer Teilchen. Er sieht jenseits der subatomaren Welt der Quanten eine tiefere Schicht der Realität, eine Ebene, in der es keine Getrenntheit mehr gibt, sondern nur noch ein unteilbares Ganzes, das er mit dem Begriff ›implizite Ordnung‹ bezeichnet. Aus dieser tieferen Ordnung entfaltet sich die beobachtbare und in Begriffen erklärbare ›explizite Ordnung‹ der sichtbaren Welt. Der Systemtheoretiker Ervin Laszlo sieht in einer im Quantenvakuum angesiedelten Zeit- und Raumbindung eine Erklärung für die bisher beobachteten Anomalien in Physik, Biologie und Bewußtseinsfunktion. Eine Aufklärung dieser Anomalien könnte nach Laszlo zum Schlüssel bei der Suche nach dem ›missing link‹ werden, das die Physiker seit Einstein an der Schaffung einer einheitlichen Feldtheorie hindert (14).

Die Hypothese des englischen Biologen Rupert Sheldrake über morphogenetische Felder, die materielle Formen sowie

Informationen speichern und neuentstehende Formen und Informationen mittels morphischer Resonanz beeinflussen, hat seit ihrer Publikation in *Schöpferisches Universum* sehr große Bekanntheit erlangt. Es gibt kaum ein Buch der Richtungen New Age und New Science, in dem seine Thesen, die teilweise auch experimentell verifiziert werden konnten, nicht ausführlich diskutiert werden. Die ›mainstream‹-Wissenschaft ist den Hypothesen Sheldrakes gegenüber eher kritisch eingestellt, weil sich keine sinnvolle Verbindung mit anderen naturwissenschaftlichen Theorien aufstellen läßt und die als notwendig erachtete mathematische Grundlage fehlt. Die tatsächliche Auseinandersetzung kommt aber von denjenigen, die Sheldrakes Gedanken nahestehen und sie weitergeführt sehen wollen.

So kritisiert zum Beispiel David Peat in *Stein der Weisen* die sich aus der Hypothese Sheldrakes ergebende Notwendigkeit, eine unendliche Zahl neuer hierarchischer Felder einführen zu müssen, weil ja das morphische Feld eines Organismus wiederum Felder für dessen Organe, Zellen, Moleküle usw. enthalten muß. Hier sieht Peat eine Wiederholung der reduktionistischen Denkweise der klassischen Wissenschaften, in der die Objekte der Natur in immer kleinere Bestandteile zerlegt werden; ein Prozeß, der im Gegensatz zu dem neuen Paradigma eines kollektiven und kooperativen Verhaltens der Natur steht. Ein weiterer Einwand Peats bezieht sich auf die Natur der morphogenetischen Felder, die bisher nur negativ definiert sind, indem sie sich grundlegend von den bekannten physikalischen Feldern unterscheiden. Peat fragt sich, wie diese so andersartigen Felder auf materielle Strukturen verändernd einwirken können; hierzu müßte sowohl eine Wechselwirkung mit physikalischen Feldern als auch eine irgendwie geartete energetische Wirkung erforderlich sein. Ein weiteres Problem der Sheldrakeschen Hypothese wird von Ervin Laszlo in seinem hier noch unveröffentlichten Buch *Das Fünfte Feld* erwähnt: Wenn die morphogenetischen Felder die Gewohnheiten der Vergangenheit in die Ereignisse der Gegenwart hineintragen, so daß alles, was früher häufig passierte, eine hohe Wiederholungswahrscheinlichkeit hat, dann ist es sehr schwer zu erklären, wie etwas völlig Neues entstehen kann. Sheldrakes Theorie der Naturgewohnheiten müßte nach Laszlo eine Theorie der evolutionären Kreativität gegenüberstehen.

Ein möglicher Ausweg aus diesem Dilemma scheint mir die Abkehr vom ›unerbittlichen Pfeil der Zeit‹ und dem damit unmittelbar verbundenen klassischen Kausalitätsprinzip zu sein. Sheldrake macht in der Entthronung dieses Prinzips zwar einen halbherzigen Schritt, indem er materielle und geistige Ereignisse an Ähnlichkeiten und Resonanzen statt an starr ablaufende Kausalvorgänge koppelt, läßt allerdings dabei den Zeitverlauf von der Vergangenheit zur Zukunft unangetastet. Wenn wir uns aber unsere Raumzeit in ein höherdimensioniertes Universum eingebettet denken, wozu es schon sehr weit entwickelte Modelle gibt, dann würde die Zukunft gleichberechtigt neben der Vergangenheit stehen. Aus dieser Zukunft, exakter, aus den möglichen Zukünften, könnte eine kreative Beeinflussung der Gegenwart erfolgen. Ob dies durch neuartige zeitinvariante morphogenetische Felder geschieht oder durch ein teleologisch definiertes Zukunftsziel, wie es unter anderem Fred Hoyle vorgeschlagen hat, mag zunächst offen bleiben.

Multidimensionale Weltsysteme

In der mit den Namen Einstein und Minkowski verknüpften Relativitätstheorie wird den drei Raumkoordinaten eine vierte Koordinate X_4 zugefügt, die der Zeit t entspricht und über einen mathematischen Formalismus, der die Lichtgeschwindigkeit c mit einschließt, zu einer vierdimensionalen Raumzeit R_4 führt. Das erweiterte mehrdimensionale Modell Minkowskis umfaßt vier zusätzliche imaginäre Raumzeitdimensionen, so daß eine achtdimensionale Raumzeitgeometrie entsteht. Zwei andere Mitarbeiter Einsteins, Kaluza und Klein, entwarfen in den dreißiger Jahren eine fünfdimensionale Geometrie, die es ansatzweise ermöglicht, die elektromagnetischen Feldtheorien mit dem Gravitationspotential zu vereinigen. In den letzten Jahren sind weitere mehrdimensionale Welttheorien entwickelt worden, so z. B. von Roger Penrose (Super-Strings) in England, Elizabeth Rauscher in USA und dem deutschen Physiker Burkhard Heim. Um als Erklärungshilfe für das Phänomen der unmittelbaren Quantenverbundenheit sowie holographischer oder paranormaler Bewußtseinseffekte zu dienen, müssen solche multidimensionalen Weltstrukturen einen Schnittpunkt bzw. Interferenz-Möglichkeiten mit der vierdimensionalen Raumzeit aufweisen. Nur so wären nicht-zeitartige Signale, also direkte Ereignisverbundenheit, und die Überwindung des Beobachtungskegels möglich, der durch die Lichtgeschwindigkeit determiniert wird.

Obwohl es ein schwieriges Unterfangen ist, soll hier eine kurze Schilderung der Heimschen Theorie gegeben werden. Sie erscheint in unserem Zusammenhang deswegen so wichtig, weil sie auch für nichtmaterielle Strukturen, wie Ideen und Bewußtseinsinhalte, einen Dimensionsraum vorsieht. Heims Theorie geht sogar so weit, daß sie dem nachtodlich vom Körper befreiten Bewußtsein eine reale Existenz einräumt. Burkhard Heim, der 1944 bei einer Explosion schwer verletzt wurde und sein Augenlicht verlor, ist infolge der immensen Übersetzungsprobleme seines Werkes im Ausland noch wenig bekannt. Seine als ›Geometrodynamik‹ bezeichnete Theorie umfaßte ursprünglich sechs Dimensionen, denen später aus mathematischer Notwendigkeit sechs weitere zugefügt wurden. Bei seinem Versuch, die Gravitation zu quantisieren, verwendet er den von ihm eingeführten Begriff ›Metronen‹ für die geometrischen Flächenelemente in Größe der Planckschen Länge; hiermit ersetzt er die bisher übliche Interpretation, die Elementarteilchen als Punkte betrachtet. Die vier Raumzeitkoordinaten werden bei Heim zunächst um die Transkoordinaten X_5 und X_6 ergänzt, so daß ein gemeinsamer sechsdimensionaler Hyperraum gebildet wird, den Heim als ›Tensorium‹ bezeichnet. Dimension X_5, von Heim als ›entelechiale‹ Ebene bezeichnet, bewertet die in der physischen Welt auftretenden Organisationszustände, die ›äonische‹ Dimension X_6 steuert die Aktualisierung der X_5-Strukturen in der Zeit. Photonen und Elekronen gehören der Dimension X_4 an und bilden einen bedeutsamen Kopplungsfaktor zwischen den direkt beobachtbaren Ereignissen der Raumzeit und den höheren Dimensionen der Informationswelt. Da die Originalpublikationen Heims (10, 11) für den Nichtmathematiker außerordentlich schwer verständlich sind, kann man dem daran Interessierten die leichter lesbaren Zusammenfassungen bei Illobrand von Ludwiger (16) und Ernst Senkowski (20) empfehlen.

Jenseitswelten und paranormale Kommunikation

Auf der Suche nach Lebenssinn und Zusammenhang hat der Mensch seit jeher versucht, über das rein materielle Geschehen hinauszublicken. Dies vollzog sich auf vielen Ebenen, der religiösen, philosophischen und nicht zuletzt der esoterisch-spirituellen. Auf diesem Weg konnten sich auch Erfahrungen entwickeln, die als direkter Kontakt mit dem Jenseits empfunden wurden.

Es ist typisch für viele frühe Berichte, daß paranormale Erscheinungen, wie z. B. Stimmen und Visionen, ohne Zutun des Betroffenen in seine Welt hereinbrachen. Die Zeit des Spiritismus im heutigen Sinne begann etwa Mitte des 19. Jahrhunderts und dauerte bis in die zwanziger Jahre dieses Jahrhunderts. Medien, die gewöhnlich in Trance arbeiteten, veranstalteten spiritistische Sitzungen, die Seance genannt wurden. Auf Wunsch der Teilnehmer nahmen sie geistige Verbindung mit Verstorbenen auf, gaben die Botschaften weiter und vermittelten regelrechte Dialoge. Besonders begabte Medien, die von den Wissenschaftlern der Zeit, wie z. B. Sir Oliver Lodge in England, Charles Richet in Frankreich oder Freiherr von Schrenck-Notzing in Deutschland, eingehend untersucht wurden, konnten sogar sogenannte Materialisationen erzeugen, also quasi-physische Erscheinungen Verstorbener. Eine Ektoplasma genannte Substanz, die aus dem Mund oder anderen Körperöffnungen des Medium strömte, wurde als Quelle der sich langsam aus dem ›Nichts‹ verdichtenden Erscheinungsformen angesehen.

Mit Ausnahme einer gewissen Tradition in England war der Mediumismus in den letzten fünfzig Jahren kein populäres Thema mehr, bis sich vor etwa zehn Jahren die ›Channelling‹-Bewegung in den USA entwickelte. Diese Renaissance kommt jedoch in veränderter Form; nicht mehr verstorbene Verwandte, sondern erhabene ›außerirdische Wesenheiten‹ sind jetzt, dem Zeitgeist entsprechend, Quelle von Botschaften an die Menschheit. Aber natürlich gibt es heute auch Menschen, die, einem Bedürfnis oder einer medialen Begabung folgend, auf verschiedene Weise Verbindungen zum Jenseits suchen. Hierbei werden oft Hilfsmittel, wie z. B. Schreibplanchetten, benutzt, wobei die Hand des Mediums scheinbar automatisch eine jenseitige Nachricht registriert. Wenn man die Ergebnisse vieler kritisch durchgeführter Untersuchungen betrachtet, erscheinen die medialen Botschaften als eine schwer zu beurteilende Mischung von Informationen, die teils aus dem Bewußtsein des Mediums zu stammen scheinen, teils aber auch aus Quellen, die dem Medium unzugänglich sind und einen jenseitigen Sprecher nahelegen.

Im Gegensatz zum stark subjektiv gefärbten Mediumismus stehen die objektiv nachweisbaren paranormalen Effekte, die im Rahmen der apparativen Transkommunikation (der Begriff wurde ca. 1980 von dem Physiker Ernst Senkowski geprägt) beobachtet werden. Die Entdeckung des Phänomens liegt schon über dreißig Jahre zurück und wird im allgemeinen Friedrich Jürgenson zugeschrieben, obwohl die ersten Versuche, Jenseitskontakte mittels elektrotechnischer Apparate zu verwirklichen, wesentlich länger zurückliegen (21). Die Tatsache, daß dieses vom wissenschaftlichen Standpunkt aus sensationell zu nennende Phänomen bis heute kaum bekannt ist, hat mehrere Gründe. Eine der Erklärungen mag darin liegen, daß esoterisch interessierte Menschen selten einen vorurteilsfreien Zugang zur Technik finden, während Techniker vielleicht weniger Interesse an spirituellen und transzendenten Fragen entwickeln. Auch in der parapsychologischen Literatur ist das Thema Transkommunikation kaum zu finden, wahrscheinlich deswegen, weil die Forscher um ihren mühsam erworbenen (und dennoch umstrittenen) Ruf als Wissenschaftler fürchten, wenn sie sich auf ein mit spiritistischen Aspekten befrachtetes Gebiet einlassen.

Apparative Transkommunikation

1967 publizierte Friedrich Jürgenson sein Buch *Sprechfunk mit Verstorbenen* und informierte damit die Öffentlichkeit über seine 1959 begonnene Forschungstätigkeit auf dem Gebiet der sogenannten Tonbandstimmen. Es handelte sich dabei um Worte und kurze Sätze, die mit Mikrofon und Tonbandgerät aufgezeichnet wurden und wegen der relativ geringen Lautstärke nur schwer hörbar waren. Das Mikrofon nahm dabei lediglich das normale Raumrauschen auf, das auf eine nicht erklärbare Weise zu leisen ›Rauschstimmen‹ umgeformt wurde. Diese ›Stimmen‹ gaben sich als bestimmte verstorbene Personen zu erkennen, die von Jürgenson später gezielt angesprochen wurden. Die grundlegende Technik der Tonbandstimmen-Experimente wurde von ihm kurz danach erweitert, indem er Hintergrundgeräusche einsetzte, wie z. B. das Radiorauschen zwischen zwei Sendestationen. Die Weiterentwicklung der Transkommunikation, zu deren Pionieren auch Konstantin Raudive, Hanna Buschbeck und Franz Seidl gezählt werden müssen, führte Anfang der achtziger Jahre zu speziell entwickelten technischen Systemen, die mit multifrequenten Feldern arbeiten und längere Kontakte, teils auch direkte Dialoge, ermöglichen. Interessanterweise funktionieren diese Systeme im Prinzip nur für die Person, die sie entwickelt und gebaut hat; eine Beobachtung, die darauf hinweist, daß eine bisher noch unverstandene enge Beziehung zwischen Experimentator und der von ihm benutzten Technik besteht. In den letzten Jahren sind von einzelnen Experimentatoren weitere ungewöhnliche Phänomene, wie z. B. paranormal empfangene Videobilder verstorbener Angehöriger und Texte in (nicht vernetzten) Computern als ›jenseitige‹ Antwort auf zuvor eingegebene Fragen beobachtet worden.

Experimentelle Hinweise für Transkontakte

Wie läßt sich ein sogenannter Transkontakt praktisch aufbauen? Zunächst ist es wichtig zu verstehen, daß Transkontakte eine Verbindung zwischen verschiedenen Realitätsebenen darstellen und wegen der damit möglicherweise verbundenen psychischen Risiken nicht als Unterhaltung oder Spielerei betrachtet werden dürfen. Es dürfte auch selbstverständlich sein, daß solche Kontakte nicht auf ›Knopfdruck‹ herzustellen sind. Geduld und eine transzendenzoffene Einstellung sind wichtige Vorausetzungen, nicht aber ein irgendwie gearteter ›Glaube‹ an ein Jenseits. Transkommunikation kann nicht erzwungen oder gar ›herbeibeschworen‹ werden; sie ergibt sich auch nicht automatisch aus der Benutzung eines bestimmten technisch-apparativen Systems. Es kann bei anfänglichen Versuchen mit der Radiomethode nach Jürgenson durchaus mehrere Wochen dauern, bis die ersten Stimmen vom Tonband abgehört werden können. Sind Kontakte aber einmal hergestellt, sind weitere Verbindungen wesentlich leichter möglich. Es scheint sich hier um einen Anpassungsprozeß zu handeln, der auch mit dem vermutlich unterschiedlichen Zeitfluß zwischen unserer Welt und anderen Ebenen zusammenhängt. Im Zusammenhang damit sind vielleicht auch die bei Transkontakten beobachteten Sprachveränderungen zu verstehen: unterschiedliche Sprechgeschwindigkeit (zu langsam oder zu schnell), eigentümlicher Sprachrhythmus, Silbenkompression oder die Formung von Neologismen, wie z. B. ›Galaktofonie‹. Inzwischen gibt es auch Hinweise darauf, daß physikalische und geophysikalische Faktoren einen Einfluß auf die Verbindungsmöglichkeiten haben, so z. B. das Vorhandensein impulsartiger, einander modulierender, multifrequenter Felder oder bestimmte Intensitäten innerhalb der täglichen Schwankungen des Erdmagnetfeldes (6).

Beispiele transkommunikativer Mitteilungen

Während bei den meisten Transkontakten nur einzelne Worte oder kurze Sätze hörbar sind, die sich zumeist auf persönliche Aspekte beziehen und in der Regel eine Antwort auf zuvor gestellte Fragen darstellen, haben sich bei einzelnen Experimentatoren sogenannte Direktkontakte entwikkelt, bei denen längere Mitteilungen aufgenommen werden, die scheinbar an alle Menschen gerichtet sind. Die folgenden Beispiele sollen dies verdeutlichen:

»Der Kontakt kommt durch kreative tiefere Schichten

früherer Existenzen zustande.« »Eure medialen Fähigkeiten sind durch diese Kontakte aufgebaut worden, durch sie seid Ihr mit uns verbunden.« »Das Geheimnis der Kommunikation ist offenkundig: die Quelle des Lebens, ein neues Abenteuer auf dem Weg in die Unendlichkeit.« »Ich habe mich sehr angenähert, es ist eine andere Welt, eine andere Realität.« »Wir haben keine Namen, wir sind Energiequanten.« »Es gibt Leben auf anderen Planeten, in anderen Sonnensystemen. Sie versuchen mit Euch in Kontakt zu treten. Eure Inkarnation ist nicht an Euren Planeten gebunden.« »Wir werden immer wieder gefragt, ob es gut ist, von Ihrer Seite Verbindung mit uns aufzunehmen. Sehen sie es so: ohne unser freundliches Zutun wären auch Ihre intensivsten Bemühungen vergebens.« »Wir werden nicht direkt in Ihren irdischen Lebensweg eingreifen. Das soll für Sie unmißverständlich klar sein.« »Das Gefühl ist der Schwerpunkt Eurer Realität, um das sich elektromagnetische Felder formieren.« »So wahr es Euch gibt, so wahr gibt es uns und viele andere, die wiederum in anderen Realitäten leben.« »Sämtliche Gedanken eurer Welt sind bei uns in Lichtmustern gespeichert.« »Eure Zukunft ist formbar, und wir sind nicht allwissend.« »Ihr habt das Universum mit Angst belastet, welch tragische Figur habt ihr aus dem Tod gemacht!«

Diese Beispiele stammen von verschiedenen Experimentatoren und sind Ausschnitte aus ausführlicheren Berichten der Zeitschrift ›Transkommunikation‹, deren Redaktion auch die Tonbandkopien der Originalaufnahmen vorliegen. Auch wenn die Möglichkeit einer betrügerischen Manipulation im Einzelfall nie grundsätzlich ausgeschlossen werden kann, so muß man doch aufgrund sehr vieler übereinstimmender und für das Phänomen der Transkommunikation typischer Faktoren von der Echtheit der hier wiedergegebenen Aufnahmen ausgehen, die über Jahre hinweg von zahlreichen Experimentatoren in verschiedenen Ländern aufgezeichnet wurden.

Wissenschaftliche Interpretation

Die Transkommunikation ist ein objektiv nachweisbares Paraphänomen, dessen Grundlage eine bisher ungeklärte Anomalie in der Funktion elektronischer Kommunikationssysteme ist. Diese Funktionsänderung, die nach heutiger Erkenntnis sowohl vom Experimentator als auch von anderen Informationsebenen beeinflußt wird, läßt Stimmen, Bilder und Texte entstehen, die nach allen bekannten Gesetzen der Physik nicht entstehen dürften. Es handelt sich dabei um eines der wenigen Grenzphänomene, das sowohl eine gute Wiederholbarkeit aufweist als auch auf Anhieb von allen Beobachtern als paranormales Ereignis registriert werden kann. Diese intersubjektive Evidenz ermöglicht unmittelbare wissenschaftliche Untersuchungen, ohne den in der Parapsychologie üblichen Umweg über nachträgliche statistische Auswertungen gehen zu müssen.

Der logisch-kommunikative Zusammenhang zwischen den inhaltlichen Aussagen paranormaler Stimmen und den Fragen des Experimentators erweckt den Eindruck einer Konversation mit unsichtbaren Gesprächspartnern. Diese Interpretation entsteht fast zwangsläufig, weil der Mensch gewohnt ist, jede Art von spontaner und intelligenter sprachlicher Äußerung einem anderen menschlichen Bewußtsein zuzuschreiben, auch wenn sich die Quelle nicht eindeutig identifizieren läßt. Die Annahme der meisten Experimentatoren, daß es sich hierbei um die Kommunikation mit Verstorbenen handelt, liegt zwar nahe, entbehrt aber noch eines wissenschaftlichen Beweises. Einer der Gründe für das bisher ungenügende Verständnis des Phänomens könnte darin liegen, daß die Aufmerksamkeit zu einseitig auf die Inhalte der übermittelten Botschaften gerichtet war und die Rolle des Bewußtseins in Verbindung mit der benutzten Technik nicht ausreichend untersucht wurde. So ist es zum Beispiel bemerkenswert, daß in der Regel ein enger Zusammenhang zwischen der Gedankenwelt des Experimentators und den über die technischen Systeme aufgenommenen Botschaften besteht. Es wäre aber ein Fehler, daraus auf eine einseitige Steuerung durch unser Bewußtsein zu schließen, weil es auf der anderen Seite zahlreiche Beispiele von übermittelten Namen oder Tatsachen gibt, die dem Empfänger unbekannt waren.

Insgesamt bieten also das Phänomen der Transkommunikation ein vieldeutiges und manchmal auch verwirrendes Bild, das vorläufig noch nicht eindeutig interpretierbar ist. Als mögliche Erklärung zeichnen sich allerdings drei Ansätze ab, die hier kurz angerissen werden sollen:

Erstens: Transkommunikation ist ein animistisches Phänomen, das fälschlicherweise spiritistisch interpretiert wird. Die vermeintlichen Jenseitsmitteilungen entströmen unserem eigenen Unbewußten, das auf noch unbekannte Weise die elektronischen Kommunikationssysteme beeinflußt. Eine Ansicht, die vor allem in den Schriften des kürzlich verstorbenen Parapsychologen Hans Bender und von den Anhängern der sogenannten ›Freiburger Schule‹ vertreten wird (3).

Zweitens: Transkommunikation ist ein primär spiritistisches Phänomen, das als Ergebnis gemeinsamer Bemühungen verstorbener und lebender Experimentatoren zu deuten ist, eine Verbindung zwischen jenseitigen Existenzebenen und dem Diesseits herzustellen. Diese Meinung wird von fast allen vertreten, die aufgrund persönlicher Verluste eine Verbindung mit verstorbenen Angehörigen oder Freunden versucht haben. Von wissenschaftlicher Seite ist vor allem der Physiker Ernst Senkowski als vorsichtiger Interpret dieser Hypothese zu nennen (22).

Drittens: Transkommunikation ist weder animistisch noch spiritistisch zu interpretieren; sie ist vielmehr Ausdruck einer unmittelbaren Verbindung allen Seins, das sich aus einer Ebene jenseits von Zeit und Raum in unsere beobachtbare Realität hinein entfaltet. Aus dieser Sicht würden die

Transdialoge als ähnlichkeitsbedingte Kopplungen oder Resonanzen innerhalb von Informationsfeldern zu interpretieren sein. Einen experimentellen Hinweis in diese Richtung bietet die Beobachtung, daß im Rahmen von Transkontakten Texte und Bilder übermittelt wurden, die sich als Duplikate bereits vorliegender Veröffentlichungen erwiesen haben (4).

Eine Entscheidung über die Richtigkeit der einen oder anderen hier aufgeführten Annahmen wird vermutlich erst dann möglich sein, wenn die Natur der Wechselwirkungen zwischen Informationsmustern und technischen Empfangssystemen aufgeklärt sein wird. Vielleicht können dabei einige Forschungsergebnisse aus dem Bereich der Parapsychologie weiterhelfen, die auf eine Korrelation zwischen elektronischen Zufallssystemen und dem Bewußtsein des Beobachters hindeuten (12), (15). Es muß abgewartet werden, ob diese Effekte in eine spätere Theorie der Transkommunikation einbezogen werden können. Auch eine direkte Ansteuerung unserer technischen Kommunikationssysteme aus den von Heim postulierten transzendenten Ebenen wäre denkbar, was die mittelbare Kontaktmöglichkeit zu Verstorbenen einschließen sollte.

Noch muß die Frage nach der wahren Natur der ›Jenseitswelten‹ als wissenschaftlich ungeklärt gelten. Wenn jedoch das Rätsel, das die technische Transkommunikation uns aufgibt, eines Tages gelöst würde, müßten wesentliche Teile unserer Naturerkenntnis und des von ihr mitbestimmten Menschenbildes neu formuliert werden.

Bibliographie

1. Bramley, William, *Can the UFO Extraterrestrial and the Vallee Hypothesis Be Reconciled?*, in: Journal of Scientific Exploration, 6 (1992), Nr. 1, S. 3-9.
2. Bearden, Thomas E., *Gravitobiology*, Ventura (CA) 1991.

3. Bender, Hans, *Zur Analyse außergewöhnlicher Stimmphänomene auf Tonband*, in: Zs. für Parapsychologie, 1970, S. 226-238.
4. Delavre, Vladimir, *Paranormale Transferphänomene*, in: Transkommunikation 1 (1992), Nr. 4, S. 21-24.
5. Delavre, Vladimir, *Zum Status der apparativen Transkommunikation*, in: Transkommunikation 1 (1991), Nr. 3, S. 3-5.
6. Delavre, Vladimir, *PSI und Geomagnetismus*, in: Transkommunikation 2, Nr. 1, S. 4-9.
7. Eccles, John, C., *Das Wunder des Menschseins – Gehirn und Geist*, München 1986.
8. Evans, Hilary, *Visions, Apparitions, Alien Visitors*, Wellingborough 1984.
9. Greaves, Nicholas, *Duplication Theory – Recollection, Zen and the Art of Intuition*, unpubliziertes Manuskript, Watlington 1986.
10. Heim, Burkhard, *Postmortale Zustände? Die televariante Area integraler Weltstrukturen*, Innsbruck 1980.
11. Heim, Burkhard, *Elementarstrukturen der Materie*, Innsbruck ^{1}1980, ^{2}1984.
12. Jahn, Robert u. Dunne, Brenda, *Margins of Reality – The Role of Consciousness in the Physical World*, London 1988.
13. Herbert, Nick, *Quantenrealität*, Basel 1987.
14. Laszlo, Ervin, *The Fifth Field*, unpubliziertes Manuskript, Paris 1992 (erscheint in deutscher Übersetzung durch Verf. dieses Beitrags voraussichtlich 1993 im Insel Verlag).
15. Lucadou, Walter von, *Psyche und Chaos*, Freiburg 1989.
16. Ludwiger, Illobrand von, *Der Stand der UFO-Forschung*, Frankfurt 1992.
17. Peat, F. David, *Der Stein der Weisen*, Hamburg 1992.
18. Rauscher, Elizabeth A., *Electromagnetic Phenomena in Complex Geometries and Nonlinear Phenomena*, Ventura (CA) 1983.
19. Rood, Robert T., Trefil, James S., *Sind wir allein im Universum?* Basel 1987.
20. Senkowski, Ernst, *Die Beschreibung der Paraphänomene im Rahmen der Heimschen allgemeinen Feldtheorie*, Vortragsmanuskript, Basler PSI-Tage 1983.
21. Senkowski, Ernst, *Frühe elektromechanische TK-Versuche*, in: Transkommunikation 1 (1992), Nr. 4, S. 4-11.
22. Senkowski, Ernst, *Instrumentelle Transkommunikation*, Frankfurt 1990.
23. Schäfer, Hildegard, *Brücke zwischen Diesseits und Jenseits*, Freiburg 1989.
24. Sheldrake, Rupert, *The Presence of the Past*, London 1988.

25. Talbot, Michael, *Das holographische Universum*, München 1992.
26. Vallee, F. Jacques, *Five Arguments Against the Extraterrestrial Origin of Unidentified Flying Objects*, in: Journal of Scientific Exploration 4 (1990), Nr. 1, S. 105-120.
27. Watzlawick, Paul, *Wie wirklich ist die Wirklichkeit?*, München 1976.
28. Wilber, Ken (Hg.), *Das holographische Weltbild*, München 1986.

Carol Zaleski

Jenseitsreisen

In nahezu allen Kulturen wird von Reisen in andere Welten berichtet, in denen Helden, Schamanen, Propheten, Könige oder normale Sterbliche die Schwelle des Todes überschreiten und mit einer Botschaft für die Lebenden wiederkehren.

In ihrer bekanntesten Form ist diese Reise ein Abstieg in die Unterwelt. Unzählige Figuren in der Mythologie, den Heiligen Schriften und in der Literatur traten diese Reise an, um Gefangene aus ihrem Schattendasein zu erretten oder geheimes Wissen über das Totenreich zu erwerben.

Die Reise in die Unterwelt, wie sie im religiösen Epos porträtiert und rituell, als Drama oder als Spiel, verkörpert wurde, ist meist mit dem initiatorischen Tod und der Wiedergeburt verknüpft, während religiöse Ekstase, Vergöttlichung und königliche oder prophetische Weihe durch den Aufstieg in höhere Welten symbolisiert werden.

So schreibt die Legende dem Propheten Mohammed eine himmlische Reise zu, die nicht nur seinen Status als Botschafter Gottes besiegelte, sondern auch Modell stand für die spätere islamische Literatur, wenn die Seele im Moment des Todes oder in ekstatischer Entrückung beschrieben werden sollte. Auch die prophetische Kraft des Zarathustra, des Mani, Henoch und Paulus zeigt sich in den lebendigen Schilderungen ihres Aufstiegs in himmlische Sphären. In vielen Kulturen gehört die imaginierte himmlische Reise zu den rituellen und spirituellen Praktiken, mit denen Transzendenz gewonnen werden soll. Der Schamane schmückt sich mit einer Adlerfeder oder besteigt einen der Himmelspole, um, wie Mircea Eliade es nennt, die »Sphären zu durchbrechen« und so in seinen ursprünglichen Zustand zurückzukehren, der allein den Zugang zum Himmel gewährt. Der mithraische Eingeweihte zählt ebenso wie Blakes Sonnenblume die Stufen zur Sonne und erklimmt eine siebensprossige planetarische Leiter, die ihn von der Dunkelheit ins Licht führt. Der Philosoph der Antike verschmäht den »Lehmball«, dem er verhaftet ist, und versenkt sich bei seinem mentalen »Flug des Einsamen in die Einsamkeit« in eine unirdische und ideale Welt.

Eine dritte Variation der Reisen in andere Welten, weder so hochfahrend wie der himmlische Aufstieg noch so tiefgründig wie der Abstieg in den Abyss, doch ebenso einfallsreich ist die phantastische Reise. Von den sagenumwobenen Wanderungen des Odysseus und des hl. Brendan zu den märchenhaften Reisebeschreibungen des Sir John Mandeville bis zu den Chroniken des Marco Polo, des Columbus und des Ponce de Leon ist dieses Genre ein üppiger Nährboden für das Zusammenspiel von historischer und mythologischer Vorstellungskraft. Der Protagonist der phantastischen Reise zieht aus, um andere Welten an den entferntesten Grenzen dieser Welt zu erforschen: den Fernen Osten oder den Fernen Westen, den Rand des Ozeans, das ultima Thule. Er kehrt zurück, um von verborgenen Schätzen und den verwunschenen Gärten Edens zu erzählen, von betörenden Fabelwesen, von Monstern, Geistern, Dämonen und Engeln, die in den Grenzbereichen des normalen Lebens zu Hause sind.

Aus diesen drei Darstellungsarten – dem Abstieg, dem Aufstieg und der phantastischen Reise – ergibt sich wiederum eine Vielzahl weiterer, sich überschneidender Formen und damit eine riesige Spielweise für die mythologische, mystische, dramatische, rituelle, poetische, allegorische und selbst satirische Gestaltung. Falls so etwas wie »Studien über Reisen in Zwischenwelten« überhaupt existiert, handelt es sich um ein Gebiet, dessen Materialien fast unendlich variieren und dessen Forscher, die den unterschiedlichsten Disziplinen angehören, kaum je miteinander übereinstimmen.

Wissenschaftler erforschten das Motiv der Jenseitsreisen

in den primitiven Kulturen und Stammesreligionen; in der orientalischen, mesopotamischen und griechischen Mythologie; in den Arbeiten von Homer, Plato und Vergil; in den vielfachen Verzweigungen der hellenistischen Religion; in der apokalyptischen Literatur des Judentums und des Christentums; in den Traditionen des Islam, den christlichen Traditionen des Mittelalters und des Zarathustra. Innerhalb der Danteschen Scholastik entwickelte sich im 19. Jahrhundert eine ganze Industrie, die, auf der Suche nach Quellen für die Göttliche Komödie, die Jenseitsvorstellungen der christlichen, islamischen und zoroastrischen Literatur und der folkloristischen Überlieferungen untersuchte. Dabei wurden im Lauf der Jahre so viele Vorläufer entdeckt und favorisiert, daß man sich vorstellen kann, es müsse für Dante ein leichtes gewesen sein, sich allein daraus seine poetische Reise zu konstruieren.

Die wissenschaftlichen Arbeiten über das Literaturgenre der Jenseitsreisen sind dann am besten, wenn sie, auf der Basis der vergleichenden Forschung, sich auf den spezifischen historischen Zusammenhang konzentrieren, der spekulativen Interpretation jedoch eher enge Zügel anlegen. Allzu oft neigen Autoren hier zu Verallgemeinerungen und leiten dabei die unterschiedlichen Erscheinungsformen von einem einzigen Modell ab, sei es vom Schamanismus, der Psychoanalyse, der Tiefenpsychologie oder von psychedelischen Phänomenen. Es wäre strapaziöser, aber auch sehr viel sinnvoller, eine interpretative Theorie zu erarbeiten, die auf detaillierten historischen kulturübergreifenden Studien beruht, wie es beispielsweise Victor Turner zum Thema Pilgerreisen vorgestellt hat. Trotz der Fülle wissenschaftlicher und informeller Überlieferungen zum Thema Zwischenwelten steht eine solche Arbeit bis heute noch aus.

Für jemanden, dem ein solches Projekt zu ehrgeizig ist, bleiben indes noch kleinere Gebiete, die zu erforschen sind. Da keine allgemeine Theorie über Jenseitsreisen vollständig sein kann, ohne die neuesten Manifestationen mit einzubeziehen, bleibt uns die Suche nach zeitgenössischen Parallelen oder Spuren. Vielleicht »maskiert« sich das Motiv der Jenseitsreisen (wie Eliade es ausgedrückt hat) in den modernen Erzählungen über Weltraumreisen, die – wie auch die phantastischen Reisen der Vergangenheit – beispielhaft das darstellen, was man als die Verlockung des Unbekannten bezeichnen könnte.

Eine andere Möglichkeit ist es, die Berichte über Jenseitsreisen unserer heutigen Zeit zu erforschen; nicht in ihrer versteckten oder offenen literarischen Form, sondern als »buchstäblicher« Ausdruck, der für sich beansprucht, tatsächlich Erlebtes zu beschreiben. Hierzu gehört zumindest eine oft wiederkehrende Variante von Jenseitserzählungen, in denen der Protagonist zwar stirbt, jedoch ins Leben zurückkehrt, um dann von seinen Erfahrungen im Zwischenreich zu berichten. Diese Augenzeugen-Berichte über das Leben nach dem Tod finden sich überall in der Folklore wie in der religiösen Weltliteratur. In der westlichen Kultur entwikkelte sich diese Form der Jenseitsüberlieferungen innerhalb und neben den apokalyptischen Traditionen der späteren Antike; sie erlebten ihre Blütezeit im Mittelalter, verloren während der Reformation an Bedeutung, um dann, in Verbindung mit den evangelistischen, separatistischen und spirituellen Bewegungen des 19. Jahrhunderts wiederaufzuerstehen. Heute leben diese Geschichten in voller Kraft in Form von »Todesnähe-Erlebnissen« wieder auf, die zuerst in den frühen siebziger Jahren durch Raymond Moodys Buch »Leben nach dem Tod« bekannt wurden und seither in der Öffentlichkeit durch eine Flut von Büchern, Artikeln, Talkshows und Filmen auf sich aufmerksam machen.

In der Visionsliteratur, die Gegenstand unserer Betrachtungen ist, verschmilzt das Bekehrungsmotiv mit dem Motiv der Pilgerfahrt, denn die Reise in die jenseitige Welt ist in der Tat der Führer für die Pilgerreise durch unser diesseitiges Leben. Die Wegweiser für den Tod und das Leben danach, die in diesen Berichten enthalten sind, sollen uns helfen, hier und jetzt unsere Beziehung zu jenem Kosmos zu klären, in dem wir leben oder in dem wir zu leben wünschen. Die Biologen Peter und Jean Medawar drücken diesen Gedanken folgendermaßen aus:

> »Nur der Mensch läßt sich in seinem Verhalten von einem Wissen dessen leiten, was vor seiner Geburt war und von einer Ahnung dessen, was nach seinem Tod geschehen könnte; nur der Mensch sucht sich ein Licht für seinen Lebensweg, das mehr beleuchtet als das Fleckchen, auf dem er steht.«[1]

Eine vergleichende Studie der Religionen zeigt, daß der homo religiosus immer danach strebte, eine Orientierung jenseits seiner eigenen Geschichte zu finden, die über den täglichen Lebenskampf und die Sorgen, die seine Energien verschlingen, hinausweist. Die imaginative Kosmologie und Eschatologie der verschiedenen Kulturen bezeugen die Sehnsucht der Menschen, in einer umfassenden Schöpfung ihren Platz zu finden.

Diese Suche muß sich nicht zwangsläufig in Vorstellungen eines Lebens nach dem Tod materialisieren. Auch die Besinnung auf einen von allen Jenseitsvorstellungen entkleideten Tod kann Orientierung bedeuten, insofern sie uns mit größerer Dringlichkeit und Bestimmtheit einen Platz in der Mitte des Lebens zuweist; sensibel zu sein für das Mysterium der menschlichen Existenz, das Bewußtsein einer unendlichen Präsenz oder der uns umgebenden Leere kann ein ebenso bestimmendes Moment sein wie die bildliche Vorstellung der Schritte, die ins Paradies und in die Hölle führen. Die buddhistische Beschwörung der unerschöpflichen produktiven Leere ist nicht weniger als Dantes Göttliche Komödie geeignet, dem Bedürfnis nach Orientierung Rechnung zu

1 Anmerkungen siehe Seite 327.

tragen. Die Frage muß nicht notwendigerweise heißen: »Was war ich, ehe ich geboren wurde, und was werde ich nach meinem Tode sein«, sondern eher »Wo stehe ich heute im Verhältnis zum nördlichen, südlichen, östlichen und westlichen Kosmos, dem Gestern und Morgen der Geschichte, den höheren und tieferen Stufen des Bewußtseins?« Und es ist durchaus legitim, wenn die Antwort auf diese Frage die verschiedensten Formen annimmt, solange sie uns hilft, unsere Stellung in der sozialen Ordnung mit unserer Stellung in der kosmischen Ordnung in Beziehung zu setzen. Das bedeutet, daß das Thema der Jenseitsreisen offenbar vor allem in Zeiten kultureller Umbrüche gedeiht oder dann, wenn eine Gesellschaft durch den Kontakt mit anderen Kulturen neue Sichtweisen über das soziale und natürliche Universum gewinnt, die – bis sie durch die religiösen Vorstellungen assimiliert sind – zu »kognitiver Dissonanz« und spiritueller Desorientierung führen können.

Es ist die religiöse Vorstellungskraft, die Landkarten in den Kosmos und den Kosmos in ein Zuhause verwandeln kann; in der Visionsliteratur wird dies geleistet, indem Führer ausgesandt werden, um weit entfernte Bereiche aufzusuchen und mit Augenzeugenberichten wiederzukehren, die das gegenwärtige Weltbild imaginativ zuordnen. Es sieht aus, als ob wir ohne solche, tatsächliche Erfahrungen widerspiegelnden Berichte in einem säkularisierten Kosmos lebten, den wir nicht verstehen können.

Wenn die Jenseitsreisen der religiösen Vorstellungskraft die Möglichkeit bieten, kulturell bedingte Kosmologien zu verarbeiten, dann überrascht es nicht, daß diese Geschichte, heute wie in der Vergangenheit, Fragen nach einer wissenschaftlichen Ordnung aufwerfen. Die Erzähler, die versuchen, sie entsprechend der Logik ihrer Zeit zu verifizieren, erweitern lediglich diesen ursprünglichen Impuls, um die Kosmologie mit der imaginativen Erfahrung zu verbinden. Obwohl sie vielleicht niemals eine profunde Synthese wissenschaftlicher und religiöser Weltanschauungen erreichen, unternehmen sie doch zumindest Anstrengungen in dieser Richtung – im Gegensatz zu den religiösen Denkern, die durch die gescheiterten Allianzen der Vergangenheit so desillusioniert sind, daß sie nur in den Bereichen nach religiösen Inhalten suchen, die – wie die Ethik – sich nicht mit den Domänen der Wissenschaft überschneiden.

Glücklicherweise sind das nicht schon alle Optionen. Eine dritte Möglichkeit, wie Gordon Allport uns erzählt, ist der »unaufhörliche Kampf, den wissenschaftlichen Gedanken mit einem erweiterten religiösen Rahmen zu assimilieren.«[2] Ziel meines Buches ist es, die theologische Interpretation der Todesnähe-Erfahrung in diese Richtung zu leiten; die wissenschaftlichen und historischen Beiträge zu bestätigen, ohne dabei dem Positivismus zu verfallen, den Anspruch auf Wahrhaftigkeit der Berichte zu respektieren und dennoch die Frage nach einer tiefergehenden Verifikation zu stellen.

Die Berichte über Jenseitsreisen geben uns zweifache Orientierung: als visionäre Topographie liefern sie aktuelle, kulturell sanktionierte Bilder des Kosmos, als moralische und spirituelle Anweisung rufen sie uns auf, diesen Kosmos zu bewohnen, indem wir Angst und Vergessen, die uns Leben und Tod gegenüber gleichermaßen unsensibel machen, überwinden. All dies ist das Werk der religiösen Imagination, der Kraft, die auf uns einwirkt und Leben in unsere Ideen und Ideale bringt. Zwar suchen die wenigsten von uns nach dem visionären Erlebnis (noch ist dies angesichts der Visionsliteratur, die wir betrachteten, angeraten), doch können wir zumindest die Aussage der Visionsliteratur als extremes Beispiel des legitimen imaginativen Mittels respektieren, durch welche man zu einem religiösen Gefühl für den Kosmos gelangen kann.

Anmerkungen

1 Medawar, P. und J., *The Life Science*, London 1977; zitiert nach einem Motto bei Karl R. Popper und John C. Eccles, *The Self and Its Brain*, New York 1977.
2 Allport, G., *The Individual and His Religion*, New York 1950, S. 132.

Rupert Sheldrake

Das Leben in einer lebenden Welt

Ich möchte in diesem Aufsatz einige der Begleiterscheinungen zu einem Gedanken beleuchten, der in der Wissenschaft eine immer größere Akzeptanz erfährt: daß wir eine lebende Welt bewohnen, daß die Natur lebt. Diese Anschauung wurde von mir und anderen als die »Wiederbelebung« oder »Wiedergeburt« der Natur beschrieben.

Freilich hat praktisch jeder auf der Welt schon immer geglaubt, daß die Natur lebt und daß das menschliche Leben in irgendeiner Form Teil des kosmischen Lebens ist. Schon das Wort »Natur« legt diese Auffassung nahe; es kommt vom lateinischen *natura*, das Geburt bedeutet. Die gleiche Sprachwurzel weisen auch die Wörter Einheimischer (native), Nation oder Renaissance auf, die eigentlich implizieren, das etwas geboren oder angeboren ist. In bestimmten Zusammenhängen umschrieb das Wort schließlich die den Dingen innewohnenden Kräfte oder Strömungen beziehungsweise die zugrunde liegende Kraft, die die Strömungen in der natürlichen Welt oder die gesamte natürliche Welt überhaupt hervorbringt.

Für die Griechen wie für die meisten alten Völker war der Kosmos ein lebender Organismus. Sie betrachteten die Planeten als etwas Lebendes, jeder von ihnen hatte seine eigene Seele oder seinen eigenen Geist wie auch die Pflanzen und Tiere (das englische Wort »animal« – Tier – kommt von *anima*, was Seele bedeutet). Und diese Vorstellung war im Westen auch im Mittelalter noch gültig, wo der heilige Thomas von Aquin sie in seine Philosophie, eine Verschmelzung von Aristotelismus und Christentum, aufnahm. Erst mit der wissenschaftlichen Revolution im 17. Jahrhundert wurde diese Sicht zugunsten einer Konzeption aufgegeben, die eine leblose und im wesentlichen tote Natur beinhaltete. Gleichzeitig wurde dem Menschen die Rolle eines Beauftragten zugewiesen, der die Natur beherrscht und kontrolliert.

Unsere gegenwärtige Geisteshaltung entspringt einem modernen, zeitgenössischen, weltlichen Humanismus, der das »orthodoxe Denken« der akademischen Welt, unser Geschäftsleben und andere offizielle Bezugskategorien widerspiegelt. Sie entstammt mehr oder weniger der mechanistischen Wissenschaft. Natur wird als essentiell seelenlos und nicht zweckgerichtet angesehen. Die Menschen sind die einzigen wirklich bewußten Wesen innerhalb des Universums. Unsere Aufgabe ist es, die Natur mit einem Geist zu verstehen, der sich auf irgendeine Weise aus den Abläufen in der natürlichen Welt ausgeklinkt hat. Und wir sollen sie immer perfekter kontrollieren, mit dem Hintergrund, die menschlichen Ziele und Zwecke zu verwirklichen. Diese sind natürlich die einzig möglichen überhaupt, da Natur aus unserer Sicht gar keine eigenen Ziele und Zwecke hat.

Aber heute beginnen wir zu verstehen, daß die Vorstellung, die hinter der Wissenschaftsrevolution des 17. Jahrhunderts stand – erstmals formuliert von Descartes, der von einer passiven Materie ausging, die nur durch äußere Kräfte in Bewegung gehalten wird –, in Wirklichkeit unrealistisch und unwahr ist. Und seit dem 17. Jahrhundert hat sich die Wissenschaft durch ihre eigenen Forschungen immer mehr von dieser mechanistischen Sichtweise gelöst und ist immer weiter über sie hinausgewachsen. Die Entwicklungen in diesem Jahrhundert und vor allem in jüngerer Zeit bringen uns wieder zu einer Betrachtung des Kosmos als lebenden Organismus. Erst heute wird er als ein Organismus angesehen, der sich entwickelt – und nicht schon fertig ist. Unsere gängigen Theorien umfassen die Entwicklung des gesamten Kosmos, der aus dem Urknall erwuchs, als ob man das kosmische Ei aufgeschlagen hätte. Sie bekennen sich zu Kreativität und Spontaneität innerhalb der Natur, je mehr sie begreifen, daß sich der physikalische Determinismus in den meisten Bereichen der natürlichen Welt nicht halten läßt. Und sie erkennen die Existenz nichtmaterieller Organisationskräfte innerhalb der Natur an, die man als »Seelen« zu umschreiben pflegte, heute aber als Fehler bezeichnet. Ich habe an anderer Stelle[1] beschrieben, daß Feldtheorien über die Natur in einem realen Sinn eine Wiederbelebung der Welt nach sich gezogen haben. Bei meinen eigenen Entwicklungen der Feldkonzeption, die von der Biologie im Zusammenhang mit einer evolutionären Kosmologie ausgingen, drängte sich ebenfalls das Gefühl auf, daß es sinnvoll ist, die Natur als einen Bereich zu betrachten, in dem Gewohnheiten den Aufbau und die Entwicklung innerhalb der evolutiven natürlichen Welt steuern; sinnvoller jedenfalls, als anstelle der Gewohnheiten mit ewigen Gesetzen zu operieren, die es wie eine Art kosmischen Code Napoléon* alle schon von Anfang an gegeben hat.

Welche Veränderungsmöglichkeiten könnte diese Akzeptanz des lebenden Universums mit sich bringen? Meiner Meinung nach gilt es, das schnellstens zu erforschen, schon wegen der ökologischen Krise, in der wir uns befinden. Die Krise ist eine Folge unserer gegenwärtigen Geisteshaltung, die sich vielleicht in einer zentralen Aussage zusammenfassen läßt: In unserer allgemein vertretenen Weltsicht wird Natur nur als eine Reihe von natürlichen Ressourcen betrachtet, die zum Vorteil des Menschen – vornehmlich in Erfüllung seines Profitstrebens – ausgebeutet werden.

Seltsamerweise nehmen es die meisten Menschen in unserer Gesellschaft meiner Ansicht nach als selbstverständlich hin, daß das Universum lebt – allerdings nur in ihrer Freizeit, am Wochenende oder während ihres Urlaubs. Die extreme Entfremdung von den Vorgängen in der Natur, die die tech-

1 Anmerkungen siehe Seite 347.
* Anm. d. Übers.: Von 1804-1810 der Hauptteil des Bürgerlichen Gesetzbuches in Frankreich.

nologische Ausrichtung unseres modernen Lebens hervorgerufen hat, hat offenbar ein Ungleichgewicht in unserer Haltung gegenüber der Natur erzeugt; viele Menschen führen eine Art von Doppelleben. Während ihrer Arbeitszeit akzeptieren sie eine mechanistische Weltsicht, oder sie erklären sich zumindest damit einverstanden, in ihrer Freizeit indes machen sie eine Kehrtwendung und entpuppen sich als Romantiker vom Schlage eines Wordsworth*, die von natürlicher Schönheit und unverdorbener Natur schwärmen. Aber wenn wir anfangen, den Gedanken von einer lebenden Natur wirklich ernst zu nehmen, dann dürfen wir ihm nicht nur am Wochenende anhängen, bei der Gartenarbeit oder im Kreis unserer Kinder und Haustiere, sondern müssen ihn auch in unserem offiziellen Leben, an unserem Arbeitsplatz vertreten.

Die Eigenschaften von Zeit und Ort

In allen traditionellen Gesellschaften und Kulturen haben die Menschen ihre Verbindung zur natürlichen Welt nicht nur in der Beziehungsform von Ausbeuter zu Ausgebeutetem oder von Kontrolleur zu Kontrolliertem gestaltet. Vielmehr haben sie die materielle Welt als etwas angesehen, das eine psychische Dimension hat, das heißt einen innewohnenden Geist oder eine eigene Seele. Darüber hinaus haben sie eine spirituelle Dimension erkannt, etwas in der Natur, das jenseits der sichtbaren Erscheinungsformen liegt, eine andere Dimension jenseits der materiellen. Und die traditionelle Möglichkeit, mit der die Menschen sich mit der Natur gemein machten und nicht nur das individuelle, sondern auch das kollektive menschliche Leben mit der natürlichen Welt

* Anm. d. Übers.: William Wordsworth (1770-1850), englischer Romantiker, der sich mit dem Verhältnis von Mensch und Natur auseinandersetzte.

verbanden, bestand im Erkennen der bestimmten Eigenschaften von Zeit und Ort. Man begriff, daß gewisse Plätze etwas Besonderes darstellen, daß sie heilig sind, heilsam oder unheilvoll. Man hat sich durch Rituale und Feste in die Kreisläufe der Zeit eingegliedert und die jeweiligen Eigenschaften des Augenblicks erfaßt.

Dieses Gefühl für die Eigenschaft einer Zeit oder eines Ortes hat in der mechanistischen Weltsicht keine Gültigkeit. Im Universum Newtons liefern absoluter Raum und absolute Zeit den Rahmen für alle Ereignisse; Orte werden zu Dingen, die keine besonderen eigenen Qualitäten haben, sondern durch mathematische Raum/Zeit-Parameter charakterisiert sind. Natürlich hat man den eigentlichen Begriff »Qualität« allenthalben in der mechanistischen Wissenschaft ausgeklammert. Gerüche, Farben und Geschmack tauchen nirgendwo in den Gleichungen der Physik auf, das einzige, was eine Rolle spielt, sind mathematische Größenordnungen.

Wenn man die Newtonsche Sichtweise auf die natürliche Welt anwendet, wie es nach der wissenschaftlichen Revolution geschehen ist, führt das zu einer Verflachung und Verringerung der Eigenschaften von bestimmten Orten; in einer solchen Welt ist es hier so gut wie dort und heute so gut wie gestern, und die Gesetze der Natur gelten immer und überall. Wendet man diese Sicht auf die Lanschaft an, wird das Territorium zum Tummelfeld von Vermessern. Am deutlichsten läßt sich das am Beispiel der Vereinigten Staaten sehen. Wenn man über deren Staatsgebiet fliegt, kann man ein deprimierendes Schauspiel erleben: Die ganze Landschaft ist in gleichförmige quadratmeilengroße Abschnitte aufgeteilt, und diese wiederum in Quadrate, die man in noch kleinere Quadrate zerlegt hat. Es sieht aus, als ob man in irgendeinem Büro in Washington ein Stück cartesianisches Millimeterpapier auf die Karte von Amerika geklebt hätte.

Dieses System wurde nicht zufällig gewählt oder weil es so viele Vorteile bringen würde; es stellt einen symbolischen

Akt dar. Jefferson, ein typischer Intellektueller aus der Zeit der Aufklärung, hielt das für eine wundervolle Idee, weil sie die Natur unter das Joch der Vernunft zwang – wobei er natürlich die menschliche Vernunft meinte. Herausgekommen ist dabei – was besonders bei einem Flug über die Westküste deutlich wird, wo die Ebenen in die Rocky Mountains übergehen –, daß die Grenzlinien der von Menschen in Besitz genommenen Grundstücke (denn die Quadrate stecken ja für gewöhnlich Privateigentum ab) keine Rücksicht auf die natürlichen Gegebenheiten des Landes, wie Flüsse oder Täler, nehmen.

Wenn die Menschen in Neuengland dagegen oder in der Alten Welt Landschaftsplanung betrieben und ein Gebiet aufteilten, dann berücksichtigten sie dabei die landschaftlichen Charakteristika. Die englischen Gemeindegrenzen folgen oft Flüssen oder Erhebungen; manchmal ziehen sie sich auch von einer Erhebung zur nächsten. Die Planung erwächst aus der Landschaft, es herrscht eine menschliche Beziehung zwischen beidem. In Amerika jedoch drückt man der Landschaft einen Stempel auf; das ist eine Art Symbol für die Beziehung des Menschen zu dem Ort, an dem er lebt – vor und nach der wissenschaftlichen Revolution.

Orte als Felder

Dennoch tendiert die moderne Wissenschaft eigentlich dahin, die traditionelle Sicht von Orten zu unterstützen. Das bestätigt sich darin, daß aufgrund des sich entwickelnden Universums Orte darin in der Tat eine bestimmte Qualität in bezug auf alles andere haben. In Einsteins Allgemeiner Relativitätstheorie, die Newtons Modell in den meisten Punkten aufhebt, ist das Gravitationsfeld unter dem Einfluß von Materie gekrümmt. Das Gravitationsfeld *ist* laut Einstein Raum-Zeit – es ist nicht *in* der Raum-Zeit, sondern es ist die eigentliche Struktur oder der Rahmen, innerhalb dessen alle Ereignisse stattfinden. Mit anderen Worten: Der Ort besitzt eine Qualität im Gravitationsfeld, und Raum-Zeit bildet nicht ein anonymes Millimeterpapier, einen nichtssagenden Hintergrund, sondern wird selbst durch das beeinflußt, was darin vor sich geht.

Auf der Erde hängt die Frage des Ortes und seiner Eigenschaften eindeutig von dessen Bezug zu allen anderen Orten ab. So werden zum Beispiel die Jahreszeiten, die Temperaturen, das Klima und so weiter durch den Breitengrad bestimmt. Die chinesische Geomantik ist eigentlich eine Wissenschaft von der Qualität des Ortes; man versucht ein systematisches Verständnis darüber herauszuarbeiten, warum ein Ort für bestimmte Zwecke geeignet ist und für andere nicht. Die Geomantiker beziehen dabei eine Reihe auf der Hand liegender Komponenten mit ein, wie die Ausrichtung, den Weg der Sonne, die vorwiegenden Windrichtungen und die Fließrichtung von Gewässern. Das chinesische Wort dafür lautet Feng Shui, was so viel wie »Wind und Wasser« bedeutet.

Ich habe die Hypothese aufgestellt, daß Orte zu ihnen gehörige Felder aufweisen. Will man daher die Eigenschaft eines Ortes beschreiben, beschreibt man eigentlich sein »Feld«. Als ich mir das zum erstenmal überlegte, fragte ich mich, ob es nicht ein bißchen weit hergeholt sei, die Feldkonzeption auf diese Art und Weise auszudehnen. Doch dann stellte ich fest, daß die Idee von den wissenschaftlichen Feldern ursprünglich in Analogie zu den landwirtschaftlichen Feldern entstanden ist. Ein Feld ist der Ort, innerhalb dessen Dinge geschehen können – zum Beispiel kann Getreide dort wachsen oder was auch immer. Wenn man sich vorstellt, daß die geomantische Wissenschaft auf diese Weise verstanden werden kann, dann bedeutet das nur die Rückführung der Metapher zu ihren Ursprüngen – auf einem langen Umweg selbstverständlich.

Wenn man diese Hypothese und darüber hinaus meine Theorie von den morphischen Feldern akzeptiert, dann folgt daraus, daß Orte ein innewohnendes Gedächtnis haben. Wir wissen alle aus dem gesunden Menschenverstand und aus ganz normalen Alltagsgesprächen, daß die meisten Menschen das ohnehin annehmen. Fast jeder glaubt beispielsweise an verwunschene Häuser, um die sich häufig Geschichten von jemand ranken, der an dieser Stelle zu Tode kam oder gar ermordet wurde. Hinrichtungsstätten und Schlachtfelder gelten immer noch, sogar in Großbritannien, wo sicherlich eine der am stärksten diesseitig orientierten Gesellschaften in der Welt lebt, als Orte mit einem bösen Omen. Wenn die Hypothese richtig ist, dann dürfte man auch erwarten, daß Kultstätten – Kathedralen, Kapellen, Steinkreise, Hügelgräber und so weiter – eine Art von zu ihnen gehörigem Gedächtnis haben. Und die meisten Leute sind ja in der Tat der Meinung, daß man an diesen Orten eine irgendwie sakrale Atmosphäre erspüren kann. Vielleicht, weil der Großteil dieser Stätten ursprünglich an Orten mit besonderen Eigenschaften errichtet wurde oder weil sich durch die Dinge, die dort geschehen sind, etwas verdichtet hat – heute dürfte es schwierig sein, diese beiden Punkte wieder klar auseinanderzuhalten.

Einer der Punkte, die im Licht dieser neuen Ortsbetrachtungen noch einmal untersucht werden können, ist der Wallfahrtsgedanke. Menschen pflegten in der Vergangenheit gewisse Orte aufzusuchen, weil sie das Gefühl hatten, daß diese Orte eine besondere Eigenschaft aufwiesen. Sie erwarteten dabei nicht so sehr irgendeine bestimmte Resonanz, sondern glaubten vielmehr, daß der Ort oder das, was an ihm vorgefallen war, in irgendeiner Weise auf sie einwirken würde – durch Heilung, durch Inspiration beziehungsweise dadurch, daß sie irgendwelche Wohltaten oder Segnungen erfahren würden. Die Menschen in katholischen Ländern nehmen immer noch an Wallfahrten teil; vor allem in Großbritannien nimmt ihre Zahl zu. Die Marien-Wallfahrtskirche in Walsingham, Norfolk, wurde in den letzten Jahren wieder ein beliebtes Pilgerziel. Im heutigen Indien sind Pilgerfahrten ein großes Ereignis. An der Kumbha Mela, die alle 14 Jahre stattfindet, beteiligen sich 14 Millionen Pilger. Und mehr als 500 000 Menschen besuchen jedes Jahr den großen Tempel von Tirupatti im südlichen Andhra Pradesh, in dessen Nähe ich eine Zeitlang lebte. Während der Wallfahrt scheren sie sich ihre Haare, den letzten Teil der Reise gehen sie barfuß. Auf der Rückkehr nehmen sie geweihte Nahrungsmittel als Opfergaben mit, die sie verteilen, damit auch andere der Segnungen teilhaftig werden, die sie empfangen haben.

Die »Entheiligung« der Natur

Wallfahrten waren im mittelalterlichen Europa sehr verbreitet. An diesem Punkt möchte ich etwas abschweifen und untersuchen, wie es dazu kam, daß wir das Gefühl für die Heiligkeit eines Ortes und in Wirklichkeit ja das Gefühl für die Heiligkeit der Materie selbst verloren haben. Manche vertreten heutzutage die Ansicht, daß das Christentum und die jüdisch-christliche Tradition als einzige die Ausbeutung der natürlichen Welt billigen. Ich halte das für falsch. Alle Religionen und Traditionen mußten die Macht der Menschen über Tiere und Pflanzen auf irgendeine Weise gutheißen – sogar in Indien, wo die Kühe zwar heilig sind, aber dennoch unter der Herrschaft von Menschen stehen. Und es scheint mir so, als bestünde in dieser Hinsicht bis zum ausgehenden Mittelalter kein großer Unterschied zwischen dem Christentum und den anderen Religionen.

Meiner Ansicht nach führte nicht das Christentum schlechthin zu einem heftigen Bruch mit der Vergangenheit, sondern die protestantische Reformation. Sie war es, die die heilige Natur von bestimmten Orten ablehnte und auch den

Sinn für Zeit, der in der mittelalterlichen Tradition so wichtig war und es in der katholischen Tradition noch heute ist, in starkem Maße aushöhlte – den ganzen Zyklus des liturgischen Jahres, die Heiligenfeste und die liturgischen Gebräuche zu verschiedenen Stunden des Tages, die eine Verbindung zu den ständig ablaufenden Prozessen des Kosmos verkörperten.

Die protestantischen Reformer wollten die Macht Roms aus einer Reihe von Gründen heraus brechen. Dabei gab es verschiedene Gesichtspunkte. Einer davon war die humanistische Renaissance-Einstellung, zu den ursprünglichen Quellen zurückzukehren – was bedeutete, die Bibel als Hauptquelle zu nehmen (und die Menschen der Bibel wußten nichts von den heiligen Stätten Europas). Ein anderer Punkt war das starke Bedürfnis, die natürliche Welt ihrer magischen Kraft zu berauben. Die Protestanten wollten alles daransetzen, die Welt der Natur zu »entheiligen«, was in den Schriften von Luther, Calvin und anderen Reformatoren ganz deutlich wurde. Das war auch einer der Gründe, warum sie viele – wie es uns vorkommt – Geheimgespräche über das Wesen der heiligen Kommunion führten. Wenn sie einräumten, daß es eine spirituelle Kraft in der Hostie geben könnte, wäre der Geist wohl imstande, sich in nichtmenschlicher Materie niederzulassen. Sie glaubten jedoch, daß es keine spirituelle Dimension in der natürlichen Welt gebe – sie war bloß Materie. Das einzige Wesen, das eine spirituelle Dimension hatte – wobei es natürlich ursprünglich von Gott erschaffen worden ist –, war der Mensch. Folglich war die Vorstellung, daß ein Platz heilig sein könnte, für sie eine Form der Götzenverherrlichung.

So kam es, daß die protestantische Reformation die alten Pilgerstätten auf dem europäischen Festland und in England zerstörte. Die alten vorchristlichen Traditionen der geheiligten Stätten waren mit dem Christentum verschmolzen, und an vielen dieser Orte hatte man Kathedralen und Kirchen errichtet. Über das gesamte Europa des Mittelalters zogen sich die Pilgerrouten hin. In England gab es das der Muttergottes gewidmete Walsingham – das Heiligtum der Schwarzen Madonna, das Grab des hl. Thomas Becket in Canterbury (die Canterbury Tales von Chaucer waren ein Bericht von einer Pilgerreise dorthin), der berühmte Shrine of the Holy Blood in Gloucestershire und zahllose heilige Brunnen im ganzen Land.

Zwischen 1536 und 1540 wurde all dem ein Ende gemacht. Man schändete die Heiligengräber, verstreute die Reliquien, verschleppte die Marienstatue aus Walsingham und verbrannte sie öffentlich in London. Die Brunnen wurden zerstört und die Wallfahrten abgeschafft, die Klöster der Mönche und Nonnen geschlossen und die Gottesdarstellungen und Engel von den Bilderstürmern zerschlagen. Viele glauben heute, das alles sei das Werk von Oliver Cromwell gewesen, als in der puritanischen Epoche des 17. Jahrhunderts eine zweite Bildersturmwelle über England hinwegrollte. In Wahrheit geschah der Großteil davon unter Thomas Cromwell, dem Kanzler Heinrich VIII. Dahinter stand die Absicht, jeden Gedanken an heilige Stätten auszulöschen. Den Reformatoren war durchaus bewußt, daß sich, wenn sie sie nur vom Erdboden tilgten, innerhalb weniger Generationen kaum mehr jemand daran erinnern würde. Die Schändung der Landschaft und die Vernichtung des Gespürs für eine spirituelle psychische und mythische Dimension von Orten und Zeiten, in denen die Menschen lebten, schufen in den protestantischen Ländern eine völlig andere Haltung gegenüber der Natur. Nach dem Prozeß der Reformation stand der Weg für eine neue Idee offen, für die Eroberung der Natur durch den Menschen. Den Boden dafür bereitete als erster Francis Bacon im frühen 17. Jahrhundert, noch bevor Descartes 1619 seine Auffassung entwickelte, die die mechanistische Weltsicht aus der Taufe hob. Wichtig bei all dem ist die Erkenntnis, daß viele der Grundzüge, die

die meisten der mechanistischen Wissenschaft selbst zuordnen, tatsächlich schon vor ihrer detaillierten Entwicklung erarbeitet wurden und vorhanden waren. In einem gewissen Sinn ist die Wissenschaft also nicht so sehr Urheber als Höhepunkt dieser speziellen Denkrichtung, der sie eine bestimmte quantitative Form verleiht.

Pilgertum

Die Idee, zu bestimmten Orten zu reisen und deren Eigenschaften aufzunehmen, ist in unserer Kultur noch lebendig, wenn sie heute auch im Tourismus säkularisiert wurde. Die Menschen suchen nach wie vor all die alten, heiligen Plätze auf, doch sie tun das als Touristen, und sie machen eher Photos, als daß sie eine spirituelle Verbindung herstellen. Ich vermute, daß manche Menschen insgeheim in einem Wallfahrtsgeist reisen, aber sie geben es nicht preis.

Meiner Meinung nach wäre eine der großen Veränderungen, die wir in unserem Verhältnis zur Welt bewerkstelligen könnten, das Empfinden für Wallfahrten neu zu beleben. Wenn wir besondere Orte aufsuchen, könnten wir das im Geist des Pilgertums tun. Dazu müssen wir uns über die wesentlichen Punkte des Pilgertums klarwerden. Einer davon ist meinem Dafürhalten nach, beim Aufbruch eine bestimmte Intention zu haben; ein weiterer, die Reise selbst als Teil der Wallfahrt zu sehen. Denn, was die Menschen am häufigsten tun, wenn sie an einem heiligen Ort angelangt sind, ist: Sie wandern herum, umkreisen den Ort – für gewöhnlich im Uhrzeigersinn – und machen ihn damit symbolisch zum Zentrum des Universums, das sie betreten. Wenn man sich dem Zentrum nähert, nähert man sich dem Herzen des heiligen Ortes, und indem man sich seinem Geist öffnet und betet, kann etwas mit einem geschehen. Ein Gesichtspunkt dabei ist, daß man nicht nur nehmen kann, wenn man diese Orte besucht, sondern auch etwas geben muß. Außerdem soll die Rückreise ebenfalls als Teil der Wallfahrt gesehen werden; es ist wichtig, daß man die Segnungen mit anderen teilt, so wie es die Inder symbolisieren, wenn sie geweihte Nahrungsmittel verschenken.

Heilige Orte sind solche, an denen die Menschen auf eine besondere Weise mit der natürlichen und der spirituellen Welt in Verbindung treten können. Viele halten sie auch für Orte, an denen Himmel und Erde zusammenkommen und sich vereinigen. Die Spitzen und Türme von Kirchen sind ebenso ein Symbol dafür wie die Obelisken ägyptischer Tempel. Diese Orte verbinden uns einerseits mit unseren kulturellen Traditionen, mit der Erde selbst und andrerseits mit dem Himmel; und wenn an Orten wie Kirchen und Tempeln jahreszeitliche Feste gefeiert werden, verbinden sie uns desgleichen mit einer heiligen Zeit.

Resakralisierung der Elemente

Ein weiterer Aspekt der Wiederentdeckung unseres Gespürs für die Verbindung mit Natur betrifft die erneute Heiligung der Elemente in der natürlichen Welt. Ein ziemlich guter Ausgangspunkt ist meiner Ansicht nach die traditionelle Lehre von den Elementen – Erde, Feuer, Luft, Wasser und das, was die Hindus *Akasha* nennen – im Mittelalter hieß es die »Quintessenz« –, die ätherische Substanz der Himmel, die man heutzutage am besten als Raum bezeichnet oder als die Felder, die die Struktur des Raumes bilden. Wir erkennen diese Elemente immer noch an, nur reiht man sie heute in prosaischerer Weise unter die vier Materiezustände ein – das heißt als fest, gasförmig, flüssig und als Strahlung.

Wir müssen erkennen, daß jedes dieser Elemente seine eigene Qualität hat. Luft ist beispielsweise nicht nur ein Gas, das sich aus einer Mischung von Molekülen aufbaut. Es ist etwas, das uns zu dem gesamten Leben des Planeten in Beziehung bringt. Die Gaia-Hypothese führt uns vor Augen, daß wir alle dieselbe Luft atmen. Der ganze Planet hat eine einzige Atmosphäre, und indem wir die Luft atmen, treten wir mit all dem anderen Leben in Verbindung. Und noch mehr; in der spirituellen Geschichte wird die Luft nicht nur als Atem und Wind angesehen, sondern auch als Geist. Im Griechischen heißt das Wort für Geist *pneuma*, im Hebräischen *ruah*, Worte, die sowohl Atem und Wind wie auch Luft bedeuten. In der modernen Welt haben wir die physikalische Materie, wie sie in den Physikbüchern erklärt wird – Luft ist eine Mischung aus Gasen, darunter 21% Sauerstoff, 1% Argon und so weiter –, von ihrer spirituellen Bedeutung abgekoppelt. Diese verwiesen wir ins Reich der Religion, womit sie etwas Metaphorisches oder Symbolisches ist und mit der physikalischen Wirklichkeit nichts zu tun hat. Damit haben wir eine Spaltung in uns selbst geschaffen, die in anderen Gesellschaften nicht existierte. Für sie war die Luft etwas im Wind, das die Blätter in den Bäumen bewegte, in gewissem Sinne eine Gotteserscheinung, eine Manifestation des Geistes.

Genauso verhielt es sich mit dem Feuer; es taugte nicht nur zum Heizen, was die Verbrennung einer Kombination von chemischen Elementen mit Sauerstoff mit einschließt, wobei Energie in Form von Wärme freigesetzt wird. Das Feuer zeigte sich auch in den Flammen des Heiligen Geistes zu Pfingsten, es war Gott im brennenden Dornbusch, und es war das Urfeuer oder Urlicht, aus dem das ganze Universum hervorging. Der Urknall, aus dem der modernen Kosmologie nach alles entstand, ist eine Version des großen Urfeuermythos der Schöpfung; aus ihm tauchte das Universum als helleuchtender Feuerball auf.

Alle Elemente haben diese anderen Dimensionen, und eine der Herausforderungen, denen wir heute begegnen, ist es, einen Teil der psychischen, phantastischen, mythischen Dimensionen der Elemente, in und mit denen wir täglich leben, wiederzuentdecken. Wasser ist nicht bloß eine fließende Flüssigkeit, die Substanz, aus denen die Meere und 90% unseres Körpers besteht. Es ist das reinigende Element in den Initiationsriten, in der Taufe zum Beispiel. Es ist das Wasser des Lebens und das heilige Element der Brunnen und Quellen. Licht ist nicht nur eine elektromagnetische Strahlung, die sich wellenförmig in Feldern als Lichtquanten ausbreitet. Es ist auch das Licht des Bewußtseins, das Licht des Geistes, das Licht Gottes, das Licht der Vernunft. All diese metaphorischen Bedeutungen finden wir auch in unserer Alltagssprache wieder, und meiner Meinung nach müssen wir damit anfangen, sie nicht als zwei verschiedene Dinge zu begreifen. Es gibt nicht eine Art von Licht, die in den physikalischen Lehrbüchern beschrieben wird, und eine andere Art, ein symbolisches Licht, das keine physikalische Realität vorweist; beides ist dasselbe.

Ähnlich ist es mit dem Sehen. Sehen ist nicht nur das Sehen mit unseren Augen; es gibt auch das Hell-sehen visionärer Zustände, jenes, wodurch wir Dinge in unseren Träumen sehen. Was ist das Licht des Bewußtseins? Wir wissen es nicht. Wir haben eine Wissenschaft, die sich sehr viel mit den physischen Aspekten unseres Körpers, mit den elektrischen und chemischen Veränderungen in unserem Gehirn beschäftigt, aber sie erzählt uns nicht das Geringste darüber, welchen Bezug diese Vorgänge zu unserem Bewußtsein haben. Das sogenannte Geist-Körper-Problem ist wissenschaftlich völlig ungelöst. Manche nehmen an, daß das Bewußtsein auf eine geheimnisvolle Weise aus all diesen physischen Vorgängen wie eine Art Phosphoreszenz an den Nervenenden hervorgeht. Andere meinen, daß das Bewußtsein etwas völlig anderes ist, das ganz außerhalb des physischen Bereichs liegt und auf eine ungeklärte Weise mit dem Gehirn in Interaktion steht; doch wie, können sie nicht sagen. Die Philosophen können ihr ganzes Leben lang über das Geist-Körper-Problem schreiben und es doch niemals lösen, weil viele von ihnen glauben, daß es in Wirklichkeit gar nicht zu lösen ist.

In dieser Situation stehen wir seit der Zeit von Descartes. Wir begreifen nicht das Geringste von uns, weil wir nicht wissen, wie unser Bewußtsein funktioniert und in welcher Beziehung es zu unserem Körper steht oder zur übrigen physikalischen Welt. Meiner Ansicht nach besteht die einzige Möglichkeit, wie wir dieses Problem wahrscheinlich lösen können, darin, daß wir die Aufspaltung zwischen Spirituellem und Materiellem, an die wir uns alle gewöhnt haben, aufheben. Und das bedeutet zu realisieren, daß die Verbindung zwischen den beiden Dingen durch unsere Phantasie zustande kommt. Es ist ja auch unserer Phantasie zuzuschreiben, daß wir überhaupt die Wissenschaft erfanden. Die Wissenschaft ist insgesamt ein Produkt der Phantasie, das anhand der Erfahrung überprüft wird, und die Vernunft und die wissenschaftlichen Theorien sind nur ein begrenzter Ausschnitt von dem, was die Phantasie zu leisten vermag. Die Poesie ist ein anderer Bereich; doch wir haben diese beiden Bereiche getrennt, den einen der »realen« Welt zugeordnet und den anderen als »nur« subjektiv abgetan.

Die Wiederbelebung Gottes

Das ganze Thema unseres Verhältnisses zur Zeit gehörte zum Beispiel in diesen Zusammenhang, unser Verhältnis zu Pflanzen und Tieren und letztlich unser Verhältnis zur Erde. Das letztgenannte berührt unsere Formen von Abfallproduktion, Konsum und Umweltverschmutzung. Dazu gehört auch die Erkenntnis, daß unsere Verschmutzung der Erde nicht nur ein physikalischer Prozeß ist. Das Verschmutzungsprinzip hat auch sehr starke religiöse Aspekte, und jede Religion hat Wege entwickelt, damit umzugehen.

Ich möchte mit der Betrachtung eines Themas schließen, das uns meines Erachtens in den nächsten Jahrzehnten sehr beschäftigen wird – mit der »Wiederbelebung Gottes« (the »greening of god«). Die postmechanistische Theologie hat die mechanistische Weltsicht und das göttliche Gedankenbild von einem Gott der Weltmaschine in gewissem Sinne akzeptiert. Es ist der Gott von Newton und Descartes: ein Ingenieur, der die Welt entwarf und konstruierte, und sie – aus Newtons Sicht – von Zeit zu Zeit repariert. Als Laplace sein Werk von der Bewegung der Himmelskörper mit Hilfe seiner Gleichungen im späten 18. Jahrhundert vollendete, sagte er, es bedürfe keines Gottes mehr, weil er ein Perpetuum mobile des Universums erschaffen hätte. Durch die Entdeckung der Thermodynamik begann dem Universum dann der Dampf auszugehen, weil es nach dem Zweiten Hauptsatz kein Perpetuum mobile geben kann. Doch Gott, der von Laplace ausgemustert worden war, konnte man auch nicht mehr anrufen, damit er wieder Kohlen nachlege. Das führte zu einer Vorstellung von Gott, gegen die Darwin Sturm lief – eine Vorstellung, in der Gott als Konstrukteur und Schöpfer wie ein Mechaniker oder eine gestalterische Intelligenz von außen eingriff. Moderne Gottesvisionen wie die vom himmlischen Computerprogrammierer halten immer noch an dieser Vorstellung fest.

Daher ist das Bild von Gott, das wir normalerweise haben – eines, das in Wirklichkeit auch viele Theologen haben, die versuchten die Theologie an die herrschende Weltsicht der mechanistischen Wissenschaft anzupassen –, völlig ungeeignet für die theologischen Traditionen und auch für die neue Konzeption von einer lebenden Natur. Wenn wir zurückblicken in die Bibel oder zu irgendeiner religiösen Tradition oder zur Theologie des Mittelalters, stellen wir fest, daß ihre Vorstellung von Gott nicht die von einem Mechaniker war, sondern die von einem lebenden Gott in einer lebenden Welt. Und es gab eine Verbindung zwischen Gott und Mutter Natur, die nichts von einem Konstrukteur hatte, der Dinge herstellte. In der Schöpfungsgeschichte, dem ersten Kapitel der Genesis, lesen wir: »Dann sprach Gott: Das Land lasse junges Grün wachsen, alle Arten von Pflanzen, die Samen tragen, und von Bäumen, die auf der Erde Früchte bringen mit ihrem Samen darin. So geschah es.« (Genesis 1, 11). Hier hat Gott das Gras und die anderen Pflanzen nicht erfunden, sondern er sagte: »Das Land lasse junges Grün wachsen.« Das deutet auf einen unwillkürlichen Schöpfungsprozeß in der Natur hin, die von einer Art göttlicher Gewährung abhing, aber nicht im einzelnen von Gott geschaffen wurde.

Ein Teil der Wiederbelebung Gottes besteht daher in der erneuten Entdeckung dieser traditionellen Aspekte, die in den letzten Jahrhunderten vernachlässigt worden sind. Eine der modernen Theologiebewegungen kehrt zu Konzeptionen zurück, in denen Gott als Prozeß aufgefaßt wird, und zur Wiederentdeckung der traditionellen christlichen Lehre, in der Gott keineswegs als transzendenter Schöpfer der Welt, sondern als ein organisches Wesen erscheint. Die heilige Dreifaltigkeit ist ein System organischer Interaktion innerhalb einer Einheit, das Modell eines organischen Prozesses, von dem man sich vorstellen muß, daß er in Verbindung mit einer Welt der Prozesse und Wechselwirkungen abläuft.

Kreative Imagination

Eines der wichtigsten Hilfsmittel, mit dem wir anfangen können, erneut über das Verhältnis von Gott zur Welt nachzudenken, ist die Imagination. In den Werken von Ibn Arabi finden wir heute diesen Aspekt des Göttlichen Geistes; er ist eine viel dynamischere Sichtweise als die alte Konzeption der *Platonischen Ideen im Geist Gottes.*[2] Der Philosoph E. Douglas-Fawcett entwickelte zu Beginn dieses Jahrhunderts in seinen Büchern »Divine Imagining« und »The World as Imagination« die Vorstellung eines evolutionären Gottes, dessen fortschreitende Phantasie die schöpferische Kraft einer evolutionären Welt war. Eine solche Denkweise ist für eine neue Gotteskonzeption essentiell. Der Gott eines evolutionären Kosmos muß zumindest einen evolutionären »Pol« haben, auch wenn er selbst nicht völlig evolutionär ist; er muß zumindest über eine kreative evolutionäre Beziehung zur natürlichen Welt verfügen.

Warum – könnte man fragen – überhaupt Gott ins Spiel bringen, warum begnügen wir uns nicht mit einem sich entwickelnden Geist der Natur oder einem natürlichen Evolutionsprozeß? – Die kosmische Evolution ist eine neue Idee, eine Verständnisweise der evolutionären Kreativität, die uns keine unserer traditionellen Philosophien vermittelt. Die Idee kosmischer Evolution könnte in bestimmten Kosmologien enthalten sein, aber sie ist nicht Teil der herkömmlichen Lehre. Diese Idee einer fortwährenden evolutionären Kreativität ist für uns heute eine Herausforderung. Es scheint so, als müßten wir in irgendeiner Weise in der Kreativität einen Sinn finden, denn ein Großteil unserer Selbstempfindung hat mit Kreativität zu tun. Wir sind regelrecht besessen davon, alles zu verändern, besessen von Innovation und Technologie, besessen davon, soziale Einrichtungen zu verändern und zu verbessern und die Kreativität in unseren Kindern zum Ausdruck zu bringen. Eine moderne Form der Besessenheit, die sich offensichtlich selbst erfüllt; je mehr Raum Kreativität und Veränderung bei uns einnehmen, um so besessener werden wir. Eine der Herausforderungen bei der Wiederbelebung Gottes oder, wenn man Gott nicht möchte, bei der Wiederbelebung des Atheismus ist das Verständnis dafür, wie es eine solch fortgesetzte kosmische Evolution geben kann. (Der traditionelle Atheismus wird nicht mehr erreichen als die traditionelle Theologie, denn er ging aus dem traditionellen Theismus hervor, indem er sich vom Geist Gottes lossagte und an die ewigen Naturgesetze hielt.)

Ob wir die Natur als die endgültige Wirklichkeit betrachten oder als Spiegelbild einer noch größeren Wirklichkeit, die wir Gott nennen, – immer sind wir ihr Teil, und wir können lernen, zu der größeren Wirklichkeit, in der wir leben, in Beziehung zu treten. Wenn wir nicht anfangen, die anderen Dimensionen der natürlichen Welt zu erkennen – die mythischen und spirituellen Dimensionen, die herkömmlicherweise durch Zeremonien, Gebete und Wallfahrten ausgedrückt wurden – und wenn wir nicht anfangen zu verstehen, daß unsere Beziehung dazu über den Umgang und die Ausbeutung der natürlichen Ressourcen zu privaten oder gemeinschaftlichen Zwecken hinausgeht, haben wir keine Zukunft mehr. Niemand weiß genau, wie wir das tun sollen, und wir stehen vor einer Herausforderung, vor der noch keine Gesellschaft vor uns gestanden hat. Denn die traditionellen Völker mußten nicht wie wir von einer Situation ausgehen, in der die gesamte Gesellschaft und das gesamte Wirtschaftssystem auf endlosen Wandel ausgerichtet sind. Das System, das wir aufgebaut haben, steuert mit einer auf permanenten Wandel eingestellten Dynamik in die Zukunft; gleichzeitig hat es das Gleichgewicht der ganzen Welt gestört und führt in die Krise. Ich behaupte, daß die Anerkennung einer lebenden Welt ein bedeutender Beitrag zur Lösung dieses Problems ist, ein wesentlicher Bestandteil einer neuen Vision der Menschheit.

Anmerkungen

1 Vgl. Rupert Sheldrake, *Das Gedächtnis der Natur*, Bern u. München 1990.
2 Vgl. Henry Corbin, *The Creative Imagination in the Sufism of Ibn Arabi*, Princeton 1969.

Peter Cornelius Mayer-Tasch

Von der praktischen zur kosmischen Konkordanz oder Was hat Politik mit Liebe zu tun?

Was hat Politik mit Liebe, was hat Liebe mit Politik zu tun? Wen würden bei einer solchen Fragestellung nicht eine Fülle von Assoziationen bestürmen, wem fiele dazu nicht dieses und jenes und dann noch ganz anderes ein; Namen und Bilder natürlich, die sich zu Arabesken verschlingen. Namen und Bilder, die zu sichten, scheiden und ordnen reizvoll erscheinen, zugleich aber auch den Weg aus den Vorhöfen ins Innere der Thematik weisen mag.

Wo von Liebe die Rede ist, denkt man in aller Regel zunächst einmal an die wohl vordergründigste, aber auch potentiell vehementeste Form der Liebe – an die wechselseitige Anziehung von Menschen unterschiedlichen Geschlechts.

An sie zu denken, heißt dann allerdings auch schon, im buntesten Namens- und Bilderreigen zu gehen: Helena und der Kampf um Troja, Cäsar und Kleopatra. Die Spannung zwischen Mars und Venus also und die Ent-Spannung in der Symbiose. Politik als Medium der Liebe und Liebe als Medium der Politik. Salomon und die Königin von Saba. Der Makedonier Alexander und die Perserin Roxane. Heinrich von Navarra und Margarete von Valois. Napoleon Bonaparte und Marie Louise. Tu felix Austria nube. Politik aber auch als das mehr oder minder tragisch Trennende. Romeo und Julia. Herzog Albrecht und Agnes Bernauer. König Ludwig I. und Lola Montez. Die Entmachtung der Liebe durch die Politik. Oder auch umgekehrt: Die Entmachtung der Politik durch die Liebe. König Edward VIII. und Wallis Simpson. Dionys von Syrakus und Damon im Glanz der

Freundes- und Geschwisterliebe. Und schließlich auch noch Ermächtigung, Erhöhung und Veredelung der Politik durch die Liebe. Aus zahllosen erwähnenswerten Namen nur diese: Echnaton und Nofretete. Louis Quatorze und die Marquise de Pompadour. Talleyrand und die »Venus am Abendhimmel« (Dorothea von Périgord).[1]

I

Zu all diesen Namen und Bildern gäbe es unendlich viel zu sagen. Recht besehen taugen sie jedoch nur dazu, die Vorhöfe der Thematik zu markieren. Was auch immer man nämlich aus dem hier eröffneten Reigen ablesen mag, ob Liebe als Tauschgeld, Dreingabe oder Instrument der Politik, ob Politik als Förderer, Verhinderer oder Zerstörer der Liebe auftaucht – nie reichen solche Deutungen bis ins Innerste, bis an die Quintessenz des Politischen, nie geht es um die Liebe als Inhalt und Gegenstand der Politik, so sehr die Stilisierungsfreude von Volksmund, Historikern und Dichtern an der Erinnerung gefeilt und geschliffen haben mag. Zur Eigentlichkeit der Thematik kann man nur dann vordringen, wenn man den geistig-seelischen Wahrnehmungs-, Bewußtseins- und Gefühlszustand ins Blickfeld rückt, der mit dem immergrünen Begriff der Liebe umschrieben zu werden pflegt.

Zunächst wird man dabei den Blick wieder von der Liebe zwischen Mann und Frau lösen und auf eine sehr viel breitere Ebene richten müssen: Auf den Sprung durch den Spiegel, um es metaphorisch zu fassen. Auf die Liebe als Brükkenschlag – auf den Brückenschlag von mir zum nächsten, vom »Ich« zum »Du«. Und zwar ganz unabhängig davon, ob es sich bei diesem Nächsten, bei diesem »Du«, nun um

1 Anmerkungen siehe Seite 364.

Vater, Mutter, Mann, Frau oder Kind, ob es sich um den Schüler, um den Lehrer, um den »Herrn Nachbar« oder irgendeinen anderen Mitmenschen handelt. Um was es also geht, ist der Brückenschlag vom bis zur Unteilbarkeit geteilten Teil – vom »Individuum«, wie schon der lateinische Name besagt – zu einem anderen bis zur Unteilbarkeit geteilten Teil, zu einem anderen »In-dividuum«. Und dies im Geiste einer alle Teile und Teilbarkeiten umfassenden und verbindenden Vision kosmischer Einheit.[2]

Hubert Palm, dem Vorkämpfer der Baubiologie, verdanke ich die Kenntnis einer – in Lichtphasen der ägyptischen Frühzeit zurückverweisenden – Tontafel mit folgender Inschrift:

> Erkenne die Eins
> Erkenne die Zwei
> Erkenne die Eins in der Zwei
> Erkenne die Drei
> Erkenne die Eins und die Zwei in der Drei.[3]

In juwelenhafter Verdichtung wird hier die Stufenfolge der Brückenschläge vom Mikrokosmos zum Makrokosmos präsentiert – der Brückenschläge vom Ich zum Gegen-Ich zunächst und dann zum ganzheitlichen Über-Ich. Das, was der Wiener Sozial- und Staatsphilosoph Othmar Spann in seinem Hauptwerk mit dem schönen Titel »Der wahre Staat« die »Gezweiung« genannt hat,[4] wird hier gewissermaßen zur »Gedreiung« stilisiert. Gemeint jedoch ist hier wie dort dasselbe – das universalistische Credo nämlich, daß das Ganze dem Teil vorgegeben ist, daß Ganzheitlichkeit und Gliedhaftigkeit dialektisch aufeinander bezogen sind.

So selbstverständlich der Hinweis auf diese Dialektik auch klingen mag, so wenig selbstverständlich war (und ist) sie der neuzeitlichen Wahrnehmungs-, Bewußtseins- und Gefühlslage. Die Konzentration auf das Geteilte und Nichtmehr-Teilbare, auf Individualität und Atomistik, beschwor (und beschwört) Glanz und Elend der Moderne. Die im 12. und 13. Jahrhundert vollzogene Wende der abendländischen Philosophie vom (christlich utilisierten) Universalismus der platonisch-aristotelischen Klassik zum neuzeitlichen Nominalismus hat den Schwerpunkt des Denkens von den Ganzheits- und Allgemeinbegriffen – den universalia – zu den Einzelungen und Einzelheiten – den res – verschoben.[5] Die ganze Neuzeit steht im Banne dieser Form der Re-alität, wenn auch in der Sprache der Philosophie merkwürdiger- und bemerkenswerterweise die Universalisten weiterhin als die »Realisten« firmieren. Wer an das Walten höherer Mächte am und im Fluß des Heraklit glaubt, mag hier eine unsichtbare Hand am Werke sehen. Wie immer es sich aber auch damit verhalten mag: Sicher ist, daß sich der an der res orientierte Realitätsbegriff im Verlauf der Renaissance in allen Kulturbereichen durchzusetzen beginnt, daß er im Zuge der Aufklärung seine sozial- und politikphilosophische Ausformulierung und im Gefolge der bürgerlichen und sozialen Revolutionen des 18., 19. und beginnenden 20. Jahrhunderts seine sozioökonomische Ausprägung erfährt.

»Mir geht nichts über mich«.[6] Wenn auch diese Sentenz des deutschen Anarchisten Max Stirner (1806-1856) gemeinhin als verschrobener Verbalradikalismus quittiert wird – über einen unleugbaren Grundzug des Denkstils der Moderne sagt er ebensoviel aus wie der Titel seines Hauptwerkes »Der Einzige und sein Eigentum«. Der universalistisch denkende und fühlende Mensch ist stets auf dem Weg. Er ist auf dem Weg vom Ich zum Du, und – durch das Du hindurch – zu der dieses Du umfassenden, zugleich aber über es hinausweisenden Einheit des Lebens. Er ist Homo Viator, ist Wanderer, Wanderer zu Gott oder wie auch immer die ordnende und geordnete Kraft der kosmischen Mitte umschrieben werden mag.

Bis zum Ausgang des Mittelalters wurde das Selbstverständnis der Menschen von dieser augustinisch geprägten

Vorstellung begleitet. Danach wurde der Typus des Homo Viator in immer stärkerem Maße vom Typus des Homo Faber abgelöst. Der moderne Mensch ist Homo Faber. Er ist Macher. Das Machen von Sachen ist sein Metier. Und in der Folge natürlich auch das Haben von Sachen. Immer wieder also: »Der Einzige und sein Eigentum«. Wie sich die Einzigen und ihr Eigentum in einem potentiellen Krieg aller gegen alle mit gezückten Waffen gegenüberstehen, hat der englische Staatsphilosoph Thomas Hobbes (1588-1679), ein klassischer Vertreter neuzeitlichen More-geometrico-Denkens, in seinem »Leviathan« aus dem Jahre 1651 beschrieben: Um dem Schlimmsten zu entgehen, müssen sie sich recht und schlecht ver-tragen, den ihre Not wendenden Ausgleich der Interessen unter das Friedensgesetz der Staatlichkeit stellen.[7] Unter der Ägide dieses Friedensgesetzes wird freilich auch nur die Virulenz des Konflikts verhindert; seine Latenz dauert fort. Zu Recht wurde das Hobbes'sche Sozialbild als Urbild der kapitalistischen Gesellschaft diagnostiziert. Furcht und Hoffnung sind es, die nach Thomas Hobbes die Beziehungen der Menschen untereinander bestimmen. Furcht und Hoffnung lassen sich auch in kapitalistische Formen gießen. Zu dem die Menschen vital verbindenden Band jedenfalls wird mit dem Siegeszug des Kapitalismus »die Barzahlung«, um den im ersten Viertel dieses Jahrhunderts in München lehrenden Wirtschaftswissenschaftler Lujo Brentano zu zitieren.[8]

Welche Welt uns diese, das verbissene Haben und das fiebrige Haben-Wollen zum System erhebende Ver-bindlichkeit der Barzahlung beschert hat, wissen wir – eine nivellierte, quadrierte, kontaminierte, geistig und seelisch evakuierte Welt, von der sich das Leben in immer stärkerem Maße abzuwenden droht.

Wenn Erich Fromm in seiner – längst zum geflügelten Wort gewordenen – Parole »Haben oder Sein« der Welt des Habens die Welt des Seins gegenüberstellt,[9] so bedarf diese

Alternative noch einer klärenden Abgrenzung. Wenig hilfreich wäre die Fromm'sche Parole wenn mit dem »Sein« lediglich die – schon von Alexis de Tocqueville prophetisch geschaute – Grundbefindlichkeit des modernen Menschen gemeint wäre: »Ich erblicke eine Menge einander ähnlicher und gleichgestellter Menschen«, heißt es in dessen 1835/40 erschienenem Werk über »Die Demokratie in Amerika«, »die sich rastlos im Kreise drehen, um sich kleine und gewöhnliche Vergnügungen zu schaffen, die ihr Gemüt ausfüllen. Jeder steht in seiner Vereinzelung dem Schicksal aller anderen fremd gegenüber: seine Kinder und seine Freunde verkörpern für ihn das ganze Menschengeschlecht; was die übrigen Mitbürger angeht, so steht er neben ihnen, aber sieht sie nicht, er berührt sie, er fühlt sie nicht. Über diesen erhebt sich eine gewaltige, bevormundende Macht, die allein dafür sorgt, ihre Genüsse zu sichern und ihr Schicksal zu überwachen. Sie ist unumschränkt, ins einzelne gehend, regelmäßig, vorsorglich und mild. Sie wäre der väterlichen Gewalt gleich, wenn sie wie diese das Ziel verfolgte, die Menschen auf das reife Alter vorzubereiten; statt dessen aber sucht sie bloß, sie unwiderruflich im Zustand der Kindheit festzuhalten; es ist ihr recht, daß die Bürger sich vergnügen, vorausgesetzt, daß sie nichts anderes im Sinne haben, als sich zu belustigen. Sie arbeitet gerne für deren Wohl; sie will aber dessen alleiniger Betreuer und einziger Richter sein; sie sorgt für ihre Sicherheit, ermißt und sichert ihren Bedarf, erleichtert ihre Vergnügungen, führt ihre wichtigsten Geschäfte, lenkt ihre Industrie, ordnet ihre Erbschaften, teilt ihren Nachlaß; könnte sie ihnen nicht auch die Sorge des Nachdenkens und die Mühe des Lebens ganz abnehmen?«[10]

Die sanfte Unerbittlichkeit der Tocqueville'schen Vision antizipiert die sanfte Unerbittlichkeit unserer »schönen neuen Welt« (Huxley),[11] spiegelt die mit rosafarbenem Zuckerguß überzogene Funktionskälte ihres Ver- und Entsorgungstotalitarismus und enthüllt gnadenlos, daß Gegenstand ihrer Politik dieses und jenes, schwerlich aber Liebe in dem hier vorausgesetzten Sinne kosmischer Integration sein kann. So scharfsichtig Tocquevilles prophetische Vorwegnahme unserer Gegenwart auch sein mag – die anderthalb Jahrhunderte, die seit seiner ersten Veröffentlichung vergangen sind, haben diesem Porträt der nur scheinbar liebevollen Lieblosigkeit doch noch neue Züge hinzugefügt. Das 1835 noch kaum absehbare Phänomen der Banalisierung des sozialen Rechtsstaats moderner Prägung[12] hat Tocqueville schon sehr deutlich vorhergesehen – die Zügelung der alten Lieblosigkeit des nachrevolutionären Laissez-faire durch die neue Lieblosigkeit einer in ihrer unreflektierten Fortschreibung infantilisierenden Fürsorglichkeit.

Eine Erfahrung, die Tocqueville noch nicht so deutlich vorhergesehen hat, deren aktuelle und potentielle Implikationen und Konsequenzen uns Heutigen dafür um so nachdrücklicher ins Auge fallen, sind die Auswirkungen der Mésalliance zwischen einem materialistisch verkürzten Freiheitspathos und einem nicht minder materialistisch verkürzten Brüderlichkeitspathos auf die natürlichen Lebensgrundlagen. Nicht zuletzt der – zum Kollektivlaster gewordene – lieblose Umgang mit der Natur läßt die sozusagen natürlichen Grenzen der Lieblosigkeit zur immer unentrinnbareren Alltagserfahrung werden. Die schmerzliche Konfrontation mit diesen Lebens- und Überlebensgrenzen, die angesichts einer global »verseuchten Landkarte«[13] zu den vielleicht einzigen wirklichen Grenzen im Hier und Jetzt geworden sind, birgt aber doch auch die vielleicht letzte Chance zur (Wieder-)Entdeckung der Liebe als der wohl einzigen kosmischen Kraft und damit auch der wohl einzigen sozialen Größe, die es wert ist, in den Mittelpunkt nicht nur jedes einzelnen menschlichen Lebens, sondern auch in den Mittelpunkt jeglicher Politik gestellt zu werden. Wenn man mithin die Fromm'sche Alternative »Haben oder Sein« zum zivilisatorischen Wegkreuz unserer Menschheitsstunde erklärt, so kann nicht das von Tocqueville avisierte, sondern nur ein im hier skizzierten Sinne liebevolles Sein das Ziel der Reise sein.

II

Was heißt all dies nun aber ganz konkret? Was bedeutet »liebevolles Sein« für das Verhältnis der Menschen zu ihrer gesellschaftlichen und natürlichen Um- und Mitwelt; und vor allem: Wie kann es in den soziopolitischen Alltag überführt, wie kann es Gegenstand der Politik werden?

Den sozialethischen Grundakkord für die Beantwortung dieser Fragen hat Albert Schweitzers Philosophie der Ehrfurcht vor dem Leben mit der schlichten Feststellung angeschlagen, daß wir alle Leben inmitten von Leben sind, das leben will.[14] Die goldene Regel der Stoa »Was Du nicht willst, daß man Dir tu, das füg' auch keinem anderen zu« wird aus einer solchen Sicht zum Mindestmaß, die Bereitschaft, ja das Bedürfnis, in und mit dem eigenen Leben anderes Leben zu schützen und zu fördern, wird zur Richtschnur liebevollen Seins. In der positiven Wendung des Christus-Wortes »Alles, was Ihr wollt, daß Euch die Menschen tun, das sollt Ihr ihnen ebenso tun« (Math. 7, 12) hat die stoische Negation ihre Krönung erfahren.

Wer die soziokulturelle Mentalität wie die sozioökonomische und soziopolitische Realität unserer Zivilisation unter die Lupe nimmt, wird sehr rasch erkennen, daß selbst der genannte Mindeststandard alles andere als die Regel ist. Daß Recht und Ethik zwei voneinander geschiedene Kategorien sind und das Recht vielfach nur ein ethisches Minimum zu garantieren in der Lage ist bzw. zu garantieren versucht, lernt der Rechtsstudent schon im ersten Semester. Und im Laufe seines Studiums findet er dann mehr als genug Belege für die erlernte These. Für den Stil wie für die Resultate der allgemeinen Politik gilt – Wahl- und Parlamentsrhetorik hin oder her – in aller Regel dasselbe. Daß jedoch sogar das sozialethische Mindestmaß allenthalben unterschritten wird, muß selbst den Blinden und Tauben auffallen. Wie anders wären die unablässig weltweit und mit größter Härte geführten Kriege zu erklären, wie die letztlich stets auf soziokulturelle und sozioökonomische Strukturmängel zurückführbaren Hungerepidemien, wie die unaufhörliche Vergiftung von Wasser, Luft und Erde, die unsere – derartiges ermöglichende – Rechtsordnung zu einer »Altlast Recht«[15] hat werden lassen?

»An ihren Früchten werdet Ihr sie erkennen« (Math. 7, 16) heißt es im Neuen Testament. Unabhängig davon, was gemeint oder gewollt sein sollte – unabhängig also von Manifesten und Deklarationen, von Resolutionen und Institutionen, von Programmen und Gesetzen –, enthüllen die unübersehbaren und daher auch unleugbaren Folgen unseres Handels und Wandels die kollektive Lieblosigkeit der von uns gelebten zivilisatorischen Option. Noch verhängnisvoller als diese Folgen unserer kollektiven Lieblosigkeit ist aber wohl die durch den neuzeitlichen Lebensstil bewirkte strukturelle Unterdrückung der Liebesfähigkeit – jener menschlichen Qualität also, deren kraftvolle Ausprägung Sigmund Freud neben der Arbeits- und der Genußfähigkeit zur conditio sine qua non der Neurosefreiheit und damit der geistig-seelischen (und in deren Gefolge nicht zuletzt auch der körperlichen) Gesundheit erklärt hat.[16] Die von Kindesbeinen an erfahrene und betriebene Einübung in unsere tendenziell narzißtischen zivilisatorischen Praktiken[17] mit ihrer mehr oder minder bedenkenlosen Abdrängung des Ganzheitsbezuges (bestenfalls) an die Peripherie der Lehr-, Kirchen- und Volkskanzeln – in jene Gefilde also, für die seit eh und je eine gewisse Narrenfreiheit galt – behindert in tiefgreifender Weise die als menschlicher Grundimpuls wohl stets vorhandene Fähigkeit, auf eine nicht-schematisierte Weise bewußten Dienst am Gesellschafts- und Naturganzen zu leisten.

Ehe wir uns dieser »strukturellen Gewalt« (Johan Galtung)[18] nicht klar bewußt geworden sind, werden wir auch nicht in der Lage sein, die sie tragenden Normen und Institutionen abzulösen und durch ganzheitsbewußtere und damit auch liebevollere zu ersetzen – durch solche also, die nicht nur diesen oder jenen mehr oder minder isoliert gesehenen Gemeinwohlzweck, sondern das in umfassender, wahrhaft ganzheitlicher Weise bedachte Gemeinwohl im Auge haben. Und auch die Politiker und Politikerinnen, Amtsträger und Amtsträgerinnen, die diese Normen und Institutionen ins Leben rufen und am Leben erhalten, die sich also den im Rahmen unserer Verfassungsordnung ergebenden Repräsentationsaufgaben stellen, werden das im Repräsentationsbegriff angelegte politische Optimationsziel nur erreichen, wenn sie an die Stelle ihrer vielfach gegenüber Um- und Mitwelt rücksichtslosen »Rücksichtsnahme auf den Wähler« – sprich: auf ihr eigenes Interesse an der Machtgewinnung und -erhaltung – einen gegenüber Um- und Mitwelt rücksichtsvollen, gegenüber ihren eigenen Machtinteressen jedoch eher rücksichtslosen Führungs- und Amtsstil treten lassen.

Der Weg von der heute allenthalben gesuchten »praktischen Konkordanz« (Konrad Hesse)[19] des geringsten Widerstands und des kleinsten gemeinsamen Nenners zu einer alle Sozial- und Naturinteressen geschwisterlich umfassenden, in die Aufrichtung eines »Liebesrechts« (Günther Küchenhoff)[20] mündenden »kosmischen Konkordanz« kann nur durch das Bewußtsein der Menschen hindurch führen. Sie nämlich sind es, die den sozialen und politischen Normen und Institutionen ihre Form geben, die sie mit Leben erfüllen und die sie allmählich oder auch jäh zu verändern vermögen. Ohne diesen Weg durchs Fegefeuer der individuellen und kollektiven Wahrnehmungs- und Bewußtseinsveränderung kann weder die emanzipative Stufe der Befreiung aus dem – normativ-institutionell abgesicherten – Käfig einer sich krebsig addierenden Einzelung erreicht werden noch die konstruktive Stufe einer im Geiste liebevollen Unterscheidung und Förderung der »Eins in der Zwei« und der »Zwei in der Drei« praktizierten Politik, um die ägyptische Tontafel noch einmal zu bemühen.

Mit dem Hinweis auf die Unverzichtbarkeit einer tiefgreifenden Wahrnehmungs- und Bewußtseinsveränderung bin ich an der »metaphysischen Ecke« jeder epochalen Neuordnung angelangt – an einem Punkte also, an dem alle grundstürzenden und grundlegenden Reformimpulse der Menschheit früher oder später angelangt sind. Für unsere tendenziell nekrophile Zivilisation markiert dieser Punkt die Frage, wie die ebenso allgegenwärtige wie ungute Dialektik von Brutalität und Infantilität aufgehoben und die Versöhnung des Menschen mit sich selbst, mit seinesgleichen und mit der Natur nachhaltig gefördert werden kann.

Im Grunde ist dies das Thema aller Religionen. Gerade aber weil dieses Thema das Thema aller Religionen ist, bestand und besteht stets die Gefahr, daß es als meta-physisch und damit auch meta-sozial, meta-politisch und meta-rechtlich in einem die heilige Flamme der Liebe bergenden, von Heilsverwaltern umhegten Tempelbezirk der Menschen- und Gottesliebe interniert wird. Zwar waren und sind diese Heilsspezialisten zumeist gerne bereit, mehr oder minder heil- oder auch unheilsam in den (nicht zuletzt auch kraft kollektiven Selbstverständnisses) weitgehend entspiritualisierten Profanbereich hineinzuwirken – als zentrales Thema von Gesellschaft, Politik und Recht wurde die Liebe aber dadurch eher geschwächt als gestärkt.

Verfolgt man solche Gedankengänge weiter, so drängt sich die Frage auf, ob nicht das durch seine kollektive Lieblosigkeit im Umgang der Menschen untereinander und mit der Natur vom Untergang bedrohte Abendland die zu den Grundlagen seiner Geistigkeit gehörende Unterscheidung und Trennung von Sakral- und Profansphäre kritisch überdenken muß. Mit anderen Worten: Ob sich das Abendland nicht in einem großen »Stirb und Werde« sozusagen von sich selbst befreien muß. Und dies vielleicht in einer sehr viel wurzeltieferen Weise, als es eine geistesgeschichtliche Analyse nur der Neuzeit nahelegen könnte. Vielleicht werden wir mit der Idee der institutionalisierten Heilsverwaltung auch die sie erleichternde und darüber hinaus die kollektive Lieblosigkeit geradezu herausfordende Idee eines (notabene) *naiven* Dualismus von Gut und Böse, Licht und Finsternis in Frage stellen müssen, wie sie das amtskirchlich strukturierte Christentum spätestens seit Augustinus in Anlehnung an die zarathustrisch-manichäische Weltsicht nachhaltig gefördert hat. Diesen Dualismus in Frage zu stellen, könnte die Rückkehr zu jenem Gott und die Welt, Mensch und Natur als Einheit begreifenden monistischen Denken bedeuten, das den arisch-indischen bzw. indogermanischen Kulturkreis geprägt hat.[21] Zu jenem Monismus also, der die Möglichkeit menschlicher Selbsterlösung, wie sie Buddha lehrte, zumindest zu erleichtern vermag. Zu jenem Monismus, der auch im Denken der in den Anfängen so lebendigen, dann aber von der Amtskirche weitgehend verdrängten, unterdrückten und anderthalb Jahrtausende lang mehr oder minder verfolgten christlichen Gnosis eine so bedeutsame Rolle gespielt hat. Wenn etwa der kalabresische Abt Joachim von Fiore – um nur einen unter vielen Namen zu nennen – Anfang des 13. Jahrhunderts ein die Kirche als Institution nicht mehr kennendes »Reich des Heiligen Geistes« heraufkommen sah,[22] so zeigt dies, daß die – in dem Christus-Wort »Ihr seid Götter« (Joh. 10, 34)[23] anklingende – Idee der Selbsterlösung auch dem Christentum nicht fremd geblieben ist, daß sie sich aber eben im christlich geprägten Abendland nicht durchsetzen konnte, weil die institutionellen Verweser des Christentums auch soziopolitische Ordnungsaufgaben wahrnahmen, mit deren Erfordernissen die Entwicklungsgesetzlichkeit der Selbsterlösungsidee unabweisbar in Konflikt geraten wäre. Daß der die liebevolle Einheit von Gott und Welt, Mensch und Natur vorlebende und aufzeigende Franziskus von Assisi dies nur in der Haltung der Armut und Demut tun wollte und konnte, zeigt die Kehrseite dieser abendländischen Kulturprägung. Sich mit der von göttlichem Licht durchfluteten Natur brüderlich in eins zu setzen und sich durch diese liebevolle Teilhabe an der Schöpfung aus der schmerzlich empfundenen Einzelung zu erlösen, war eben etwas grundstürzend anderes als die Zurückdrängung und Unterdrückung der Natur durch eine vorgeblich reine Geistesherrschaft. Daß später ausgerechnet die der franziskanischen Geistigkeit verwandten Dominikaner zu Hütern der Inquisition berufen wurden, gehört nicht nur zur Tragik des Christentums, sondern auch zur Tragik unserer ganzen christlich geprägten Zivilisation, zu deren Charakteristika es gehört, daß sehr viel von Verdrängung und ihren neurotischen Folgen, sehr wenig aber von Erlösung und ihren Voraussetzungen die Rede ist.

Heute müssen wir wohl gerade dort wieder einsetzen, wo der franziskanische Impuls verebbt ist bzw. abgebogen wurde. Und je mehr Gottvertrauen wir in diese Welt setzen, je klarer wir Spinozas Gleichsetzung von Gott und Natur (»Deus sive natura«)[24] annehmen können, desto leichter wird es uns fallen, die liebevolle Ineinssetzung mit der gesamten Schöpfung zu leben, uns mit der Natur zu freuen, wo sie leuchtet und blüht, mit ihr zu leiden, wo sie bedrückt und gequält wird. All das zu tun also, was in unserer vor hektischer Lebensgier zitternden und dennoch freudlosen Gesellschaft so selten geworden ist – selten geworden ist in einer Gesellschaft, der die Sucht nach Einzelung und Spaltung auch dort noch auf die Stirn geschrieben steht, wo sie sich besonders gemeinschaftlich gebärdet.

Wer hätte sich nicht alles von wem zu emanzipieren?! Die Frauen (die mit Elisabeth Gould-Davies entdeckt haben, daß »am Anfang ... die Frau« war)[25] von der Tyrannei der Männer, die Männer von der tatsächlichen oder vermeintlichen Renaissance der Frauen, die Homosexuellen von der Normalität der Heterosexuellen, die Arbeitnehmer von der Vorherrschaft der Arbeitgeber, die Arbeitgeber von der Dreinrederei der Arbeitnehmer, die Schwarzen von den Blauen, die Roten von den Grünen und so weiter, kreuz und quer. Und alle natürlich auf der Suche nach »Selbstfindung« und »Selbstverwirklichung«. Wenig andere Begriffe unserer Sprache werden gemeinhin so mißverstanden, so oberflächlich gedeutet wie diese beiden Begriffe. Was anderes nämlich könnte, dürfte dieses Finden zu sich selbst, dieses sich selbst Verwirklichen bedeuten wenn nicht das, was hier als Selbsterlösung bezeichnet wurde: das Entdecken und Annehmen der eigenen Gliedhaftigkeit also, des eigenen – im Mit- und Aneinander von Einzelung, Gezweiung und Gedreiung à l'égyptienne angelegten – Ganzheitsbezugs?

All dies ist aber eben leichter gesagt als getan. Die Predigt als solche hilft wenig. Häufig genug wird sie – als Korrektiv zum eigenen Fehlverhalten – mehr oder minder masochistisch genossen, ohne daß die Eigentlichkeit des jeweiligen Verhaltens durch sie berührt würde. Berührt werden kann diese Eigentlichkeit nur in und aus dem Bewußtsein heraus, daß die eigene Bestimmung als Natur-, Sozial- und Geistwesen nur einen mehr oder minder genau umrissenen Verhaltensspielraum eröffnet, dessen Überschreitung das je und je in Frage stehende Verhalten in seinem Bezug auf die eigene Daseinsmitte zentrifugal, peripher oder gar selbstzerstörerisch erscheinen läßt. Der so in der Eigentlichkeit seiner Existenz Berührte wird seine narzißtischen Süchte nicht mehr lieben; er wird sie abzustoßen versuchen, wird versuchen, agàpe zu leben,[26] vom amour propre zum amour de soi zu gelangen, um mit Rousseau zu sprechen.[27] In ihm mag jene Hoffnung zum Tragen kommen, die sich auf Hegels Diktum gründet: »Ist das Reich der Vorstellungen erst revolutioniert, kann die Wirklichkeit nicht lange standhalten.«[28]

So weit so gut. Die Frage aber bleibt, wie es zur Revolutionierung des Reiches der Vorstellungen kommen, wie die immer wieder angesprochene Wahrnehmungs-, Bewußtseins- und Gefühlsreform bewirkt werden kann.

Dynamischer Kern und Richtkraft dieser inneren Reform kann einzig und allein die Ausweitung der mehrdimensional akzentuierbaren Erfahrung sein, das Anwachsen der Erkenntnis also, daß die bislang beschrittenen Wege nicht die richtigen sind, daß sie möglicherweise oder auch wahrscheinlich in die individuelle oder kollektive Katastrophe führen werden. Auch dies aber ist wieder leichter gesagt als getan, da die menschlichen Erfahrungsmöglichkeiten ganz offenkundig sehr unterschiedlich entwickelt sind. Was dem einen (mehr als) genug Grund zur inneren Reform ist, läßt den anderen reichlich kühl, weckt gar Hohn und Aggression. Liest man, um ein klassisches Beispiel zu wählen, die Propheten des Alten Testamentes – Jeremias etwa, Jesaias oder Hesekiel – nicht nur im Kontext der Bibel, sondern auch im Lichte archäologischer Forschung, so läßt sich unschwer erkennen, daß sie vielfach die Folgen von Vermeidbarem – und damit auch Vermeidbares – vorhergesagt haben. Wenn Jeremias etwa Zedekia prophezeite, daß er »dem König von Babel in die Hände gegeben werde« (Jerem. 37, 17), so hätte Zedekia dies durch Verzicht auf den geplanten Verrat an Nebukadnezar II., dem er den Thron verdankte und der bei der ersten Eroberung Jerusalems die Stadt geschont hatte, vermeiden können. Dessen Strafexpedition, die im Jahre 587 v. Chr. zur Verwüstung Jerusalems und zur Deportation der nicht schon früher deportierten Reste der jüdischen Oberschicht führte, war eine wenn nicht »logische«, so doch alles andere als unwahrscheinliche Folge von Zedekias Illoyalität.[29]

Es ist dies nur eins von zahllosen Beispielen aus dem reichen Fundus der Geschichte – ein Beispiel überdies, dessen Kausalitätsbrücke eher noch auf schwächeren Pfeilern steht als die überaus massive, die sich zwischen unserem lieblosen Umgang mit der Natur und dem dramatischen Schwinden unserer natürlichen Lebensgrundlagen spannt. Aber auch in diesem Bereich ist die Kausalbeziehung nicht überall so evident wie im Verhältnis von Treibgaseinsatz, Vergrößerung des Ozonlochs und Explosion der Hautkrebsrate. Und gerade deshalb erscheint mir dieses Beispiel so wichtig. Es verweist auf die unbequeme, dem egalitären Denkstil der Moderne (außer in der Form einer formalisierten Wissenschaftsgläubigkeit) eher fremde Erkenntnis, daß die Wahrnehmungs- und Einsichtsfähigkeit der Menschen eine erhebliche Variationsbreite aufweist, daß es Blinde, Halbblinde, Sehende und weit Voraussehende gibt. Und natürlich auch auf die uralte Weisheit, daß die Götter mit Blindheit schlagen, wen sie verderben wollen. Und wenn man ungeachtet solcher Spruchweisheit und eingedenk des zum dualistischen und monistischen Weltbild Gesagten auch füglich daran zweifeln mag, daß der Himmel jemanden verderben will, so darf man vielleicht andererseits darauf hoffen, daß er uns alle sehend machen will. Und dieses Sehendwerden ist eben häufig genug ein schmerzhafter Prozeß: »du merkst erst den rand / wo du gebüsst hast für den übertritt« heißt es in Stefan Georges »Der Mensch und der Drud«.[30]

Das Büßen für unsere individuellen und kollektiven Übertretungen des – im kosmischen Überlebenswissen geborgenen – Liebesgebots hat längst begonnen. Wenn nicht alle Zeichen trügen, wird sich die Reihe der unserer Menschheitsstunde auferlegten »Plagen« unaufhörlich verlängern und verstärken, wenn wir den »rand« unseres Kulturfeldes nicht besser erspüren als bisher. In Pieter Breughels prophetischem Gemälde mit dem Titel »Der Sturz des Ikarus«[31] pflügt der Bauer ganz nahe am Steilhang des Meeres, in das Ikarus gerade gestürzt ist.

Zum Schluß noch einmal die Frage: Was hat Politik mit Liebe zu tun?

Da sich die Frage nach all dem Gesagten nur mehr therapeutisch an die Zukunft richtet, mag die Antwort auch kurz und bündig sein: Individuelle und kollektive, private und politische Randschau müssen sich wechselseitig durchdringen. Auch im energetischen Wechselfluß von Politik und Bürger gilt das Goethe-Wort: »Halb zog sie ihn, halb sank er hin«.[32] Und dies ganz unabhängig davon, ob von verantwortungsfrohem Liebesimpuls die Rede ist oder von unverantwortlicher Liebelei. Recht besehen, gibt es zwischen diesen beiden Alternativen keine Wahl. Nehmen wir sie wahr!

Anmerkungen

1 Vgl. R. G. Waldeck, *Venus am Abendhimmel. Talleyrands letzte Liebe*, Hamburg 1951 ff.

2 Vgl. hierzu ausführlich: P. C. Mayer-Tasch, *Das Ganze und die Glieder*, in: P. C. Mayer-Tasch/A. Adam/H.-M. Schönherr (Hg.), *Natur denken. Eine Genealogie der ökologischen Idee*, Frankfurt/Main 1991, S. 11 ff.

3 Ernst Binder, *Pythagoras*, Stuttgart 1962, S. 96.

4 Vgl. Othmar Spann, *Der wahre Staat. Vorlesungen über Abbruch und Neubau der Gesellschaft*, Jena 1938 (4. Aufl.), S. 26 ff.

5 Vgl. hierzu statt anderer Wolfgang Stegmüller, *Das Universalienproblem einst und jetzt*, Darmstadt 1965, S. 48 ff.

6 Max Stirner, *Der Einzige und sein Eigentum*, in: ders., *Der Einzige und sein Eigentum und andere Schriften*, hg. v. H. G. Helms, München 1968 (2. Aufl.), S. 34 ff.

7 Vgl. hierzu ausführlich P. C. Mayer-Tasch, *Hobbes und Rousseau*. Aalen 1992 (3. Aufl.), S. 30 ff.

8 Vgl. Lujo Brentano, *Die Anfänge des modernen Kapitalismus*. München 1916, S. 13.

9 Vgl. Erich Fromm, *Haben oder Sein*, Stuttgart 1976.

10 Alexis de Tocqueville, *Über die Demokratie in Amerika*, aus dem Französischen übertragen von Hans Zbinden, Stuttgart 1959/62, II 4, Kap. 6, S. 342.

11 Vgl. Aldous Huxley, *Schöne neue Welt. Ein Roman der Zukunft*, Frankfurt/Main 1953 ff.

12 Vgl. hierzu P. C. Mayer-Tasch u. a., *Politische Theorie des Verfassungsstaates*, München 1991, S. 37 ff. sowie S. 211 ff.

13 Vgl. P. C. Mayer-Tasch i. Verb. m. F. Kohout, B. M. Malunat, K. P. Merk, *Die verseuchte Landkarte. Das grenzen-lose Versagen der internationalen Umweltpolitik*, München 1987.

14 Vgl. Albert Schweitzer, *Kultur und Ethik*, in: Gesammelte Werke in 5 Bänden, Bd. 2, Berlin/Zürich 1974, S. 377.

15 Vgl. P. C. Mayer-Tasch, *Altlast Recht. Wider die ökologischen Defizite unseres Rechtssystems*, Frankfurt 1992.

16 Vgl. Sigmund Freud, *Zur Einführung des Narzißmus*, in: ders., Gesammelte Werke, Bd. X, Frankfurt/Main 1946, S. 139 ff.

17 Mit guten Gründen nennt der amerikanische Psychologe und Soziologe Christopher Lasch unsere zivilisatorische Epoche *»Das Zeitalter des Narzißmus«*. Vgl. sein gleichnamiges Werk (München 1980).

18 Johan Galtung, *Violence, Peace and Peace Research*, in: Journal of Peace Research 6, 1969.

19 *Grundzüge des Verfassungsrechts der Bundesrepublik Deutschland*, Heidelberg 1990 (17. Aufl.), Rdnr. 72 und passim.

20 Vgl. Gunther Küchenhoff, *Naturrecht und Liebesrecht*, Hildesheim 1962 (2. Aufl.), S. 65 ff. und passim. Küchenhoff unterscheidet zwischen »Nächstenliebe« und »sozialer Liebe« (vgl. a.a.O., S. 11).

21 Schon in den Rig-Veden und den Upanishaden wird die Vereinigung der physischen (Rga) und der sittlichen Weltordnung (Dharma) mit der Wahrheit (Satya) zur ganzheitlichen Einheit vorgezeichnet. Die Lehre von Brahman erfaßt Liebe und Gerechtigkeit als die zwei zueinander gehörenden, weltgestaltenden Kräfte. Der Weg zum Absoluten führt in der brahmanischen Offenbarung als ewiger Wahrheit über die Weisheit und den Glauben; in der brahmanischen Offenbarung als ewiger Liebe jedoch über Liebe und Demut. Dieser Pfad der Liebe wird in der Bhagavadgita geschildert. Es ist der Pfad der demütig staunenden, sich vom anderen – ob Ideen, Dinge, Pflanzen, Tiere, Menschen oder Gott – demütig erfüllenden Liebe. Vgl. hierzu u. a. S. Radhakrishnan, *Indische Philosophie*, übersetzt von Rudolf Jockel, Darmstadt/Baden-Baden/Genf 1965, Bd. 1, S. 580/1, 475 ff., 481.

22 Vgl. Joachim von Fiore, *Das Zeitalter des Heiligen Geistes*, hg. und eingeleitet v. Alfons Rosenberg, Bietigheim 1977.

23 Vgl. hierzu Johannes Werner Klein, *Ihr seid Götter. Die Philosophie des Johannes-Evangeliums*, Pfullingen 1983 (2. Aufl.)

24 Vgl. Baruch de Spinoza, *Theologisch-Politischer Traktat*, übertragen und eingeleitet nebst Anmerkungen und Registern von Carl Gebhardt, Hamburg 1955 (1670), S. 122 ff.

25 Vgl. Elisabeth Gould Davies, *Am Anfang war die Frau*, München 1977.

26 Zur Agape vgl. etwa Viktor Warnach, *Agape. Die Liebe als Grundmotiv der neutestamentlichen Theologie*, Düsseldorf 1951, S. 186 f.

27 Vgl. Jean-Jacques Rousseau, *Diskurs über die Ungleichheit*, übersetzt, kommentiert und hg. v. Heinrich Meier, Paderborn u. a. 1984, S. 148 ff., S. 368 ff.

28 Briefe von und an Hegel, Bd. I (1785-1812), hg. v. Johannes Hoffmeister, Hamburg 1969 (3. Aufl.), S. 255 (Hegel an Niedhammer, 18. Okt. 1808).

29 Vgl. Petra Eisele, *Babylon. Pforte der Götter und Große Hure*, Bern u. München 1980, S. 52 ff.

30 Stefan George, *Der Mensch und der Drud*, in: ders., *Das Neue Reich*, Düsseldorf/München 1964, S. 74.

31 Abgebildet auf dem Einband von Mayer-Tasch, *Ein Netz für Ikarus. Zur Wiedergewinnung der Einheit von Natur, Kultur und Leben*, 2. Aufl., München 1990. Das Original hängt im Brüsseler Musée des Beaux Arts.

32 J. W. v. Goethe, *Der Fischer*, in: Goethes Werke, hg. v. Erich Trunz, München 1981, Bd. 1, S. 15 ff.

KOSMOS II

Longchenpa

»Woran man gut tut«

Da alles nur eine Erscheinung ist,
vollkommen im Sein, was es ist,
nichts mit gut und böse zu tun hat,
mit Anerkennung oder Ablehnung,
tut man gut daran, laut aufzulachen.

Über die Autoren

JOHN D. BARROW, geb. 1952, Studium der Mathematik und Astrophysik an den Universitäten von Durham und Cambridge, Promotion 1977 in Oxford. Nach Lehraufträgen in Oxford und Berkeley Professor für Astronomie an der University of Sussex. Zahlreiche Veröffentlichungen zu Kosmologie und Astrophysik, darunter (mit Joseph Silk) *Die asymmetrische Schöpfung. Ursprung und Ausdehnung des Universums*, München und Zürich 1986; und *The World within the World*, Oxford, New York 1990. – Der Aufsatz ist die überarbeitete Fassung einer 1991 im Rahmen des Seminars *Rhythm in Nature and Culture* des Commonwealth Center gehaltenen Vorlesung. Die Übersetzung besorgte Anita Ehlers.

MATHIAS BRÖCKERS, geb. 1954, Studium der Linguistik und Literaturwissenschaft, Redakteur der Berliner »tageszeitung« (taz) von 1980-1991; zahlreiche Veröffentlichungen in Zeitschriften und Anthologien. – Der hier abgedruckte Aufsatz ist ein Originalbeitrag.

LEWIS CARROLL (1832-1898), Dozent für Logik und Mathematik am Christ Church College in Oxford. – Der Text ist seinem Buch *Alice im Wunderland* entnommen, übersetzt von Christian Enzensberger, Frankfurt/Main 1963.

FRIEDRICH CRAMER, geb. 1923, Prof. Dr. rer. nat., seit 1962 Direktor am Max-Planck-Institut für Experimentelle Medizin in Göttingen, Mitglied mehrerer Akademien der Wissenschaft; zahlreiche wissenschaftliche Veröffentlichungen, darunter *Chaos und Ordnung. Die komplexe Struktur des Lebendigen*, Stuttgart 1988. Bayerischer Staatspreis für Literatur 1990. Seine Novelle *Amazonas* erschien 1991, Frankfurt/Main; 1992 ebenda sein Buch *Die Natur der Schönheit* (zusammen mit W. Kaempfer). – Originalbeitrag.

VLADIMIR DELAVRE, geb. 1939, Physikstudium an der TH Karlsruhe, Promotion zum Dr. med. in Heidelberg, seit 1975 Praxis in Frankfurt/Main; langjährige theoretische und experimentelle Forschungen auf dem Gebiet der Parapsychologie, Mitglied mehrerer wiss. Gesellschaften, Publikationen und Vorträge, Redaktion der Zeitschrift ›Transkommunikation‹ (für Psychobiophysik und interdimensionale Kommunikationssysteme). – Originalbeitrag.

EIHEI DŌGEN (1200-1253), japanischer Zen-Meister; brachte die Tradition der Soto-Schule von China nach Japan. Dōgens Text über »Sein-Zeit« entstammt seinem umfangreichen philosophischen Hauptwerk *Shobogenzo*, das nicht Ergebnis von Denkprozessen ist, sondern Ausdruck unmittelbarer innerer Erfahrung. – Vgl. Philip Kapleau (Hg.), *Die drei Pfeiler des Zen*, Bern und München 1989, S. 401-406.

MIRCEA ELIADE (1907-1986) war Professor für Religionsgeschichte in Chicago und Mitherausgeber der Zeitschrift *History of Religions*. – Der Text ist seinem Buch *Kosmos und Geschichte. Der Mythos der ewigen Wiederkehr* entnommen, Frankfurt/Main 1986, S. 167 u. 173 ff.

JOHANN WOLFGANG VON GOETHE (1749-1832); *Die Natur. Fragment.* – Der Text erschien zuerst Ende 1782 oder Anfang 1783 im ›Tiefurter Journal‹, benannt nach Schloß Tiefurt bei Weimar, dem Sommersitz der Herzogin Anna Amalia, Gastgeberin zahlreicher Abendgesellschaften. Die handschriftliche Vorlage stammt von Goethes Schreiber Seidel und wurde von Goethe mit Korrekturen versehen. Wie Goethe in einem Brief an Karl Ludwig von Knebel 1783 erwähnt, stammt der Text jedoch nicht von ihm – »Ich kann nicht leugnen, daß der Verfasser mit mir umgegangen und mit mir über diese Gegenstände oft gesprochen habe«. Der Verfasser ist vielmehr Georg Christoph Tobler (1757-1812). 1828 – 45 Jahre später – hat Goethe in einer Erläuterung des Fragments *Die Natur* betont, daß die geäußerten Gedanken der Naturauffassung seiner frühen Weimarer Zeit entsprechen. – Der Aufsatz wird nach der Ausgabe im

Deutschen Klassiker Verlag, Frankfurt/Main, wiedergegeben (J. W. Goethe, Sämtliche Werke, Bd. 25, hg. v. Manfred Wenzel u. a., S. 11-13).

Bodo Hamprecht, geb. 1940, Studium der Physik in Hannover und Cambridge, dort Promotion, Fellow am Enrico Fermi Institute in Chicago; Professor für theoretische Physik an der FU Berlin; zahlreiche Veröffentlichungen, u. a. zur Physik der Elementarteilchen, der Chaostheorie und auch zu Goethes Farbenlehre und zu Aspekten der Anthroposophie. – Originalbeitrag.

Friedrich Hölderlin (1770-1843) schrieb seinen Briefroman *Hyperion* in den Jahren 1797 bis 1799; dem Ersten Band, Erstes Buch entstammt der zitierte Text. – Druck nach F. Hölderlin, *Werke und Briefe*, hg. v. Friedrich Beißner und Jochen Schmidt, Frankfurt/Main 1969, S. 308 f.

Wolfgang Kaempfer, geb. 1923, Studium der Physik, Chemie und Germanistik; Dramaturg, Hörspiele; zahlreiche Veröffentlichungen, u. a. 1981 über Ernst Jünger; 1991 erschien sein Buch *Die Zeit und die Uhren*, Frankfurt/Main; 1992 (zusammen mit Friedrich Cramer) *Die Natur der Schönheit. Zur Dynamik der schönen Formen*, Frankfurt/Main. – Originalbeitrag.

Bernulf Kanitscheider, geb. 1939, Professor der Philosophie der Naturwissenschaften in Gießen; Mitorganisator des Europäischen Forums Alpach und Mitglied der Académie International de Philosophie des Sciences, Brüssel. Zahlreiche Veröffentlichungen, u. a.: *Kosmologie – Geschichte und Systematik in philosophischer Perspektive*, Stuttgart 1984; *Das Weltbild Albert Einsteins*, München 1988; *Vom mechanistischen Weltbild zum kreativen Universum*, Darmstadt 1993. – Originalbeitrag.

Jochen Kirchhoff, geb. 1944, lebt als Autor in Berlin; zahlreiche Veröffentlichungen, u. a. Rowohlt-Monographien über Giordano Bruno, Kopernikus und Schelling; *Nietzsche, Hitler und die Deutschen*, Berlin 1990. Lehrtätigkeit u. a. an der Berliner Humboldt-Universität. – Originalbeitrag.

ERVIN LASZLO, geb. 1932, Professor der Philosophie, Systemwissenschaft und Zukunftsforschung an mehreren Universitäten, Lehrtätigkeit u. a. in Yale, Princeton und an der State University of New York; Mitglied des Club of Rome, der International Academy of Science und der World Academy of Arts and Science, Rektor der Wiener Akademie. Zahlreiche Buchveröffentlichungen, darunter: *Der Laszlo Report*. Wege zum globalen Überleben, München 1992. – Originalbeitrag, in der Übersetzung von Peter Gillhofer.

LONGCHENPA, tibetischer Mönch des 14. Jahrhunderts. Vgl. Longchenpa, *The Natural Freedom of Mind*, in Crystal Mirror, Bd. 4. – Zitiert nach G. Zukav, Die tanzenden WuLi Meister, Reinbek 1985, S. 315.

PETER CORNELIUS MAYER-TASCH, geb. 1938, Studium der Rechts- und Politikwissenschaft, (Kunst-)Geschichte und Philosophie, Promotion zum Dr. iur. und Habilitation für Öffentliches Recht und Rechtsphilosophie; Professor für Politische Wissenschaften am Geschwister-Scholl-Institut der Universität München; Kuratoriumsmitglied mehrerer ökologischer Institute und Vereinigungen. Zahlreiche Bücher, u. a. zum Zusammenhang von Ökologie und Politik, darunter *Aus dem Wörterbuch der Politischen Ökologie*, München 1985; *Politische Theorie des Verfassungsstaats*, München 1991. – Originalbeitrag.

NIKOLAUS VON KUES (1401-1464); das Zitat ist Aldous Huxleys *Die ewige Philosophie* entnommen, München 1987, S. 237.

F. DAVID PEAT, geb. 1938, Promotion in theoretischer Physik an der Universität Liverpool, Forschungsarbeiten im Bereich der Quantenmechanik; Autor zahlreicher Sachbücher zu Themen über das Verhältnis von Geist und Natur; u. a.: *Synchronizität. Die verborgene Ordnung*, Bern u. München 1989; und, zusammen mit David Bohm: *Das neue Weltbild. Naturwissenschaft, Ordnung und Kreativität*, München 1990; F. David Peat lebt in Ontario/Kanada. – Originalbeitrag, in der Übersetzung von Stephanie Grillo.

Elizabeth Philipov, Leiterin der Internationalen Akademie für Ganzheitliches Lernen, Schloß Berlepsch; Studium der Philosophie, Psychologie und Sozialwissenschaften in Bulgarien und den USA, Promotion in Psychologie 1975, Professur in Los Angeles, Arbeitsschwerpunkte im Bereich der Persönlichkeits- und Entwicklungspsychologie des Lernens und der Transpersonalen Psychologie. Lehrtätigkeit und Seminare in USA, Europa und Asien, Vorsitzende der Deutschen Gesellschaft für Transpersonale Psychologie. – Originalbeitrag.

Elisabet Sahtouris ist Biologin und lebt in den USA und in Griechenland. Der hier abgedruckte Text ist entnommen ihrem Buch *Gaia. The Human Journey From Chaos to Cosmos*, das in der deutschen Übersetzung von Ernst Burkel im Frühjahr 1993 im Insel Verlag unter dem Titel *Gaia. Vergangenheit und Zukunft der Erde* erscheint.

Hans-Martin Schönherr-Mann, geb. 1952, Studium der Philosophie, Promotion mit einer Arbeit über Kant und Hegel. Buchveröffentlichungen u. a.: *Von der Schwierigkeit, Natur zu verstehen*, Frankfurt/Main 1989; *Die Technik und die Schwäche*, Wien 1989; *Politik der Technik – Heidegger und die Frage der Gerechtigkeit*, Wien 1992. – Originalbeitrag.

Wilfried Seifert, geb. 1937, Leiter der Arbeitsgruppe Molekulare Neurobiologie am Max-Planck-Institut für biophysikalische Chemie in Göttingen; apl. Professor für Biologie in Tübingen; zahlreiche wiss. Veröffentlichungen, u. a.: *Glial-Neuronal Communication in Development and Regeneration* (hg. mit H. Althaus), Berlin 1987. – Originalbeitrag.

Eberhard Sens, geb. 1944, Studium der Philosophie und Sozialwissenschaften, Promotion mit einer Arbeit über kybernetische Systemtheorie, Wissenschaftlicher Mitarbeiter an der TU Berlin, Zeitschriftenherausgabe, Kulturredakteur beim Sender Freies Berlin, Essays, Studium des Zen.

RUPERT SHELDRAKE, geb. 1942, Studium der Naturwissenschaften in Cambridge und der Philosophie an der Harvard University. Promotion in Biochemie in Cambridge, danach dort Direktor für Biochemie und Zellbiologie am Clare College; sein Buch *Das schöpferische Universum* (1983) löste Kontroversen aus; 1990 erschien *Das Gedächtnis der Natur*, Bern und München. – Der Aufsatz erschien zuerst im ›Beshara Magazine‹, 10, Winter 1989/90; deutsche Erstveröffentlichung, in der Übersetzung von Peter Gillhofer.

HELMUT TRIBUTSCH, geb. 1943, Professor am Institut für physikalische und theoretische Chemie an der FU Berlin und Leiter der Abteilung Solare Energetik am Hahn-Meitner-Institut. Arbeitsschwerpunkte sind die Mechanismen der solaren Energieumwandlung und, nebenberuflich, die Rolle von Naturphänomenen bei der Entstehung von religiösen und mythologischen Vorstellungen. Zahlreiche wissenschaftliche Publikationen und mehrere Sachbücher. – Originalbeitrag.

TSCHUANG-TSE (ca. 365-290 v. Chr.) sein Text wurde dem Band *Reden und Gleichnisse des Tschuang-tse* entnommen, Frankfurt/Main 1990.

CAROL ZALESKI ist Assistant Professor im Department of Religion and Biblical Literature am Smith College. Der hier abgedruckte Text ist ein Auszug aus ihrem Buch *Otherworld Journeys. Accounts of the Near-Death Experience from Medieval and Modern Times*, das in der deutschen Übersetzung von Ilse Davis Schauer im Frühjahr 1993 im Insel Verlag unter dem Titel *Nah-Todeserlebnisse und Jenseitsvisionen* erscheint. Das Buch basiert auf ihrer religionswissenschaftlichen Dissertation an der Harvard University.

Im Frühjahr 1993
erscheinen
BÜCHER
ZUR KOSMOLOGIE
im Hauptprogramm
des Insel Verlags:

Friedrich Cramer

Der Zeitbaum

Grundlegung einer allgemeinen Zeittheorie

Mit zahlreichen Abbildungen
Etwa 288 Seiten. Gebunden ca. DM 38,–
ISBN 3-458-16523-1

Friedrich Cramer stellt hier einen neuen umfassenden Zeitbegriff vor, der den aktuellen Erkenntnissen in Physik, Philosophie und Kosmologie Rechnung trägt, ganz besonders aber die Erkenntnisse der modernen Biologie berücksichtigt. So ist ein Handbuch entstanden, das dem Wissenschaftler wie dem Laien gleichermaßen zum Lesen und Nachschlagen dienen kann.

Es erscheint nicht mehr länger möglich, mit dem starren Newtonschen Zeitbegriff der Dauer zu operieren: Zeit ist de facto weder gleichförmig noch reversibel. In einer prozessualen Welt, wie sie die Darwinsche Theorie oder die Urknalltheorie beschreiben, durchschreitet die Zeit selber die Systeme, prägt ihnen ihren Zeitmodus, ihre jeweilige Eigenzeit auf – und doch hängen alle Eigenzeiten in einem einzigen Kosmos irgendwie zusammen.

Für diesen Zusammenhang werden Begriff und Bild des ›Zeitbaums‹ vorgeschlagen: In einem evolvierenden Weltall evolviert die Zeit selber, sie geht durch Verzweigungen, durch Bifurkationen, auch die Zeit hat ihren Stammbaum genauso wie die Elementarteilchen, die Hauptreihensterne, die Mineralien und die Lebewesen. So hat die Zeit einen zweifachen Charakter: In stabilen Systemen (sofern es solche überhaupt gibt) ist sie reversibel und zyklisch: in Planetensystemen, in stabilen Atomen, in Naturkreisläufen, im Herzrhythmus, in gesellschaftlichen Riten.

Aber diese reversibel-zyklischen Systeme sind in der Realität doch nur so etwas wie Warteschleifen, wenn auch teilweise recht langfristige. Irgendwann wird und muß ein jedes zyklisch-iterative System nach den Regeln des deterministischen Chaos über einen ›seltsamen Attraktor‹ in die Situation eines irreversiblen Sprunges, einer Bifurkation, geraten. Auf diese Weise kommt der irreversible Zeitenteil, der Zeitpfeil, zustande.

So ist der Weltprozeß zusammengesetzt aus einem fein abgestimmten Zusammenspiel von ›stabilen‹ Strukturen, Zyklen, Oszillationen, Warteschleifen mit dem reversiblen Zeitmodus tr und Instabilitäten, Sprüngen und Verzweigungen, die den irreversiblen Zeitpfeil ti etablieren. An vielen Beispielen aus Physik, Chemie, Ökologie und Biologie wird das Modell des Zeibaums erläutert.

Carol Zaleski
Nah-Todeserlebnisse und Jenseitsvisionen

Aus dem Amerikanischen von Ilse Davis Schauer
Etwa 460 Seiten. Gebunden ca. DM 48,–
ISBN 3-458-16526-6

Was an der Schwelle zum Tod geschieht, ist Thema dieses Buchs, das die zahlreichen neuen Berichte und Studien zu Nah-Todeserlebnissen mit Zeugnissen aus den vergangenen 2000 Jahren vergleicht und dabei auf überraschende Analogien stößt.

Mit ihrem Buch greift die Harvard-Theologin Carol Zaleski in die besonders in den USA heftig geführte Debatte über die Bedeutung der ›Nah-Todeserfahrung‹ ein – dort als ›NDE: Near-Death Experience‹ bezeichnet –, Erfahrungen also von Menschen, die nach ihrem klinischen Tod wieder reanimiert wurden und deren Berichte seither auf sehr kontroverse Reaktionen stoßen.

Auch in Deutschland gewinnt das Thema an öffentlichem Interesse, zum Teil ausgelöst durch die von Elisabeth Kübler-Ross protokollierten Berichte Sterbender und sicherlich auch, weil die Erfahrung derer, die an der Schwelle des Todes standen, vielleicht Aufschlüsse über die ewige Frage verspricht, was und ob uns etwas nach dem Tode erwartet.

Eine breitere Aufmerksamkeit erreichte das Thema mit dem Erscheinen von Raymond Moodys Buch *Leben nach dem Tod*. Die Erfahrungen von Menschen, die nach ihrem Tod ins Leben zurückkamen, entsprechen einem gemeinsamen Muster, das Kübler-Ross und Moody in zwölf bis fünfzehn Punkten beschreiben (u. a. Heraustreten aus dem Körper, Tunnel, Licht, Lebensfilm, Begegnung mit Lichtwesen, Lebensbewertung). Dieses Muster fand sich unabhängig von Alter, sozialer Stellung, ethnischer Zugehörigkeit.

Zaleski hat nachgewiesen, daß zahlreiche historische Quellen ähnliche Berichte aufweisen. So vergleicht sie in einem großen Rückgriff die ›heutigen‹ Nah-Todeserfahrungen und die sogenannten außerkörperlichen Erfahrungen mit den christlichen mittelalterlichen Berichten von Visionen und mystischen Reisen. Diese bestätigen im Prinzip das moderne Muster.

Die Autorin, die sich stets an der absoluten Authentizität des zugrundeliegenden Erlebnisses orientiert, schlägt einen neuen Ansatz vor, um die Sprache der Berichte zu interpretieren. Sie stellt die schöpferische Phantasie und die Kraft der spirituellen Suche in den Mittelpunkt, eher als daß sie die Endgültigkeit, ›Wahrheit‹ oder ›Unwahrheit‹ der Antworten bewertet.

Elisabet Sahtouris
Gaia

Mit einem Vorwort von James E. Lovelock
Aus dem Amerikanischen von Ernst Burkel
Etwa 350 Seiten. Gebunden ca. DM 48,–
ISBN 3-458-16525-8

Die sogenannte Gaia-Theorie ist längst nicht mehr als kauzig in Verruf, sondern hat, nicht zuletzt auch durch die Umweltkonferenz in Rio, wissenschaftliches Ansehen erhalten. Bei dieser Theorie geht es um das Verständnis der Erde als eines lebendigen Systems, eines lebendigen Organismus: sich selbst – nach kritischen, Anfängen – stabilisierend und sich selbst entwickelnd.

Der Name ›Gaia‹, die Bezeichnung für die griechische Erdgottheit, für eine neue Theorie der Erde stammt vom Literatur-Nobelpreisträger William Golding. James Lovelock entwickelte diese Theorie zu einem Globalkonzept: Die Erde ist nicht, wie die Geologen behaupten, eine riesige, größtenteils von Wasser bedeckte Steinkugel, sondern ein Lebewesen, ein einziger großer Organismus. Dieses Konzept, radikaler als das mancher Umweltschutzbewegungen, steht bei Ökologen ebenso wie bei Politologen und Theologen im Brennpunkt der Diskussion.

Elisabet Sahtouris, Schülerin von Lovelock, hat das Konzept fortgeführt und differenziert. Zugleich legt sie in diesem Buch die faszinierende Entwicklungsgeschichte des Planeten Erde in seiner Gesamtheit dar: eine neue Theorie der Evolution.

James Lovelock schreibt in seinem Vorwort: »Von dieser Theorie geht ein großer Impuls zur geophysiologischen Erforschung unseres Planeten aus, und sie befruchtet auch das philosophische Nachdenken darüber, was es für den Menschen heißt, Teil eines lebenden Planeten zu sein ... In der Konzeption von Elisabet Sahtouris verbindet sich der wissenschaftlichen Kriterien genügende evolutionstheoretische Aspekt des Gaia-Modells mit der dem Menschen eigentümlichen Suche nach seinen Wurzeln zu einer Synthese, die es uns ermöglicht, aus der bereits einige Milliarden Jahre bestehenden Erfahrung der Erde in der Selbstorganisation funktionstüchtiger, lebender Systeme zu lernen. Diese Synthese trägt sowohl den Bedürfnissen unseres Planeten als auch unseren eigenen, spezifisch menschlichen Interessen Rechnung, ohne allerdings den Menschen in seinem unreifen Glauben zu belassen, diesen Planeten nach seinem Gutdünken benutzen zu können. Statt dessen täten wir besser daran, uns bei der Organisation unseres Überlebens nach diesem ›gaianischen‹ System zu richten.«

Jacob Needleman

Vom Sinn des Kosmos

Moderne Wissenschaften und alte Wahrheiten

Aus dem Amerikanischen von Charlotte Franke

Etwa 256 Seiten. Gebunden ca. DM 38,– DM

ISBN 3-458-16524-x

Seit etwa zwei Jahrzehnten vollzieht sich in den westlichen, hochtechnologischen Gesellschaften ein Prozeß der Wiederentdeckung der spirituellen Dimension unserer Existenz. Needlemans Buch ist einer der grundlegenden Texte dieser Rückbesinnung.

Überall, in jedem Winkel der Erde, übt die technische Anwendung wissenschaftlicher Theorien einen dominierenden Einfluß auf das Leben der Menschen aus. Wir sprechen jetzt von mehr als fünf Milliarden Menschen, von riesigen ökonomischen, von biologischen Kräften, die vielleicht sogar mit geologischen Kräften in Zusammenhang stehen. Die Wissenschaft *ist* die moderne Welt. Was können da spirituelle Lehren, was kann hermetisches Wissen bewirken?

Needleman wendet sich gegen den oberflächlichen Pragmatismus einer Wissenschaft, eines scheinwissenschaftlichen Denkens, das nur begrenzte Intentionen und Wünsche befriedigt. Seine Erkenntniskritik an den modernen Wissenschaften resultiert aus seinem Zugang zu den antiken Weisheitslehren: Dort waren die Motive, war die Bedeutung der Frage, des Vorgangs des Fragens ganz anders als in den modernen Wissenschaften. Und dies deshalb, weil die strukturelle Übereinstimmung zwischen Mensch und Kosmos noch nicht zerbrochen war.

Auch die spirituellen Lehren sind aufgebaut in Strukturanalogie zum Universum, sie spiegeln die Ordnung des Kosmos, sind »spiegelkosmische Realität«. Needleman verfolgt zunächst die Geschichte der Medizin in ihren Grundlinien von der Antike über das Mittelalter bis zur Gegenwart. In einem zweiten Abschnitt beschreibt Needleman die Krise der Psychoanalyse, eine Krise, die zu einer Verbindung der kulturellen Techniken des Westens (Psychologie) und Ostens (Meditation) geführt habe, und diskutiert dann das Verhältnis von Spiritualität und moderner Physik. Schließlich untersucht Needleman auch das Phänomen der Magie und magische Praktiken als Grenzphänomene des Wissenschaftlichen.

Needleman plädiert, bei aller nötigen Differenzierung, für eine umfassende Reintegration und Humanisierung der Wissenschaften. So bedürfen auch die modernen Wissenschaften der Rückbindung an alte Weisheiten.

Allwissen und Absturz
Der Ursprung des Computers
Von Werner Künzel und Peter Bexte

Mit zahlreichen Abbildungen
Etwa 216 Seiten. Gebunden ca. DM 38,–
ISBN 3-458-16527-4

Kaum eine Wissenschaft der Neuzeit dürfte so geschichtslos angetreten sein wie die Computertheorie. Das System schluckt die Geschichte und läßt so vergessen, daß es seinerseits eine solche hat. Dieser aber haben die Autoren des Bandes nachgespürt, seit sie die logischen Modelle des Scholastikers Raimundus Lullus in die Computersprachen Cobol sowie Assembler übersetzten und sie in einen Berliner Großrechner eingaben. So entstand das ablauffähige Programm »ArsMagna. Autor: Raimundus Lullus, um 1300«. Dieser älteste Systementwurf ist der Ausgangspunkt des Buches; es weist nach, daß die Elektronengehirne einen direkten Draht zu mittelalterlichen Gottesbeweisen haben. In solcher Grenzüberschreitung zeigen die alten Texte plötzlich Spuren des Neuen. Die von Raimundus Lullus ab 1275 entwickelte logische Maschine ist Gestalt gewordene Kosmologie; sie verkörpert Offenbarungswissen, demonstriert die Logik des Universums. In ihrem kombinatorischen Verfahren sind Gottesbeweis und Maschinenbau identisch, sie fallen zusammen, bilden keine Gegensätze. Mit ihr wird ein Feld eröffnet, das sich nicht durch Widersprüche strukturiert, sondern durch Kommunikation von anderweitig Getrenntem. Alles folgt hier ein und derselben Logik, sie durchmißt die gesamte Stufenleiter des Seins, von den Steinen, Pflanzen, Tieren über Menschen, Himmel, Engel bis hinauf zu Gott und wieder hinab. Das Buch handelt von der Geschichte der logischen Kombinatorik aus der Sicht der aktuellen Computertheorie. Dabei werden die entscheidenden Metamorphosen dieser Maschine erfaßt.

Die Spur der Ars Combinatoria führt aus der mittelalterlichen Kosmologie in eine Welt technischer Phänomene. Aus der Tradition kabbalistischer Kombinationslogik werden jene Schaltpläne geboren, die die universelle Maschine steuern.

Neben der mathematischen Kombinatorik entdeckte das Barockzeitalter aber auch deren sprachliche Formen: Die Sprachmaschinen eines Harsdörffer fanden ihre Tradierung über die Romantiker und Mallarmé hin zu den konkreten Poeten.

Im Computer schließen sich diese Stränge wieder zusammen. Die alten Texte und die neuen Maschinen demonstrieren auf je besondere Weise die Logik und den Zusammenhang des Universums.

Jenseits von Einstein
Die Suche nach der Theorie
des Universums
Von Michio Kaku und Jennifer Trainer

Aus dem Amerikanischen von Ilse Davis Schauer
Etwa 260 Seiten. Gebunden ca. DM 38,–
ISBN 3-458-16528-2

Seit Isaac Newton im 17. Jahrhundert seine Theorie der Schwerkraft entwickelte, hat die Physik mit jahrtausendealten Vorstellungen über unser Universum aufgeräumt. Quantenmechanik und Relativitätstheorie revolutionierten für immer unsere Vorstellungen von Raum und Zeit; spätere Theorien, wie beispielsweise die Theorie der »Schwarzen Löcher«, konfrontierten uns erneut mit der Grenze des menschlichen Vorstellungsvermögens.
Albert Einstein arbeitete die letzten Jahre seines Lebens intensiv daran, eine umfassende, die vier Elementarkräfte der Natur vereinheitlichende Theorie zu entwickeln.
Heute glauben anerkannte Physiker, mit dem Superstring-Modell eine solche Theorie gefunden zu haben. Sie unterscheidet sich jedoch von allen vorangegangenen, weil sie von einem fundamental anderen physikalischen Bild ausgeht: Materie besteht nicht aus punktförmigen Teilchen, sondern aus vibrierenden ›Strings‹, die sich, ähnlich wie die Saiten einer Violine, nur in ihren Schwingungsfrequenzen voneinander unterscheiden. Die Superstring-Theorie macht verblüffende Voraussagen über die Zukunft unseres Planeten wie über den Anfang der Zeit noch vor dem Urknall.
Ob die Superstring-Theorie sich schließlich als die langgesuchte einheitliche Feldtheorie erweisen wird, steht noch dahin. Die Verknüpfung von Astronomie, Kosmologie und Quantentheorie bleibt weiterhin zentrale Aufgabe der Wissenschaft.
Der renommierte amerikanische Physiker Michio Kaku schrieb gemeinsam mit der Journalistin Jennifer Trainer ein Buch der Physik für Nichtphysiker. *Jenseits von Einstein* gibt, in einer klaren, auch dem Laien verständlichen Sprache, eine Zusammenfassung der kosmologischen Grundgedanken der letzten Jahre.
Das Buch bietet nicht nur Einblicke in die neuesten Theorien des physikalischen Universums – vom Mikrokosmos der Elementarteilchen bis zum Makrokosmos der Sterne und Galaxien –, sondern zeigt auch die philosophischen Dimensionen, die den großen physikalischen Theorien zugrunde liegen. Ein ausführliches Glossar erläutert die naturwissenschaftlichen Begriffe und Sachverhalte.

Ergänzend
erscheinen
im Frühjahr 1993
als insel
taschenbücher:

Friedrich Cramer
Chaos und Ordnung
Die komplexe Struktur
des Lebendigen
Mit zahlreichen Abbildungen
it 1496. 320 Seiten
ca. DM 20,–
ISBN 3-458-33196-4

Natur ist keineswegs nur Ordnung, die Vorstellung des durch und durch geregelten Kosmos ist erschüttert. Alles Lebendige bewegt sich auf dem schmalen Grat zwischen Chaos und Ordnung. Diese Polarität gehört heute zu den aufregendsten Fragen der Wissenschaft.

Fred Alan Wolf
Körper, Geist und neue Physik
Eine Synthese der neuesten
Erkenntnisse von Medizin und
moderner Naturwissenschaft
Aus dem Amerikanischen
von Friedrich Griese
it 1497. 368 Seiten
ca. DM 20,–
ISBN 3-458-33197-2

Die klassische Physik hat die Mechanik des menschlichen Körpers verständlich gemacht. Doch erst die Quantenphysik kommt den letzten Geheimnissen des Lebens ein Stück näher. In einer präzisen, bild- und beispielreichen Sprache lädt der amerikanische Physiker Alan Wolf zu einer neuen Entdekkungsreise in den menschlichen Körper ein.

Richard M. Bucke
Erfahrung des kosmischen Bewußtseins
Zur Evolution des menschlichen Geistes
Aus dem Amerikanischen von Karin Reese
it 1498. 224 Seiten
ca. DM 16,–
ISBN 3-458-33198-0

Das vorliegende Buch ist seit seinem ersten Erscheinen zu einem Klassiker der Bewußtseinsforschung und Tiefenpsychologie geworden. Auf nüchtern-sachliche Weise beschreibt Bucke Möglichkeit und Wirklichkeit einer Bewußtseinsveränderung und untersucht zahlreiche historische Fälle.

Der Geist im Atom
Eine Diskussion der Geheimnisse der Quantenphysik
Herausgegeben von P. C. W. Davies und J. R. Brown
Aus dem Englischen von Jürgen Koch
it 1499. 192 Seiten
ca. DM 16,–
ISBN 3-458-33199-9

Anlaß dieses Buches waren die Experimente von Alain Aspect in Frankreich, die neues Licht auf die Debatte zwischen Niels Bohr und Albert Einstein warfen. Julian R. Brown entwickelte die Idee einer Gesprächsreihe in der BBC; gemeinsam mit Paul C. W. Davies interviewte Brown führende Physiker, die einen besonderen Anteil an der theoretischen Grundlegung und Entwicklung der Quantentheorie haben. Eine klare und knappe Einführung erläutert die Grundlagen der Quantentheorie, ihre Rätsel und Paradoxa sowie die unterschiedlichen philosophischen Deutungen. Die alte Frage nach dem Verhältnis von Geist und Materie erscheint in einem neuen Zusammenhang.

Anthony Zee
Magische Symmetrie
Die Ästhetik in der modernen Physik
Aus dem Amerikanischen von Hans-Peter Herbst
it 1501. 368 Seiten
ca. DM 24,–
ISBN 3-458-33201-4

Die theoretische Physik der Gegenwart richtet ihren Blick in immer stärkerem Maße auf den Entwurf eines einfachen und umfassenden Konstrukionsplans unserer Welt, der die vielen Einzelgesetze bestimmter Naturphänomene eines Tages in einem großen Ganzen zusammenfassen soll. Bei der Suche nach diesen elementaren Naturgesetzen hat die moderne Physik eine fundamentale Einsicht gewonnen: Die Natur gehorcht in ihren grundlegenden Strukturen denselben Gesetzen wie der Ästhetk. Besonders Formen der Symmetrie finden sich in diesen Bausteinen der Natur so oft wie in der Kunst.